"来自墨西哥的公鸡"正在进行飞行展示。

位于美国俄克拉荷马州俄克拉荷马城飞行博物馆的一架B-25J，飞机编号为44-86725，绰号为"超级兔子"，飞机依然处于可飞行状态。

位于美国密歇根州伊斯兰提市美国飞行博物馆的一架B-25D，飞机编号为43-3634，绰号为"扬基武士"。

位于美国蒙大拿州米苏拉市的一架B-25J，飞机编号为43-28204，绰号为"太平洋公主"。

位于美国宾夕法尼亚州费城克莱尔航空公司的一架B-25J，飞机编号为44-30832。

位于美国加利福尼亚州科尔特维尔市JL沃德航空公司的一架B-25J，飞机编号为44-28938，绰号为"星条旗"。

美国加利福尼亚州卡马里奥市美国航空基金会收藏的B-25J,飞机编号为44-30801。这张照片拍摄于俄亥俄州代顿市,时间是2012年,当时该市举办了纪念杜立特空袭东京70周年活动。

夕阳下的B-25J,"老兵不死,只是凋零"。

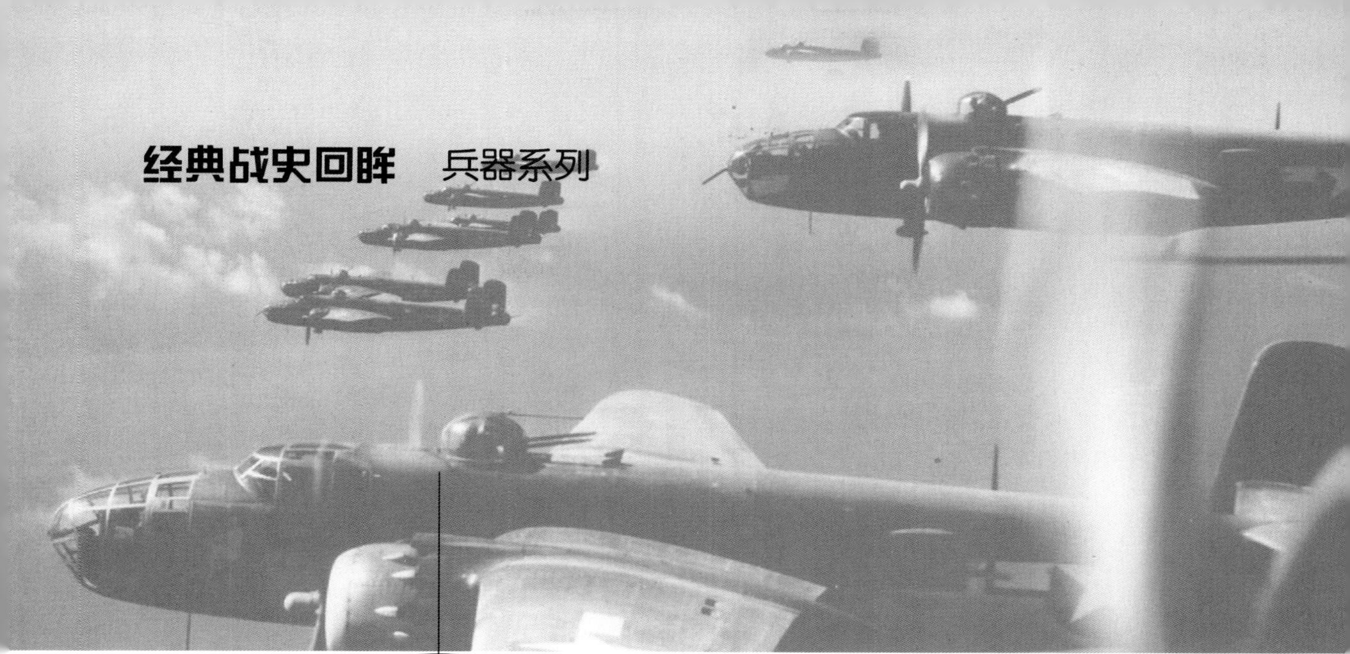

经典战史回眸 兵器系列

雷击先锋

B-25轰炸机全史

杨合龙 著

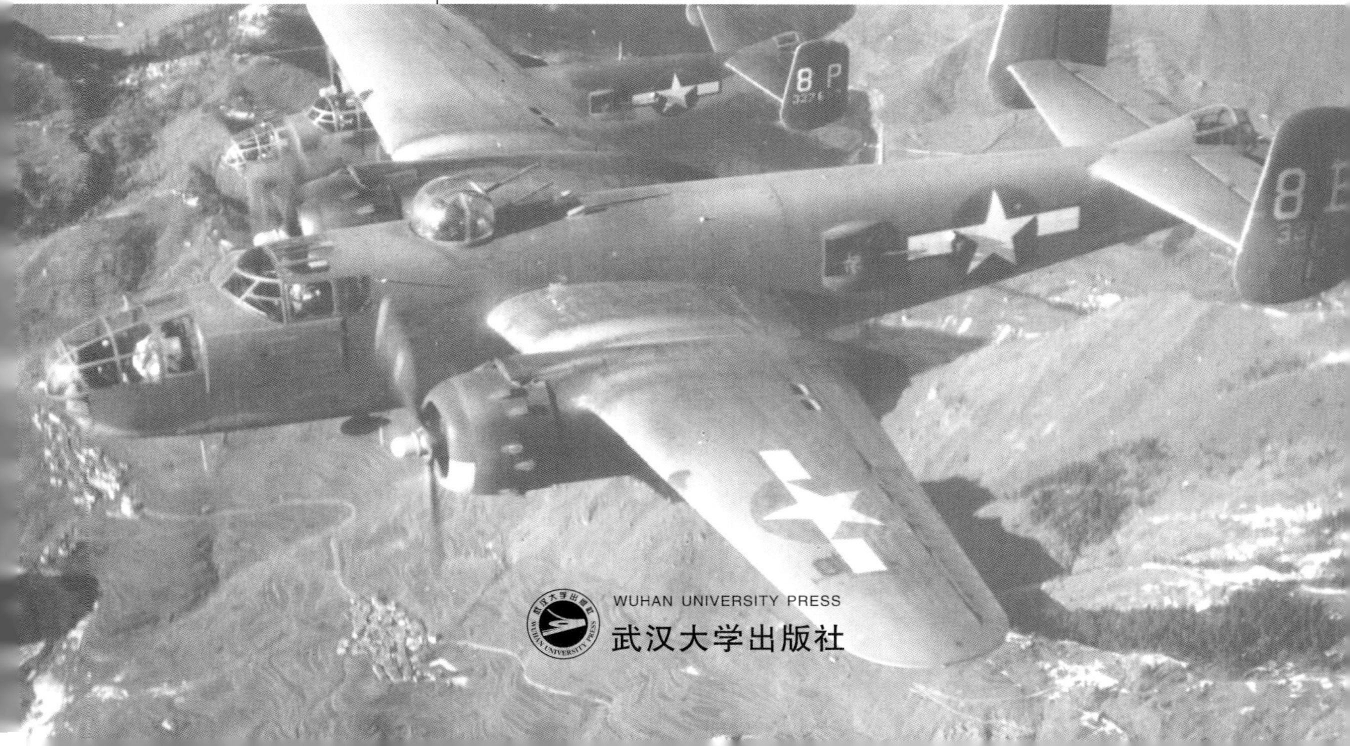

WUHAN UNIVERSITY PRESS
武汉大学出版社

图书在版编目(CIP)数据

雷击先锋:B-25 轰炸机全史/杨合龙著. —武汉:武汉大学出版社,2017.1
经典战史回眸. 兵器系列
ISBN 978-7-307-18847-1

Ⅰ.雷… Ⅱ.杨… Ⅲ.轰炸机—史料—美国 Ⅳ.E926.34

中国版本图书馆 CIP 数据核字(2016)第 275199 号

责任编辑:王军风　　责任校对:李孟潇　　版式设计:马　佳

出版发行:**武汉大学出版社**　　(430072　武昌　珞珈山)
（电子邮件:cbs22@ whu. edu. cn　网址:www. wdp. com. cn）
印刷:武汉精一佳印刷有限公司
开本:787×1092　1/16　印张:22.25　字数:546 千字
版次:2017 年 1 月第 1 版　　2017 年 1 月第 1 次印刷
ISBN 978-7-307-18847-1　　定价:62.00 元

版权所有,不得翻印;凡购我社的图书,如有质量问题,请与当地图书销售部门联系调换。

目 录

前言 ·· 001

第一部分　B-25轰炸机研制过程及型号简介 ································· 007
第一章　北美航空公司 ·· 009
第二章　设计、测试与生产情况 ·· 014
第三章　生产型以及改进型介绍 ·· 031
　1.B-25A/B/C/D 型 ··· 031
　2.B-25D/F-10 型 ·· 046
　3.XB-25E 型 ·· 048
　4.B-25G 型 ·· 053
　5.B-25H 型 ·· 061
　6.NA-98X 型 ·· 070
　7.B-25J 型 ··· 074
　8.美国海军/海军陆战队PBJ型 ··· 079
　9.实验型武器装备 ·· 085
　10.滑翔炸弹与滑翔鱼雷 ··· 088
　11.运输型和教练型 ·· 093

第二部分　B-25中型轰炸机战史 ··· 107
第四章　飞行的荷兰人 ·· 109
第五章　绞杀太平洋 ·· 116

1. 海军陆战队的"拳头" …… 116
2. 西南太平洋 …… 141
3. "跳弹"轰炸战术 …… 162
4. 水面在燃烧 …… 169
5. 扫射型轰炸机 …… 205
6. "桥梁毁灭者" …… 218
7. 封锁日本 …… 229
8. 秘密武器 …… 245

第六章　搏杀地中海 …… 253
1. 第12轰炸机大队 …… 253
2. 第310轰炸机大队 …… 261
3. 第319轰炸机大队 …… 270
4. 第321轰炸机大队 …… 273
5. 第340轰炸机大队 …… 280
6. 幕后的英雄 …… 290

第七章　别国服役史及其他 …… 296
1. 别国服役史及现存机体介绍 …… 296
2. 老骥伏枥 …… 315
3. 致命事故 …… 319
4. 尘归尘，土归土 …… 322

第三部分　附录 …… 327

主要参考书目 …… 346

前　言

第一次世界大战期间，空军作为独立的军种开始活跃于各个战场。由于世界各国航空技术刚刚起步，因此各国装备的作战飞机性能用现在的眼光来看十分低下，作战飞机的职能也仅仅局限在有限的空战、轰炸、侦察、火炮校准等方面。随着航空技术发展的日新月异，到了20世纪30年代末40年代初，航空兵已成长为可以影响战争进程的重要力量，谁都不能忽视其作战效能与战场地位。

早在盟军进行诺曼底登陆，开辟第二战场之前，美陆航第八航空队已经在英国集结大量B-17重型轰炸机，开始对纳粹德国进行战略轰炸。无独有偶，在地球的另一边，1944年6月，美国已经开始尝试从中国四川等地派出B-29重型轰炸机对日本八幡钢铁厂等军事目标进行轰炸，虽然战果不

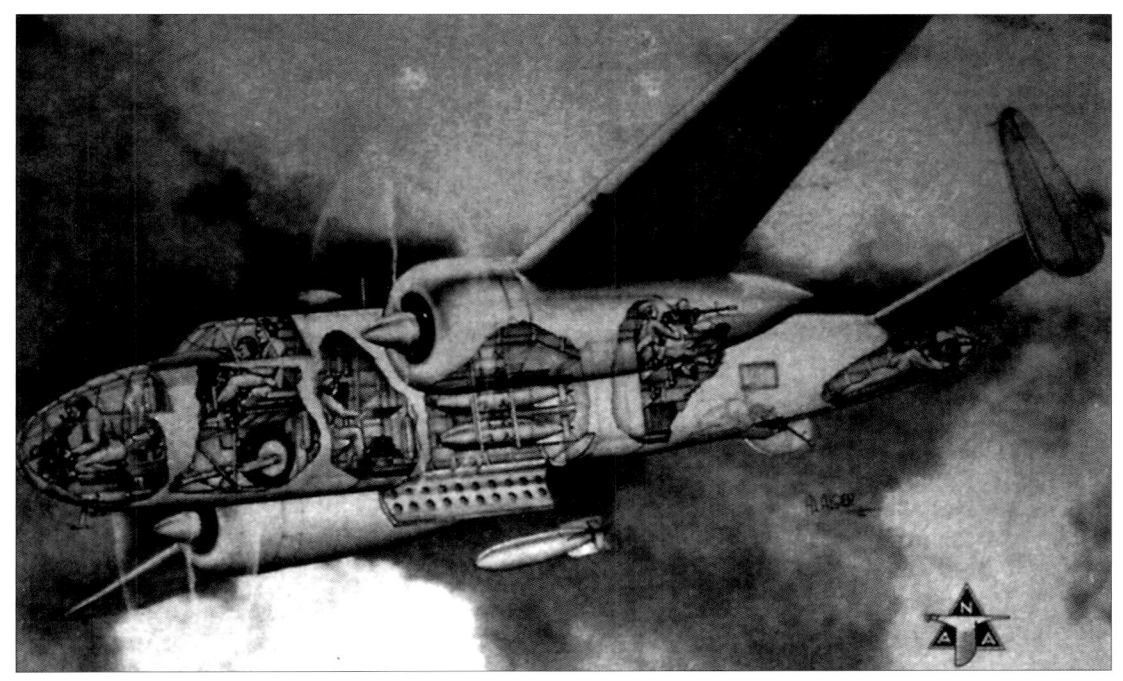

1939年北美航空公司提出的中型轰炸机设计方案透视图，其实等到B-25投入量产以及推出改进型之后，此图中很多地方都已经发生变化，比如机腹炮塔被取消，机尾炮塔和机枪手座舱也发生变化，最主要的还是武器装备的变化。右下角的标志即是北美航空公司的商标。

大,但是却揭开"天火焚魔"的序幕,等到美军拿下太平洋一系列岛屿之后,寇蒂斯·李梅将军率领第二十航空队的B-29机群将整个日本列岛烧了个底朝天!

大编队重型轰炸机实施的战略轰炸可将敌国整个工业及金融中心、城市、交通枢纽等重要目标从地图上抹去,而轻型、中型轰炸机则在支援地面部队行动,把握局部战场主动权等方面发挥着重要作用。二战各主要参战国如美国、英国、苏联、德国和日本对战术轰炸均十分重视,并设计制造了大量轻型、中型轰炸机,如B-25、B-26、"蚊"式、图-2、He 111、Ju 88、Ju 87、G4M1等较为知名的机型。

不过各参战国设计和生产的大量轻型、中型轰炸机中,很少有一款飞机能像B-25中型轰炸机那般著名。从欧洲到亚洲,从地中海到太平洋,从炎热的北非沙漠到寒冷的西伯利亚,从邪恶帝国首都东京到硝烟弥漫的俾斯麦海,从阴云密布的阿留申群岛到炎热潮湿的所罗门群岛,到处都有B-25轰炸机的身影。B-25的设计与生产商为北美航空公司,该公司在二战之前并不突出,只具备生产单发教练机和轰炸机的经验,在竞标美陆航中型轰炸机方案时,其设计方案NA-40与NA-62获得了美国陆航的青睐,并最终发展成为一代名机。这里多说一句,在第二次世界大战中,北美航空公司有两种机型称霸天空,其一就是本书主角——B-25"米切

这架正在装配的B-25是北美航空公司从1940年8月开始生产的第30000架军用飞机,B-25和P-51的巨大成功也让北美航空公司成为20世纪40年代到60年代世界著名的飞机制造商。

尔"中型轰炸机，另一种则是螺旋桨战斗机的巅峰之作——P-51"野马"战斗机。二战结束之后的十年内，北美航空公司生产的另一种战斗机则继续撑起美国空军的天空，该型战斗机就是F-86"佩刀"战斗机。

作为第二次世界大战美国军方手中最出色的中型轰炸机，B-25从开始设计到交付部队只用了短短两年多的时间，与其他各国装备的中型轰炸机相比，B-25的各项性能指标其实并不突出，称得上是中规中矩，但是从综合性能来看，B-25确实是一款稳定可靠的轰炸机平台。B-25机身冗余空间较为可观，因此各使用单位根据自身需求，可对B-25进行各种各样的改装，如此"百变"的轰炸机自然能得到一线作战部队的喜爱，甚至艾森豪维尔、阿诺德这样的军界大员，也将B-25改装成自己的专机。

从技术角度来看，B-25可以分成三大型号：其一为正常型号，也就是B-25A、B-25B和B-25C/D/J初期型，这部分型号的B-25完全是中规中矩的中型轰炸机，装备有"诺顿"轰炸瞄准具，自卫火力也还算够用；其二为"大炮"型，也就是B-25G/H初期型号，这两种型号均安装有75毫米加农炮，对付海上舰船以及地面固定目标堪称利器；其三为"扫射"型，本书中称这部分机型为"扫射型轰炸机"，这些型号包括B-25C/D/J后期改进型，其实B-25G/H在加装前机身机枪吊舱之后也可以称之为"扫射型轰炸机"，只不过由于机鼻装有75毫米加农炮，因此姑且划归到"大炮"型。

对B-25发展起到关键作用的其实应该是西南太平洋战区的陆航官兵们，他们将自己对

B-25低空轰炸日军野战机场时，由于飞行高度很低，为了防止被炸弹误伤，因此在炸弹尾部系上降落伞，延长炸弹滞空时间。

B-25的理解付诸于实际,他们为B-25加装机枪之后,立即发现这款轰炸机成为打击日军野战机场、海上运输线的利刃,北美航空公司立即改装生产线,将一线官兵改装B-25的方案直接应用在生产线上。

战斗的洗礼成就了B-25的赫赫威名,其中最著名的战例莫过于1942年4月18日杜立特率领16架B-25B机群突袭日本,拉开了美国在太平洋战区反攻的序幕。考虑到介绍此次行动的国内文献以及书籍众多,因此在本书中就不再详述了,只提片语即可。B-25战史上另一次颇具里程碑意义的战斗发生在1943年3月初的俾斯麦海,此次海战将B-25的性能发挥到了极致,这也是B-25针对海上舰船首次大规模使用"跳弹"轰炸战术的一次重大胜利。直到今天,俾斯麦海海战仍作为陆基航空兵对海作战的一个重要范例。从军事意义上说,将俾斯麦海海战称为新几内亚战役的转折点毫不为过。如果说米尔恩湾保卫战对新几内亚战役的意义,相当于珊瑚海海战对太平洋战争的意义,那么俾斯麦海海战无疑就是新几内亚的"中途岛战役"。相比较于SBD俯冲轰炸机和Ju 87"斯图卡"俯冲轰炸机的投弹方式,"跳弹"轰炸算是比较另类的轰炸形式了,但是对于打击水上舰艇目标效果却出奇地好。活跃于中缅印战区的第341轰炸机大队将"跳弹"轰炸战术与滑翔投弹相结合,创造了另一种轰炸方法,该方法后来成为轰炸桥梁的必杀技。所罗门群岛上空执行轰炸任务的各B-25作战单位将伞投杀伤炸弹挂载在炸弹舱中,专门用于杀伤地面人员和轰炸日军野战机场,因此从各方面来讲,B-25在二战众多中型轰炸机中绝对是翘楚。

从笔者掌握的资料来看,仅美国陆航就有8个航空队约16个轰炸机大队装备有B-25,如果算上美国海军陆战队、英国皇家空军、澳大利亚皇家空

B-25扫射型轰炸机7挺前向机枪同时开火,火力十分凶猛。

军、荷兰皇家空军等作战力量，那使用B-25的作战单位无疑是众多的，因此想要完整详细的讲述B-25战史终究难度较大，毕竟B-25的生产数量高达约一万架，参加的战役与战斗数目更是数不胜数。由于生产数目众多，甚至到了二战结束之后，不少B-25成了军火市场热门的抢手货，许多第三世界国家都曾装备过B-25，而北美航空公司为了消化库存，也曾计划将一些B-25改装成人员运输机和教练机，希望在民用市场闯出一片天空。

对于B-25机组成员来说，比起常规战术轰炸，低空扫射似乎更具有"魅力"，B-25在攻击日本海军舰船时，发明了一套克敌制胜的战法，首先利用前向机枪对准日军舰船上层建筑和防空炮位疯狂扫射，然后抵近敌舰船实施"跳弹"轰炸将舰船击沉，等到海面布满落水者和营救船只之后，再利用多达14挺的前向机枪疯狂扫射水面，这种战术在俾斯麦海战中消灭了大批日军，将约3600名日军送进地狱。B-25和A-20相互配合，验证了低空扫射陆地和海上目标的新战法。由于B-25机体空间大，因此可安装众多机枪、加农炮、炸弹和火箭弹，火力十分凶猛，毫不夸张地说，B-25能将出现在地平线的所有目标通通炸得粉碎！B-25和"蚊"式轰炸机、B-26"掠夺者"轰炸机不同，它完完全全是一架"平民"轰炸机，驾驶起来十分容易，稍加熟悉和培训即可驾驶，并不需要多复杂的飞行训练。

对于B-25各机型的识别，有一套简单可行的方法：如果B-25机鼻采用金属材质，长度较短并安装有75毫米加农炮，那么一定是G型机或H型机，此时需要观察机背炮塔位置，如果机背炮塔安装位置紧邻驾驶舱，那么可以确定是H型机，如果安装位置在机身后

飞行在意大利上空的第十二航空队的B-25，这架B-25飞机编号为43-3990。

方则是G型机。如果机鼻采用有机玻璃材质，且机背炮塔安装位置紧邻驾驶舱（类似于H型），则一定是B-25J初期型号，如果采用金属材质且长度较长，机鼻机枪多达变态的8挺，那么一定是B-25J扫射型。B-25和B-25A没有安装机背炮塔和机腹炮塔，且生产数量极少，因此并不多见。B/C/D型号均安装有机背炮塔和机腹炮塔，B型机发动机排气管是一根长长的粗管子，而C/D型排气管类似于"手指"形状或长度极短的粗管，后期则变成S型排气管。对于C型和D型，由于是同时发展的两个型号，从外形来看基本看不出差异。

考虑到美国陆航使用B-25的作战单位众多，而记录各个B-25作战大队详细战史以及当年各轰炸机单位的老兵回忆录也较为零散，因此收集起来难度较大，若想完整地呈现B-25作战史也是困难重重，因此在保证阅读趣味的前提下，笔者已尽最大努力将B-25的众多机型、技术参数、烽火岁月、珍贵照片和老兵回忆收录到本书中，在选择B-25照片时，也希望将每一张历史照片背后的故事和人物呈现出来，以便让B-25战史变得更加丰满，其实这也是纪念那些英勇的反法西斯战士的最好方式。关于美国陆航各作战单位，笔者在写作时曾考虑其中文写法，由于第五航空队、第七航空队的英文写法为The Fifth Air Force、The Seventh Air Force，而其麾下的第345轰炸机大队、第41轰炸机大队英文写法为The 345th Bomb Group、The 41st Bomb Group，因此涉及航空队时，本书使用大写数字，而麾下的各个大队、中队则使用阿拉伯数字，比如：第十三航空队、第九航空队、第12轰炸机大队等。

笔者在写作时，得到了众多朋友的鼓励与支持，特别要指出的是，笔者得到了高智和蒙创波两位前辈的指点，实属人生幸事，好友邵必任的帮助和鼓励也让笔者少走了不少弯路，没有他们的指导和鼓励，想要完成此书是不可能的。在这里也想感谢自己的家人，你们才是我最宝贵的财富。

本书献给笔者还未出生的孩子，希望他（她）在以后的日子里，可以平静地生活。

杨合龙
2016年9月于杭州

第一部分
B-25轰炸机研制过程及型号简介

第一章　北美航空公司

B-25"米切尔"中型轰炸机是由美国北美航空公司（North American Aviation，简写为NAA）设计并制造，其中凝结了无数北美航空公司工程师的心血与智慧，是第二次世界大战中盟军最优秀的一款中型轰炸机。北美航空公司可以追溯到一人，此人名叫托尼·福克（Tony Fokker），是荷兰的航空先驱，他于1890年出生在荷属东印度群岛的爪哇，托尼·福克的父母当时在爪哇从事咖啡种植业。在托尼·福克4岁的时候，他的父母带着他和姐姐返回荷兰，这一决定使得托尼·福克在小时候能够接受到良好的教育。虽然托尼·福克学习成绩并不出众，但是他对机械方面显示出惊人的才华，在其青少年时期已经对航空和飞行产生了浓厚兴趣，托尼·福克在20岁时尝试制造了一架简易的飞机，并且自学飞行技术。

以第一次世界大战为契机，身在德国的托尼·福克开始投身于航空业，他在一战中研究法国战斗机的残骸并从中得到启发，成功研制出机枪与螺旋桨的协调装置，该装置保证桨叶在经过枪口前方时，机枪可以停止射击，这样子弹就不会击中高速旋转的桨叶了。装有该协调装置的福克式战斗机在一战中连续击落协约国战斗机，被称之为"福克式灾难"。

1918年第一次世界大战结束，德国战败，战后的德国民生凋敝，经济自然也不景气。托尼·福克一方面将公司迁往荷兰，另一方面开始关注国外市场，并于1920年在纽约设立了销售办事处。1922年，美国陆军航空队准将威廉·米切尔（William L. Mitchell）造访托尼·福克在荷兰的公司，并且订购了100架DH-4型飞机和其他30架各型飞机。这一时期的美国航空工业还处于刚刚起步的

荷兰的航空先驱——托尼·福克，他是世界上公认的优秀飞机设计师。

这款六座客运飞机是福克飞机公司在美国设计和制造的第一款飞机,这款飞机不仅有良好的质量,做工也值得称赞,比如机鼻和起落架做工就十分精良,表面十分光滑。

阶段,因此托尼·福克的精力主要聚焦于商业市场,但是米切尔准将的订单让他意识到军用产品这一市场是绝对不能放松的,于是在1924年,托尼·福克租用了新泽西州哈斯布鲁克(Hasbrouck)的一处空闲厂房以便于后续工厂生产飞机,从而进一步打开美国市场。

四年之后,美国的投资者们看到了航空工业的发展潜力,于是成立一家控股公司——北美航空公司。该公司发展初期主要从事航空运输业务,由美国福克公司和伯利纳·乔伊斯公司控股,但是后来又陆续出现了寇蒂斯飞机公司、T.A.T公司、东方航空运输公司、道格拉斯飞机公司、寇蒂斯-莱特公司、福特仪器公司、斯佩里公司和通用汽车公司。通用汽车公司持有北美航空公司40%的股票,而托尼·福克的公司股票持有量为20%。几年之后,托尼·福克在美国创建的公司逐步与荷兰的母公司分离,最终他于1936年卖掉了股权,将全部精力投入到荷兰的公司中,从这一刻开始,北美航空公司才真正由美国人说了算。北美航空公司主席是通用汽车公司的欧内斯特·布里奇(Ernest Breech),副主席是一战期间的美国空战王牌埃迪·里奇贝克(Eddie Rickenbacker)上尉。1934年的美国空邮法案迫使北美航空公司转型成为飞机制造厂商,所以布里奇从道格拉斯公司挖来了三名年轻的飞机设计师:詹姆斯·金德尔伯格(James H. "Dutch" Kindelberger)、约翰·阿特伍德(John L. "Lee" Atwood)和斯坦利·史密森(Stan Smithson)。

两位北美航空公司的飞机设计师,左侧为詹姆斯·金德尔伯格,右侧为约翰·阿特伍德,正是在这两位设计师的帮助下,北美航空公司逐渐成长,最终成为20世纪中叶的航空工业巨头。

1935年北美航空公司第一次向美国陆航提交NA-16型飞机用来竞标教练机订单，改进型飞机后来发展成BT-9型教练机。

当时北美航空公司的厂房在马里兰州邓多克城（Dundalk），这三位年轻人组成的团队设计并测试了O-47型观察机（公司内部编号为GA-15）和BT-9型教练机（公司内部编号为NA-16，改进型编号为NA-19）并且获得了美国陆军航空队的生产合同。这次与军方的交易凸显了马里兰州工厂所在地理位置的不足，因此北美航空公司把目光放到了美国西部。金德尔伯格建议将公司从马里兰州搬迁至加利福尼亚州南部，这里的气候全年适合飞行测试并且劳动力较为充足，于是北美航空公司将洛杉矶市英格尔伍德（Inglewood）地区东南角的20英亩土地租了下来，现如今这片土地已经变成了洛杉矶国际机场。1936年1月，北美航空公司的新厂房终于建设完成。

公司在搬迁之前曾与美国海军签订了一份生产合同，这份合同是为寇蒂斯SOC-1型水上飞机生产浮筒和其他一些零部件，但是由于公司搬迁到新地方，生产设备和生产资料只得通过船运到新厂房之后才能继续按照合同进行生产。约有75名雇员以及家属参加了这次长途跋涉"西进运动"，这里面有许多人都是技术十分精湛的工程师和工人，他们一开始就在福克航空公司工作，后来又到了伯利纳·乔伊斯公司和道用汽车公司，最后来到了北美航空公司。公司通过在加利福尼亚州招聘，使得公司的员工总数上升到150人。金德尔伯格曾经开玩笑地说："一旦停好了你的拖车，那你就成了加利福尼亚本地人。"

虽然BT-9型飞机的生产合同能给公司带来一定的收益，但是这并不是长久之计。北美航空公司一方面积极与陆军航空队加强沟通合作，另一方面也在不断地扩展国际市场。尽管一开始困难重重，但是在1936年到1938年，北美航空公司飞机销量持续增加，日本、荷兰、澳大利亚、阿根廷、洪都拉斯、瑞典和委内瑞拉等国都或多或少地购买过该公司的飞机，另外陆军航空队和国民警卫队也订购了O-47型观察机，这些订单使得公司慢慢从困境中走出来，仅在1938年，北美航空公司就交付了82架飞机，这一业绩已经相当不错了。

基础型BT-9教练机最终的生产数量超过了17500架。

此时欧洲的局势已经非常紧张了,而亚洲此刻更是战火连天,向北美航空公司订购飞机的订单像雪片一样飞来。1938年,阿根廷和中国分别接收了30架和35架NA-16-4F型教练机,英国订购了200架飞机,美陆航接收了16架BC-1型教练机和O-47型观察机。自第一次世界大战结束之后,美国其他各飞机制造厂商单月飞机交付数量都没有北美航空公司多,从1936年开始,北美航空公司在各飞机制造厂商中的排名已经十分靠前。公司在这段时期得到了良好的发展,按照公司管理经营规律,此时的北美航空公司应该提升自身管理层水平,提升工程师技术和产品质量,但是留给他们的时间已经不多了,20世纪20年代正是世界航空工业的井喷期,一战后出现不少新兴飞机制造公司,同行之间的竞争较大,北美航空公司虽是美国陆航主要的飞机供应商,但国外市场的订单和销售额已经远远超过了美国国内市场。

1937年,北美航空公司生产了自己的第一架双发轰炸机——NA-21型"龙"式轰炸机,随后又设计了NA-40型双发轰炸机,虽然在技术上没什么问题,但是这两款飞机没有获得任何订单。1939年1月,北美航空公司针对陆航提出的中型轰炸机规格,进行第3次尝试,他们设计了一款双发轰炸机,这款轰炸机为公司赢得了184架的生产合同,该型飞机后来发展成为鼎鼎大名的B-25型中型轰炸机。

1940年,英国皇家空军曾向寇蒂斯公司购买P-40型战斗机,但是寇蒂斯公司由于生产任务繁重,因此并没有答应英国人,英国人只好求助北美航空公司,希望该公司能为英国皇家空军生产P-40D型战斗机。金德尔伯格提议直接设计一款新型战斗机,这款战斗机应用当时世界上最先进的航空技术和武器装备,已经快被纳粹德国逼疯的英国人只好同意金德尔伯格的建议,4个月之后,试飞员万斯·布里斯(Vance Breese)驾驶NA-73X型飞机飞上蓝天,此型飞机最终发展成为一代名机——北美P-51型"野马"战斗机。1940年5月16日,对于美国飞机制造业来说是重要的一天,时任美国总统的罗斯福要求国会追加国防拨款,加强战备。罗斯福总统要求美国生产5万架飞机,这一数字已经大大超过当时美国整个飞机制造业的能力,要知道,当时美国飞机制造能力只有每月500架。同年9月,惨烈的英德不列颠空战为世人呈现空战的另一幅画面,也让世人明白作战飞机对于现代战争是如此的重要,美国的飞机制造能力从此刻开始加速提升。航空工业的重要程度被美国政府排在首位,新的飞机制造厂房如雨后春笋般拔地而起,在珍珠港事件之后两个星期,第一架B-25终于在北美航

北美航空公司设计的第一款双发飞机——NA-21型"龙"式双发轰炸机，该型轰炸机虽然没有批量生产，但是后来作为实验飞机在莱特机场（Wright Field）继续服役，该机发动机具有涡轮增压功能以适应高空飞行。

没有任何一款机型能像NA-73X一样，能为北美航空公司带来莫大声誉。此型飞机后来发展成二战中最优秀的P-51"野马"战斗机。

空公司堪萨斯州堪萨斯城费尔法克斯（Fairfax）军用机场附近的新厂房制造完成。

1934年，北美航空公司雇员只有150人，但是到了1940年已经达到了23000人，飞机月产量提高了200%，而当时整个美国飞机月产量已经达到2500架。珍珠港事件之前，金德尔伯格在卡内基技术学院作报告时曾说："现在很难相信未来一年之后航空工业会飞速发展，那时的飞机制造能力用现在的眼光来看是不可能的，但是我们回头看看德国的航空工业发展速度可以发现，德国人已经开足马力生产了5年……而5年之前我们的航空工业才刚刚开始。"

第二章　设计、测试与生产情况

20世纪30年代中期，美国陆航开始考虑用新型作战飞机替换原有支援地面部队作战的老旧飞机。在当时，美国陆航通常使用单发作战飞机，考虑到欧洲此时已经开始设计和生产轻型双发轰炸机，美国决定本国的飞机制造商也要设计相似的机型。按照美国军方提出的最低要求，新型双发轰炸机在挂载544公斤炸弹时，航程达到2222公里，时速可达370公里/小时。1938年7月，共有四家飞机制造公司提出了自己的设计方案，贝尔公司、斯蒂尔曼公司、马丁公司和道格拉斯公司分别提交Model 9、X-100、167F和Model 7B设计方案。

美国军方要求上述公司必须制造出原型机以便在1939年5月17日进行评估，不过贝尔公司由于之前并没有设计双发飞机的经验，所以退出了此次竞标，贝尔公司的位置由北美航空公司替代，北美航空公司提出的设计方案为NA-40。在二战美国陆航装备的所有双发飞机中，最终这四家航空公司生产的双发中型轰炸机构成了中坚力量。所有的原型机都安装了强劲的星形发动机、三叶螺旋桨和可收放式起落架，炸弹全部挂载在飞机内部炸弹舱中，自卫武器均为7.62毫米机枪。斯蒂尔曼公司X-100和北美航空公司NA-40均采用高单翼设计，后者和道格拉斯公司Model 7B采用前三点起落架。

约翰·阿特伍德是北美航空公司副主席和首席工程师，负责此次中型轰炸机项目。他毕业于得克萨斯州的哈定－西蒙斯大学，毕业之初在莱特机场担任应力工程师。20世纪20年代，美国等西方国家爆发了金融危机，约翰·阿特伍德加入到道格拉斯飞机公司并且参与了几架飞机的项目，随后晋升成为DC-1型运输机的首席结构工程师，自身实力的提高使得约翰·阿特伍德已经可以从事飞机设计的工作。

约翰·阿特伍德具有为人谦逊、求知若渴和一丝不苟的宝贵品质，他将自己的专业知识运用到飞机的设计工作中，这些飞机包括：BT-9、NA-16、O-47、一些出口的战斗机、NA-21和NA-40型轰炸机。北美航空公司之前也有过一些设计比较出彩的轰炸机设计方案，但是并没有达到量产阶段，约翰·阿特伍德暗下决心，他设计的新型轰炸机一定要成为最后的赢者。

设计一款新飞机可不是一帆风顺的，中间夹杂着各种不确定性和种种猜测。用户是否已经提出了他们的全部需求？用户能否准确无误地告知他们的需求？新机型需要更好的发动机，这些发动机能否按时交货，性能是否可以达到预期？美国国内的政治局势是否保持不变？这些问题在设计团队提交自己的方案之前通通摆在他们面前。

阿特伍德在项目开始时想

斯蒂尔曼公司提交的X-100设计方案,该机采用高单翼,后三点起落架,玻璃化座舱,驾驶舱排布方案颇具特色,很像二战中德国制造的轰炸机,飞行员和投弹手均安排在其中,飞行员前方视野不佳。

虽然道格拉斯公司的Model 7B设计方案最终落选,但是却引起维希法国和英国的注意,最终Model 7B发展成美国陆航第一种攻击机——A-20"浩劫"攻击机,图中这架飞机就是维希法国装备的"浩劫",照片拍摄于北非,至于Model 7B原型机则在法国做示范飞行时坠毁。

马丁公司的设计方案最终发展成另一款中型轰炸机——B-26,该型轰炸机最后也发展成诸多子型号,但无论从产量上还是从性能上来讲,都远远赶不上B-25。

得比较周全，他认为应该避免需要长时间研发和设计较为复杂的飞机组件，最后的结果证明他的决定是相当英明的。他认为飞机应该具有价格优势，说白了就是价格尽量低，易于维护和保养，最重要的是飞机容易操纵。阿特伍德的观点在设计师们设计飞机组件时得到了全面的贯彻和实施，所有的零部件均可以高效地拼装使之成为更大的组件，不同的飞机组件在不同的工厂批量生产之后作为预制构件统一运输到工厂进行组装。这种生产方法不仅提高了工人的工作效率，还可以降低造价，最重要的是，大大加快了飞机的制造速度。北美航空公司的工程师在制造BT-9型教练机时便运用这套方法，他们首先初步造好机身，然后安装各种不同的管线和零部件，最后再将机身部分安装好。

NA-40与其说是B-25的原型机，倒不如说是NA-21向B-25过渡的机型，NA-40和NA-21相比是完全不同的机型，NA-40机身较为细长，采用高单翼设计，投弹手舱位于机鼻，驾驶舱和投弹手舱均采用玻璃化座舱，正副驾驶员座位前后安放，这一点与后来的B-25差别很大，倒有点像北美航空公司之前制造的各型教练机。无线电操作手/机枪手和另一名机枪手布置在机身中部。NA-40共装有7挺7.62毫米机枪，动力装置最初采用普惠公司R-1830-S6C3-G型14缸星形发动机，单台输出功率为1100匹马力，两台发动机布置在类似于方形的发动机舱中，NA-40机翼翼展20.10米并且带有轻微上反角，飞机总重8.85吨。

NA-40由北美航空公司英格尔伍德工厂制造，1939年1月制造完成，同年2月10日由试飞员保罗·巴尔福（Paul Balfour）完成试飞，NA-40的飞机编号为40-1052，它还有另外一个编号X14221，该机在试飞时展现出优秀的性能，只不过最高时速比预计稍低，但是也达到了431公里/小时。2月底，NA-40换装莱特公司GR-2600-A71发动机，单台功率为1350匹马力，NA-40在安装该型发动机之后，北美航空公司内部命名为

北美航空公司此后在制造B-25时，均采用这种零部件拼装成为更大组件的方法，不仅提高了生产效率，而且降低了飞机造价。

NA-40采用普惠公司R-1830发动机。上图拍摄于北美航空公司停机坪，NA-40的发动机排气口置于机翼上方，为了改善飞行特性，发动机整流罩后缘变为矩形。下图为NA-40飞行时的正视图，由于驾驶室采用串联布置，因此NA-40的正面投影面积非常小。

NA-40B的动力系统已经换成莱特公司R-2600-A71发动机。尽管不是B-25的原型机，但是NA-40B的悬吊式发动机整流罩、双垂尾以及机翼上反角均和早期型B-25相似。

NA-40B或NA-40-2。

NA-40在北美航空公司完成初步飞行测试之后，从英格尔伍德飞往俄亥俄州莱特机场去参加军方的最后评估。尽管安装新型发动机之后，NA-40的总重达到了9.53吨，但飞行速度也达到了462公里/小时，军方的评估报告还是很振奋人心的。经过两个星期的飞行测试，军方认为NA-40可以作为军用轰炸机，在飞行测试期间，由于莱特机场缺乏试飞员，扬格·皮特斯（Younger Pitts）少校被短暂借到莱特机

NA-40（NA-40B）	
发动机	两台14缸普惠公司R-1830-S6C3-G型发动机，单台输出功率1100马力，后续换成莱特公司R-2600-A71发动机，单台输出功率1350马力。
武器配置	7挺7.62毫米机枪，可挂载544公斤炸弹。
装甲防护	无。
重量	空重5.90吨（6.33吨），最大起飞重量8.85吨（9.53吨）。
尺寸	翼展20.10米，机长14.58米，机高3.70米，机翼面积55.6平方米。
飞行速度（最大）	431公里/小时（462公里/小时）。
实用升限	7900米（7600米）。
航程	航程1931公里。
机组人数	正副驾驶员、投弹手、导航员/无线电联络员、机枪射手。

场以解燃眉之急。皮特斯少校驾驶NA-40进场时，飞机失去控制，高速冲向地面，不过幸运的是，虽然飞机已经损毁，但是机组人员并没有受伤。

唯一的一架NA-40已经坠毁，看样子北美航空公司是没有希望了，军方将注意力集中到道格拉斯Model 7B原型机上，Model 7B最终发展成为美国第一种攻击机A-20。美国陆军航空队在1939年1月25日颁布的新型轰炸机要求中规定，参加竞标的攻击轰炸机、中型轰炸机和重型轰炸机的原型机要提供两架。北美航空公司的机会又来了，但是留给他们的时间已然不多。1939年7月5日，北美航空公司完成最后的设计，但是并没有制造出原型机，北美航空公司的主要精力都放在NA-40-7的研制计划上，NA-40-7也成为B-25中型轰炸机的最初起点。

初始型B-25的许多设计之处来源于NA-40，比如：前三点起落架，形状基本相同的双垂尾，相似的机翼面积和翼型，相同的发动机和整流罩外形，机翼都带有上反角，相同的发动机舱悬挂方式，但这不能说明NA-40是B-25的原型机，B-25比NA-40更大、速度更快，航程更远，载弹量更多，机翼面积比后者大0.93平方米，机身长度长1.83米，事实上，B-25原型机总重达到了13吨，足足比NA-40重了3.63吨。正副驾驶员座椅并列安装在驾驶舱中，驾驶舱上方的观察窗可以作为应急逃生通道，投弹手位置位于机鼻处，有一个狭窄通道与成员舱相连，领航员位于成员舱后方。

B-25的机翼安装位置比NA-40稍低，机身中段为炸弹舱，里面有一个狭窄通道允许机组成员从炸弹舱上方爬行通过。尽管当时层流翼型（这种翼型适合高亚音速和超音速飞机）已经得到应用，但是B-25采用的依旧是低速翼型，其中翼根采用NACA 23017翼型，翼尖采用NACA 4409-R翼型，为了改善飞机失速特性，机翼后缘顶部采用反置拱形设计，杜立特轰炸日本东京时，由于要在长度较短的"大黄蜂"号航母甲板起飞，这一特性无疑帮了大忙。

设计人员倾向于为B-25安装了2台普惠公司的R-2800型发动机，该型发动机单台发动机功率高达2000匹马力，比莱特公司的R-2600型发动机足足高出300匹马力，前者虽然比后者重量大，但是尺寸更小，功率更大。由于B-25从来没有安装过R-2800型发动机进行过试飞，因此陆航决定还是采用R-2600型发动机作为B-25的动力装置较为稳妥。

B-25机身由机鼻、机身前部、中部、后部四部分构成，彼此之间可以拆开。飞机框架、纵梁、纵向加强条、蒙皮全部采用铆接结构。机身宽度为1.43米，机身前部勉勉强强能并排放下两个飞行座椅。机身外形曲线优美，为飞机提供了良好的空气动力学特性。B-25机身外形设计较为成功，设计方案后来也被P-51战斗机所借鉴。飞机到底是采用单垂尾还是双垂尾，航空界一直存在争议，但B-25产生的那个年代还是倾向于采用双垂尾设计，至少飞机遭到敌方战斗机咬尾攻击时，双垂尾设计能为机尾机枪射手提供良好的射击视野。机鼻安装了1挺可拆卸的7.62毫米机枪，此外机鼻还有另外2个位置可供安装机枪，另外2挺7.62毫米机枪安装在机身后方。机尾安装1挺12.7毫米机枪，射击视野极佳，部分机尾由有机玻璃构成，上面有蛤壳形状的门，方便机枪的拆卸与搬运。炸弹舱内可挂载12枚45公斤炸弹，也可以挂载113公斤、136公斤、227公斤、272公斤和500公斤炸弹，甚至可以单独挂载1枚907公斤炸弹。

B-25驾驶员的视野极佳，侧面视线穿过驾驶舱玻璃可以看见机翼的翼尖，即使遭到来自下方的攻击，驾驶员也能及时发现。设计人员在设计B-25时，一共提出了不少于84处的修改意见，包括机身、炸弹挂载方式、机翼类型和发动机类型，每一个意见都会被仔细分析并通过图纸呈现出来。这项工作主要由约翰·阿特伍德和雷德蒙·赖斯（Redmond Rice）牵头主持。1939年9月10日，B-25的原型机NA-62设计完成，9月20日，几个月的刻苦工作终于得到了回报，陆航与北美航空公司签订生产合同，这份合同价值1177.1万美元，共生产185架，其中1架用于测试。同一天，马丁公司也与陆航签订了关于生产B-26的生产合同。北美航空公司收到生产合同之后，立刻将1/9的飞机模型送到帕萨迪纳市加州理工学院进行风洞测试，该飞机模型的螺旋桨由电动机驱动，而生产部门则开始制造用于静力测试的机体。1939年11月9日，北美航空公司耗费15.6万工时和8500张图纸，制造出了木质全尺寸模型，该模型装有全部的设备和控制装置，陆航实体模型部门来到公司车间，同意了飞机上几处小的修改方案，1939年12月开始批量生产，机

北美航空公司送往加州理工学院进行风洞测试的1/9 NA-62轰炸机模型，该机垂尾的第一种设计方案直接照搬NA-40的垂尾。

正在进行风洞测试的B-25木质模型,左图那位年轻的工程师手上拿的正是MK-13鱼雷模型。B-25在机腹下方加挂鱼雷之前也需要在风洞中进行吹风实验来验证其可行性。

第1架生产型B-25在北美航空公司内部编号为NA-62,飞机编号为40-2165。

NA-62机尾特写，上图清晰表明机尾机枪手是如何操作12.7毫米机枪的，机尾采用"蚌"式舱门，方便安装机枪和补给弹药。

小一点，后续的NA-62更换了和NA-40完全相同的双垂尾。NA-62的机体外形更加纤细，发动机整流罩后方过渡为锥形，动力装置更换为两台莱特公司R-2600-9型发动机，单台功率1700马力。NA-62除了有2名驾驶员和1名投弹手，另外还有2名机枪手，1名机枪手位于机尾，采用卧姿操作机尾12.7毫米M-2型机枪，由于NA-62采用双垂尾，所以机尾机枪射界极佳，另1名机枪手位于机身后方，兼任飞行工程师，一个人负责机身两侧射界。

第一架生产型B-25飞机编号为40-2165，于1940年初夏组装完毕，随后进行了各种地面测试和滑行测试。在滑行测试中，由于前机轮减摆器出现故障，导致前起落架折断，机鼻部分直接拍在跑道上，万幸的是，飞机受损较轻。工程师及体在1940年7月4日通过船只运送到俄亥俄州莱特机场进行静力测试。

虽然NA-62是完全不同的机型，但还是继承了NA-40的一些外部特征，比如机翼上反角和双垂尾，只不过第一架NA-62的垂尾面积要比NA-40

NA-62正视图，与NA-40相比，此时驾驶员座椅已经采用并排方式，另外也可看出，机翼带有明显的上反角。

40-2165号在滑行测试时,前起落架折断,导致机鼻部分直接拍在跑道上,从图片里可以看出,这次事故并不严重,飞机受损轻微,稍加修理即可恢复。

时修复了飞机破损处,设计师针对发生故障的减摆器重新进行设计,最终排除隐患。8月中旬,焕然一新的飞机准备进行飞行测试。

1940年8月19日,万斯·布里斯和北美航空公司的测试工程师罗伊·费伦(Roy Ferren)一同完成B-25的首次试飞。布里斯是一个风度翩翩的人,总是穿着昂贵的西装,喜欢踩着时间点,将他的凯迪拉克敞篷车停在跑道旁,而费伦等着飞机发动机运转起来。正如预期的那样,B-25十分易于操纵,飞过几次之后,布里斯对B-25的操纵性十分满意,甚至已经超过设计师的预期,飞机最大飞行速度比原来估计的要快,而飞机进场降落速度又比原来估计的要慢。但是罗伊·费伦却在报告中说,B-25存在严重的滚动倾向。第2次试飞之前,布里斯向上级提交申请,他希望每试飞一次可以得到5000美元的报酬,他的上级同意了。

20世纪30年代很少有飞机制造厂商能拥有飞行测试部门和足够优秀的试飞员。绝大部分北美航空公司签约的试飞员只有单发飞机的飞

左图为坐在40-2165号机驾驶舱的北美航空公司试飞员万斯·布里斯。右图中左侧为北美航空公司测试工程师罗伊·费伦,右侧为北美航空公司首席试飞员埃德·维珍(Ed Virgin)。

40-2165号机燃油管线破裂之后引起大火,这也算是40-2165发生的一次较为严重的飞行事故,幸好布里斯处置得当,及时迫降保住了飞机。此次事故中无人员伤亡。从图片可以看出40-2165的垂尾外形与NA-40相比面积更大(第2种设计方案)。

40-2165号机在美国加州穆拉克干湖(Muroc Dry Lake,今天则是美国空军爱德华兹空军基地)所测试的第3种双垂尾方案,从图片中可以看出,垂尾形状已经十分接近矩形,外形并不美观。

40-2165号机测试的第4种双垂尾方案,也是最后一种方案。该方案垂尾最终确定成前缘后拉的梯形垂尾。日后所有的生产型B-25的垂尾均采用此种外形。

左图从左至右分别为北美航空公司首席工程师赖斯、乔治·哈切(George Hatcher)中尉、来自莱特机场的斯坦利·乌姆斯特德少校，右图左侧为来自美国陆航西部地区办公室的约翰·格里菲斯(John Griffith)少校，右侧则是陆航莱特机场主管飞行测试的弗兰克·库克上尉，正是他发现B-25有横滚的倾向。

行经验，虽然只有少部分人飞过NA-21和NA-40双发轰炸机，但北美航空公司并不为缺少试飞员而担心。这群试飞员有：艾迪·艾伦（Eddie Allen），万斯·布里斯，强尼·凯布尔（Johnny Cable），汤姆林森（D.W.Tomlinson）和传奇人物本尼·霍华德（Benny Howard）。汤姆林森在环球航空公司工作过，对高海拔飞行很有研究，曾经试飞过NA-21"龙"式轰炸机，而艾伦曾经试飞过NA-16。由于这两位试飞员并没有试飞过B-25，因此让布里斯接下了这差事。

除了上文提到的在滑行测试中由于前机轮减摆器出现的故障之外，飞机在试飞过程中还遇到了一次紧急情况。飞机在起飞之后立刻向太平洋方向飞去，正在此时右侧发动机的一根燃油管线发生破裂，大量燃油从破裂处喷射而出并由火花引燃发生燃烧，更严重的是，大火损毁了前翼梁处的各种管线，随后燃油发生爆炸，冲击波炸开了机翼前缘并且沿着控制管线冲进驾驶室，挡风玻璃全部损毁，仪表盘玻璃也被震碎。此时的飞机距离洛杉矶机场很近，布里斯随后向左转向，因为那里有一处较浅的水坑，布里斯此时表现出优秀飞行员的良好素质，此时的风向刚好是顺风利于飞机降落，他放下起落架，机轮稳稳地落在跑道之间的草地上。布里斯和测试工程师罗伊·费伦还有比利·惠勒（Bill Wheeler）赶紧从飞机里面跳了出来，幸运的是3人安然无恙，北美航空公司的灭火队立即对飞机进行止损和灭火，后来飞机被修复依旧能够飞行。

斯坦利·乌姆斯特德（Stanley Umstead）少校是陆航驻莱特机场飞行测试机构的负责人，主要工作是对新机型的飞行测试情况打分并且要熟悉其操纵特性。乌姆斯特德少校将这些工作分配给了弗兰克·库克（Frank Cook）上尉，库克上尉当时也正在对马丁B-26型中型轰炸机做相同的工作。库克很快发现，当他尝试用"诺顿"轰炸瞄准具控制飞机飞行时，发现飞机有"荷兰滚"（Dutch Roll，俗称为横滚）的倾向。北美航空公司得知这一情况时非常震惊,这与布里斯报告的情况恰恰相反。

考虑到B-25中型轰炸机项目的重要性,乌姆斯特德少校和乔治·哈切中尉飞往北美航空公司进行私人评估,这一路上狂风大作,可把两位军官折腾坏了,飞机降落之后,乌姆斯特德少校对哈切中尉说,这是他飞行以来最糟糕的一次。北美航空公司将横滚问题的优先级列为最高,提出了一个简单可行的解决方法。设计人员深入分析之后,发现只要将发动机外侧翼段的机翼改为水平机翼,而内侧翼段机翼继续保持上反角(海鸥型机翼)就可以解决横滚问题。该修改方案得到乌尔夫(Wolfe)上将和库克上尉的同意,金德尔伯格要求工程师"少废话,赶紧解决"。这次修改没有对发动机舱、机翼中段、起落架动手术,也没有花费公司过多的制造时间。埃德·维珍看了海鸥型机翼的B-25,形容它像极了一只"野鸭子"。

从第10架生产型B-25(飞机编号40-2174)开始安装海鸥型机翼,40-2165号机一直留在北美航空公司作为测试机,40-2166,2170,2173,2174和2176这5架飞机后来被运回到北美航空公司,但是没有记录解释究竟是什么原因。40-2168,2169,2172,2173和2174在服役期间全部损坏,特别要指出,40-2168号机在1943年中期被改装成阿诺德上将的私人专机(后文详述)。40-2177和40-2178两架飞机则分别在查努特机场和劳瑞机场做进一步测试。

1941年2月25日,埃德·维珍和刘易斯·韦特(Louis Wait)驾驶海鸥型机翼B-25共飞了两个小时。埃德·维珍是陆航在北美航空公司的巡视员,拥有工程学士学位,曾经飞过B-10型和B-12型轰炸机,是陆航和北美航空公司工程部的联

威廉·米切尔出生于1897年12月29日,被后人称之为"现代空军之父"。第一次世界大战结束后,他奔波于美海军与美陆军之间,为扩展美国的空中力量而不懈努力。为了展示空军强大的力量,1921年7月21日,米切尔进行了一次陆基轰炸机飞行实验,以6枚907公斤炸弹仅仅耗时25分钟便击沉了前德国战舰"奥斯特弗雷斯兰"号,狠狠抽了海军当权派的脸。尽管已经晋升为准将,但米切尔还是与一些高级官员多次发生冲突。1925年12月,由于米切尔对一名高级军事官员发表了过激的评论,因此被提请军法审判,降衔为陆军上校并扣五年军饷。1926年2月1日,米切尔退出现役,并于1936年去世。1946年,美国授予米切尔"荣誉勋章",并追认他为"航空兵之父"。

从第10架生产型B-25(40-2174)开始,发动机外侧翼段的机翼改为水平机翼,而内侧翼段机翼依旧保持上反角,这张B-25H正视图可以清晰地表现B-25这一特征。

络官，1941年2月6日，他佩戴上了北美航空公司的试飞员徽章。刘易斯·韦特之前曾在波音公司工作过，后来在北美航空公司担任试飞员并且组织了飞行测试部门，有时候也会为公司培养新苗子。维珍发现这架飞机的性能极佳，海鸥型机翼十分适合B-25，在飞行1小时之后，陆航驻美国航空公司官员唐纳德·斯泰斯（Donald Stace）少校同意了将B-25改成海鸥型机翼这一方案。

除了B-25的成功设计之外，B-25还需要一个响亮的名字，最终约翰·阿特伍德为飞机起了绰号。约翰·阿特伍德曾经回忆：

很早的时候，我们几个人在金德尔伯格的办公室闲谈，闲谈的主题是想为这个新型轰炸机起一个绰号。我提议以威廉·米切尔准将的名字来命名，但是当时并没有确定。在之后的一个会议上，我们最终确定B-25轰炸机绰号为"米切尔"。

1942年1月3日，北美航空公司堪萨斯工厂的所有职工冒着严寒齐聚停机坪，观看堪萨斯工厂制造的第1架B-25D型轰炸机首飞（飞机编号为41-29648），当时的试飞员为保罗·巴尔弗。

B-25右侧机轮和主起落架机械结构特写。

到了1940年左右，美国已经预见到战争即将到来，因此需要扩大飞机的产能，政府建立大量飞机装配厂房，北美航空公司的堪萨斯工厂正是其中之一。飞机产量指标与工业制造能力的连接处就是采购管理办公室，这个办公室主要负责建立新厂房和添加新设备。数以千计的人进入飞机制造厂，经过培训之后成为飞机制造工人，美国飞机制造公司虽然利润较低，但是工人们都投入了极大的热情。1939年底，北美

B-25轰炸机家族中的第一架交付美国陆航的B-25，飞机编号为40-2165，以它为开端，北美航空公司总共生产了9889架B-25（包含未组装的机体）。

B-25轰炸机家族中最后一架B-25（第9889架），同时也是B-25J型轰炸机的最后一架（第4390架），飞机编号为45-8899。

北美航空公司堪萨斯工厂停机坪一角，集结了大量等待交付部队的B-25，这种情况在1943年到1944年司空见惯，美国强大的工业实力是赢得战争的重要保证。

正在北美航空公司堪萨斯厂组装的B-25轰炸机，照片拍摄于1942年10月，这张照片为彩色照片，B-25机体还刷着黄色底漆。

正在北美航空公司堪萨斯工厂进行总装的B-25J，庞大的厂房一眼看不到头，一台台发动机整齐地排列，产量最大的时候，一天能有10架B-25滚下生产线交付部队。

航空公司花费五千万美元，将原有英格尔伍德工厂进行扩建，英格尔伍德厂房原有面积58.25亩，扩建之后达到91.13亩。1940年12月16日，战争部部长同意建设北美航空公司堪萨斯工厂，1941年5月8日破土动工，到了1942年5月17日，第一批工程师和设备已经从英格尔伍德搬到了堪萨斯。工厂建在堪萨斯城主要考虑到以下几点，一方面堪萨斯城位于美国中部，远离海岸线，因此不会受到来自海上的敌方打击，另一方面就是这里劳动力充足，他们很愿意成为产业工人。由于北美航空公司扩建了公司规模并接下了大量订单，一时间公司人手严重紧缺，公司为了留住有技术的工人使之不被其他飞机制造公司挖走，大幅提高了工人福利水平，通过宣传调动员工的积极性和主人翁意识，让他们意识到，他们现在的工作是为美国制造新型轰炸机，可为赢得反法西斯战争的胜利做出自己重要的贡献。同时员工们自己也意识到，NA-62是公司的拳头产品，它与公司命运息息相关。根据最初的协议，北美航空公司是合同的主要承包人，而通用汽车-费舍车体部门为次要承包人，一度占到合同总工作量的55%。堪萨斯工厂后来进行了扩建，不仅可以组装飞机，也可以制造飞机，高峰期时的工作量一度占到合同的71%。

为了加快堪萨斯工厂的制造速度，英格尔伍德工厂将向其提供前100架B-25主要零部件供其装配。第1批6架飞机配件先在英格尔伍德工厂组装成大组件，然后再运到堪萨斯工厂。第2批30架飞机也是这个思路，只不过后来有些送到了通用汽车-费舍车体工厂进行组装。第3批剩余64架飞机，直接以零部件的形式从英格尔伍德工厂运到通用汽车-费舍车体工厂或堪萨斯工厂进行组装。堪萨斯工厂自己生产的第1架B-25D型（就是B-25系列的第101架）飞机编号为41-29648，而通用汽车-费舍车体工厂主要提供外翼段、机身侧板、控制面和座舱玻璃。1942年2月，北美航空公司接到另外一个合同，要在堪萨斯厂建造200架B-29重型轰炸机，B-25的生产任务照旧进行。由于生产B-29需要更大的厂房和更多的设备，堪萨斯厂并没有这个条件，更何况此时工厂已是开足马力生产B-25，哪里还有精力再去生产B-29，因此这份合同在1942年7月被取消，此时B-25的产量已经从每月123架上升到217架。这一生产速度后来又加快了，因为通用汽车-费舍车体工厂也开始生产B-25轰炸机了，产量已经上升到每月285架。从1942年7月开始，产量开始稳步上升，到了1945年1月，每月的产量已经达到了315架（另外还有22架处于未组装状态），1945年8月，由于此时日本已经投降，B-25产量开始下滑，已无继续生产的必要，因此生产合同被取消。从1942年2月陆航接收第一架堪萨斯厂制造的B-25D型开始，直到1945年8月14日共40个月，堪萨斯工厂的5.9万名职工一共生产6608架B-25（6608架指的是整机，另外还有947架处于组件的飞机并没有算进去），这其中包括了2290架D型机和4318架J型机。

B-25生产数目巨大，二战期间被部署到全球各个战区，一线作战将士根据自身需求，对手中的B-25进行各种各样的改装，发展出了照相侦察型、扫射型、远航程型、反潜型、冬季型和沙漠型，有些改装方法被北美航空公司采用，直接运用在生产线上。有些生产线生产的型号数量很少，北美航空公司为了节约资源，将这些生产线进行合并，最后这些型号的飞机都停止生产。为了满足陆航较为紧急的要求，北美航空公司专门建立了一定数量的改装中心，其中一处改装中

第17轰炸机大队的官兵在华盛顿麦科德陆航基地（McChord Field）接收的第一架B-25轰炸机（北美航空公司生产的第6架B-25），飞机编号为40-2170。

第17轰炸机大队装备的B-25轰炸机，照片拍摄于1941年，地点在华盛顿州斯波坎谷机场（Felts Field）。照片中的B-25共有两种翼型，最前面的这架B-25整个机翼均有上反角，因此这架B-25一定是生产型前9架B-25，而后来的B-25已经开始采用"海鸥"型机翼。

心位于费尔法克斯军用机场旁边，早在堪萨斯工厂搬迁完成之前的1942年初就已开始投产，直到1942年8月共完成了将近200架飞机的改装工作。1943年到1944年，各地的改装中心共完成了4500架飞机的改装工作。到了1944年7月，战争的压力已经大大缓解，机体的改装工作在生产线上即可完成，机体建造完毕之后不再送到改装中心进行改装。随着纳粹德国的投降，堪萨斯厂的月生产数量开始慢慢减少。（美国时间）1945年8月14日，时任美国总统杜鲁门宣布对日作战结束，第二天一早，工厂主管哈罗德·雷纳（Harold Raynor）收到一份从莱特机场发出的电报，电报中要求堪萨斯厂停下所有飞机建造工作，战后堪萨斯厂依旧保持约7900名职工的规模。

第三章 生产型以及改进型介绍

原型机和早期生产型的各方面性能均超过后期生产型，这绝对是真理，因为随着飞机进入部队服役，总是要针对不同的任务而进行各种改装，或是增加武器配置，或是增加油箱容量，这无疑增加了机体重量与负荷，从而导致飞机总体性能下降，B-25也不例外，B-25的原型机最大时速能达到518公里/小时，这一速度在同时期的中型轰炸机中排名也是名列前茅的，但是到了后期生产型时，时速已跌到438公里/小时，B-25后期H型和J型的总重已经比原型机重了近3.6吨。

1. B-25A/B/C/D型

第一批24架飞机均是B-25型，初始型B-25在上文NA-62中已有详细介绍，这里不再复述。B-25武器装备采用了1940年时的标准配置，采用3

B-25	
发动机	两台莱特 R-2600-9 型发动机。
汽化器	本迪克斯–斯特龙伯格公司 PD-13E-2 型。
油箱容量	2 个前机翼油箱，共 1832 升。 2 个后机翼油箱，共 1635 升。 1 个可投掷炸弹舱油箱，共 1590 升。
武器配置	3 挺 7.62 毫米机枪（可拆卸），分别位于机鼻、机身中部和座舱。 1 挺 12.7 毫米机枪，位于机尾。
装甲防护	无。
重量	空重 7.83 吨，最大起飞重量 13 吨。
尺寸	翼展 20.59 米，机长 16.5 米，机高 4.8 米，机翼面积 56.7 平方米。
飞行速度（最大）	4572 米高空，518 公里/小时。
实用升限	9144 米。
航程	挂载 1360 公斤炸弹时，航程 3218 公里。
机组人数	正副驾驶员、投弹手、导航员/无线电联络员、机枪射手。
1941 年 2 月，美国军方接收第一架 B-25 型飞机。前 9 架采用上反角机翼，之后均采用"海鸥"型机翼。B-25 共生产 24 架，飞机编号从 40-2165 到 40-2188。	

挺7.62毫米机枪和1挺12.7毫米机枪（安装在机尾），这些火力仅能提供有限的自卫能力，但是其油箱容量和航程均超过B-25A/B和早期C型。

北美航空公司在生产24架B-25之后，就开始着手改进，改进型B-25被命名为B-25A。B-25A采用了自封闭小型油箱，由于采用小型油箱的设计，因此内置油箱容量减少至2620升，不过在炸弹舱可加装1590升油箱，紧急情况下可以抛弃。飞机总重增加到12.29吨，航程有所缩短，为2173

图片内的B-25A拍摄于1941年，地点在伊利诺伊州查努特机场，B-25和B-25A机背和机腹均未安装机枪炮塔，机尾滑橇始终处于打开状态，发动机排气管较长。

B-25和B-25A在后机身位置可安装一挺7.62毫米机枪，该机枪可活动，可通过成员舱甲板舱门开口向下射击，也可安装在机身两侧射击。

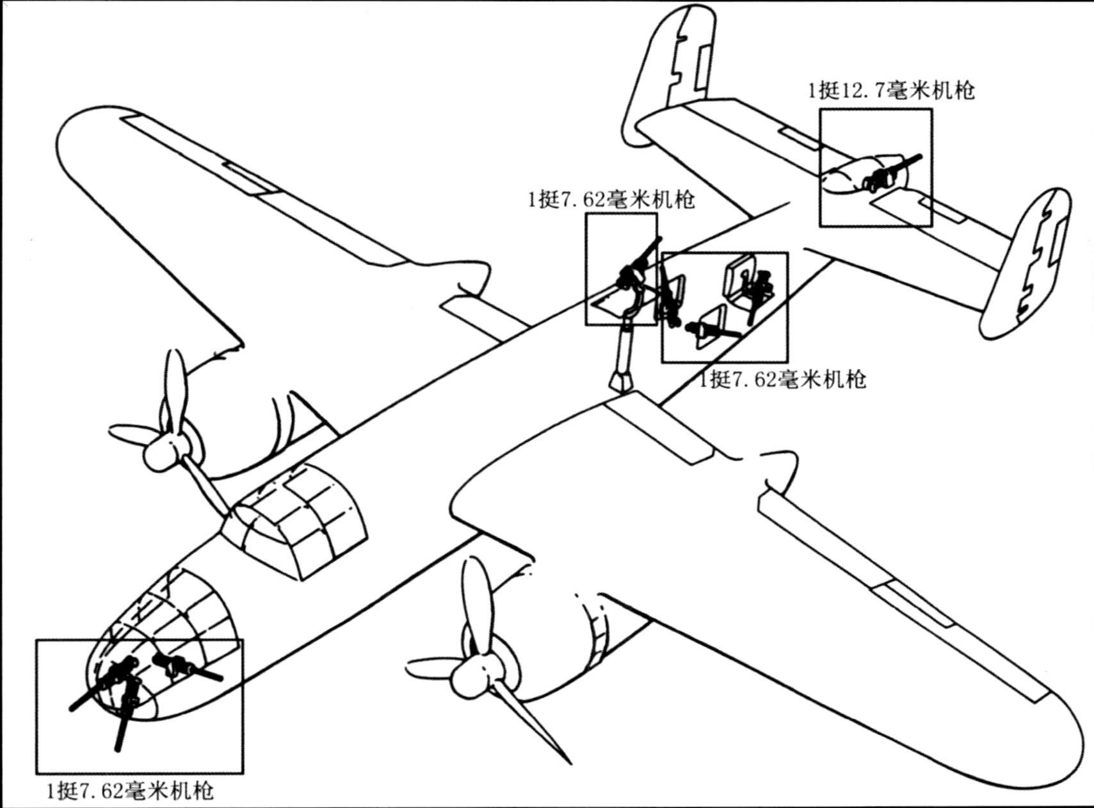

1挺12.7毫米机枪

1挺7.62毫米机枪

1挺7.62毫米机枪

1挺7.62毫米机枪

对于B-25和B-25A的自卫火力配置,该图一目了然,分别用矩形框标注出来,机鼻安装1挺活动式7.62毫米机枪,有3个位置可供选择,机背安装1挺7.62毫米机枪,机身后方安装1挺7.62毫米机枪,有3个位置可供选择,机尾安装1挺12.7毫米机枪。

B-25A机尾特写,机尾采用"蛤"式开口,内置1挺12.7毫米机枪。

B-25A	
发动机	两台莱特 R-2600-9 型 14 缸发动机，单台输出功率为 1700 马力。在 4000 米高空时，单台输出功率依旧可以达到 1350 马力。
汽化器	本迪克斯-斯特龙伯格公司 PD-13E-2 型。
油箱容量	2 个前机翼油箱（具有自封闭功能），共 1393 升。 2 个后机翼油箱（具有自封闭功能），共 1227 升。 1 个可投掷炸弹舱油箱，共 1590 升。
武器配置	与 B-25 相同。
装甲防护	驾驶员和投弹手后方以及投弹手下方均安装 9.53 毫米的装甲板。机身中部和机尾机枪手后方安装隔板。
重量	空重 8106 公斤，最大起飞重量 12290 公斤。
尺寸	翼展 20.60 米，机长 16.50 米，机高 4.80 米，机翼面积 56.7 平方米。
飞行速度（最大）	4000 米高空，507 公里/小时。
实用升限	8230 米。
航程	挂载 1361 公斤炸弹时，航程 3492 公里。
机组人数	与 B-25 相同。

公里。飞机防护方面得到加强。B-25A 动力方面与 B-25 相同，在 4000 米高空时，最大飞行速度为 507 公里/时，实用升限 8230 米，与 B-25 相比有所下降。

1941 年 2 月 25 日，埃德·维珍驾驶 B-25A 完成首次试飞，但是按照 W535-ac-13258 这份生产合同进度来看，留给北美航空公司的时间不多了。B-25A 共生产了 40 架，飞机编号从 40-2189 到 40-2228。

由于北美航空公司文件和记录的缺失，现在已经无法确定 B-25B 首次试飞的准确时间，只能大致推算是在 1941 年上半年，试飞员为埃德·维珍或保罗·巴尔弗。1941 年 8 月，陆航开始接收 B-25B。由于 B-25B 的第 15 架（飞机编号为 40-2243）在交付的时候损毁，实际上陆航只接收到 119 架 B-25B，至此为止，184 架 B-25 的生产合同交付完毕（B-25 共 24 架，B-25A 共 40 架，B-25B 共 120 架，合计 184 架）。

B-25B 与 B-25A 相比，外观上最大的不同就是增加了 2 座本迪克斯公司生产的炮塔，机背炮塔为 L 型，机腹炮塔为 K 型，每座炮塔内装有 2 挺 M-2 型 12.7 毫米机枪，其中机腹炮塔可收放。本迪克斯公司设计的炮塔造型十分漂亮，此后 B-25 各个型号均沿用了本迪克斯公司制造的炮塔。机鼻火力配置与 B-25A 相同，依旧是 1 挺 7.62 毫米机枪，之所以没在机鼻投弹手舱内安装 12.7 毫米机枪，可能是因为投弹手舱内要安装各种轰炸装置，再加上投弹手和机枪以及弹药箱，空间或许过于狭小或者根本塞不进去。由于机身中部两侧射界不佳，北美航空公司干脆取消了这里的机枪。

由于 B-25B 安装了 2 座炮塔，重量势必大幅度增加，北美航空公司不得不为 B-25B 采取减重措施：取消 B-25A 安装的装甲板，取消机尾机枪和机身中部机枪。即使采取了减重措施，B-25B 的空重依旧达到

图中即是B-25B型轰炸机,B-25B与B-25A最大的区别就是机背和机腹各安装1座本迪克斯公司生产的炮塔,每座炮塔内有2挺12.7毫米机枪,另外B-25B取消了机尾机枪和机身中部机枪,发动机排气管与B-25A相比无变化,依旧又粗又长。

B-25B型轰炸机机尾特写,在B-25B装备机背炮塔和机腹炮塔之后,机尾机枪最终被取消。

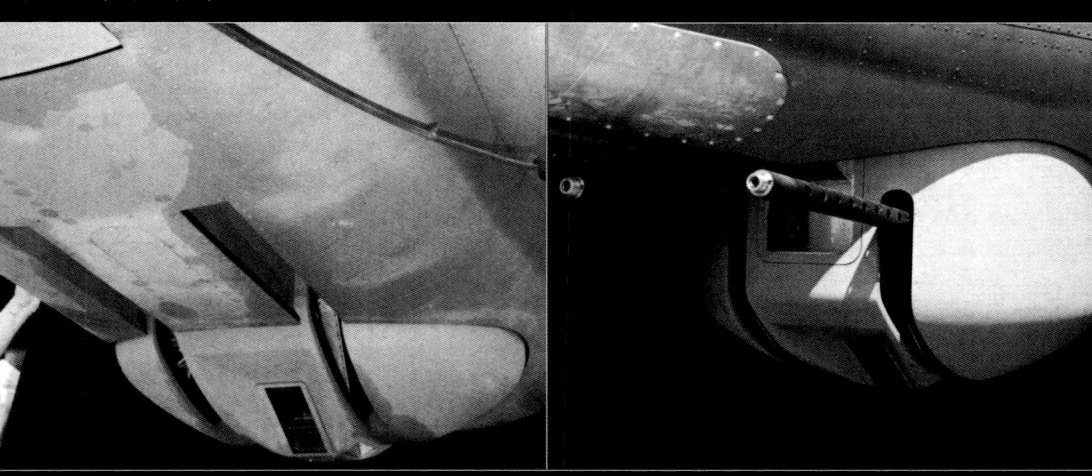

B-25B/C/D型轰炸机机腹均安装这种可收放式机枪炮塔,该型炮塔由本迪克斯公司制造,内部装有2挺12.7毫米机枪。不足之处在于收放炮塔耗时过长并且步骤繁琐,如果收放速度过快很容易卡死,炮塔完全伸出机体时,会降低B-25的飞行速度,所以一线部队经常将机腹炮塔拆除,从B-25G开始,北美航空公司干脆就取消了机腹炮塔。

了9072公斤，足足比B-25重了1700公斤。虽然安装了2座炮塔使结构重量大幅增加，但是无疑提高了B-25B的自身防御力，还是划算的。

炮塔在投入使用初期，可靠性并不高，究其原因集中在炮塔电驱动部件。射手在操作炮塔时，存在射击死角，炮塔转动不够平滑流畅，常常出现机枪从一个目标不能及时指向另一个目标，增大了射手工作负担。机腹可收放炮塔设计虽然设计巧妙，但是总重高达270公斤，炮塔收回机体或从机体伸出共需要55秒，耗费时间过多，另外射手开火之前准备工作非常繁琐，要检查炮塔是否收放完毕，枪械状态是否正常，光学瞄准镜需要校准以免产生光学畸变，然后跟踪目标，所以在B-25G-5型（飞机编号为42-65001）之后，机腹炮塔均被取消。其实一线作战部队也经常将机腹炮塔拆除，弃之不用，在原位置上安装油箱，但是英国皇家空军（RAF）却并不这么做，由于编队飞行需要尽可能保护己方轰炸机编队免受德军战斗机的攻击，所以保留了机腹炮塔。

B-25B在4570米高空时，最大飞行速度为480公里/小时，比B-25A稍微慢了点。虽然北美航空公司采取了隔音措施，但是每当B-25B启动发动机时，驾驶舱的噪音非常大，另外B-25B在陆航还保持一个纪录，它是陆航所有服役机型

以B-25B型轰炸机为开端，之后陆续出现的B-25各型号轰炸机开始在机背上安装本迪克斯L型炮塔，内部装有2挺12.7毫米机枪，每挺备弹440发。

B-25B	
发动机	两台莱特 R-2600-9 型发动机。
汽化器	本迪克斯-斯特龙伯格公司 PD-13E-2 型。
油箱容量	与 B-25A 型相同。
武器配置	机鼻处安装了 1 挺 7.62 毫米机枪。机身背部和机身腹部各安装 1 座炮塔，每座炮塔分别安装 2 挺 12.7 毫米机枪。可挂载 1360 公斤炸弹。
装甲防护	与 B-25A 型相同，但在机尾没安装装甲板。
重量	空重 9072 公斤，最大起飞重量 12909 公斤。
飞行速度（最大）	483 公里/小时。
实用升限	7160 米。
航程	挂载 1360 公斤炸弹时，航程 2092 公里。
机组人数	与 B-25A 相同。

1942 年 5 月，美国军方接收最后一架 B-25B 型。北美航空公司共生产 120 架，飞机编号为 40-2229 到 40-2348。

中机舱温度最高的。

在生产 120 架 B-25B 型轰炸机之后，北美航空公司开始对 B-25B 进行改进与完善，这就是 B-25C 型轰炸机。B-25C 与之前的 B-25B 相比在外形上区别不大，但却是第一种大批量生产的作战型 B-25 轰炸机。B-25C 共衍生出 7 种子型号（可见图表）。根据生产合同的规定，英格尔伍德工厂共生产了 1625 架 B-25C。1941 年 11 月 9 日，试飞员埃德·维珍驾驶 B-25C（飞机编号为 41-12434）完成首次试飞。有资料表明，北美航空公司对 B-25C 的生产线进行了改进，使得交付拖延时间大大缩短，最终陆航于同年 12 月接收第一架 B-25C。

尽管 B-25C 型与 B-25B 型在外观上相似，但是 B-25C 机体

B-25C 早期型号的发动机排气管形状类似于"手指"形状（椭圆圈住的就是排气管），告别了 B-25B "又长又粗"排气管，但是"手指"形状的排气管长度较短，夜间飞行时，火花会从排气管钻出来，很容易暴露自身行踪。在地中海战区执行夜间作战的 B-25C 就曾因为使用这种排气管遭到德军高射炮的射击。另外 B-25C 与 B-25B 相比采用新型机尾滑橇。

内部已做了一些改进，B-25C在北美航空公司内部编号为NA-90，动力系统改用莱特R-2600-13型发动机，该型发动机安装了霍利公司生产的汽化器用以代替本迪克斯公司生产的汽化器，发动机排气管形状类似于"手指"形状，尽管一定程度上对发动机排气口处的火焰产生抑制作用，但是相比于B-25早期型号的排气管来说长度依然较短，因此总有火焰时不时地从B-25C的排气管冒出，对于夜间飞行的B-25C来说，发动机产生的火焰容易被发现，飞行特征明显，这个缺点在B-25C初期并没有被改进。

虽然B-25C安装了新型发动机，但飞行时速还是没能超过B-25B。B-25B型的最大飞行时速为483公里/小时，而B-25C型在4570米高空时飞行时速仅为457公里/小时。B-25C型每侧机翼内设置3个小型油箱，共容纳1382升燃油，因此B-25C的航程比B-25B多出320公里。此外，B-25C型可在成员舱（机身中部）安装两个转场油箱，共容纳568升燃油，炸弹舱内可安装2个油箱：一个为固定式油箱，容量为977升，另一个为可丢弃油箱，容量为1523升。B-25C还首次安装了除冰装置，机背部安装本迪克斯公司生产的N型炮塔，该型机枪塔由两台电动机驱动：一台负责控制炮塔水平旋转，另一台负责控制机枪的仰角。

B-25C-1的机翼上设置4个炸弹挂点，因此机翼结构得

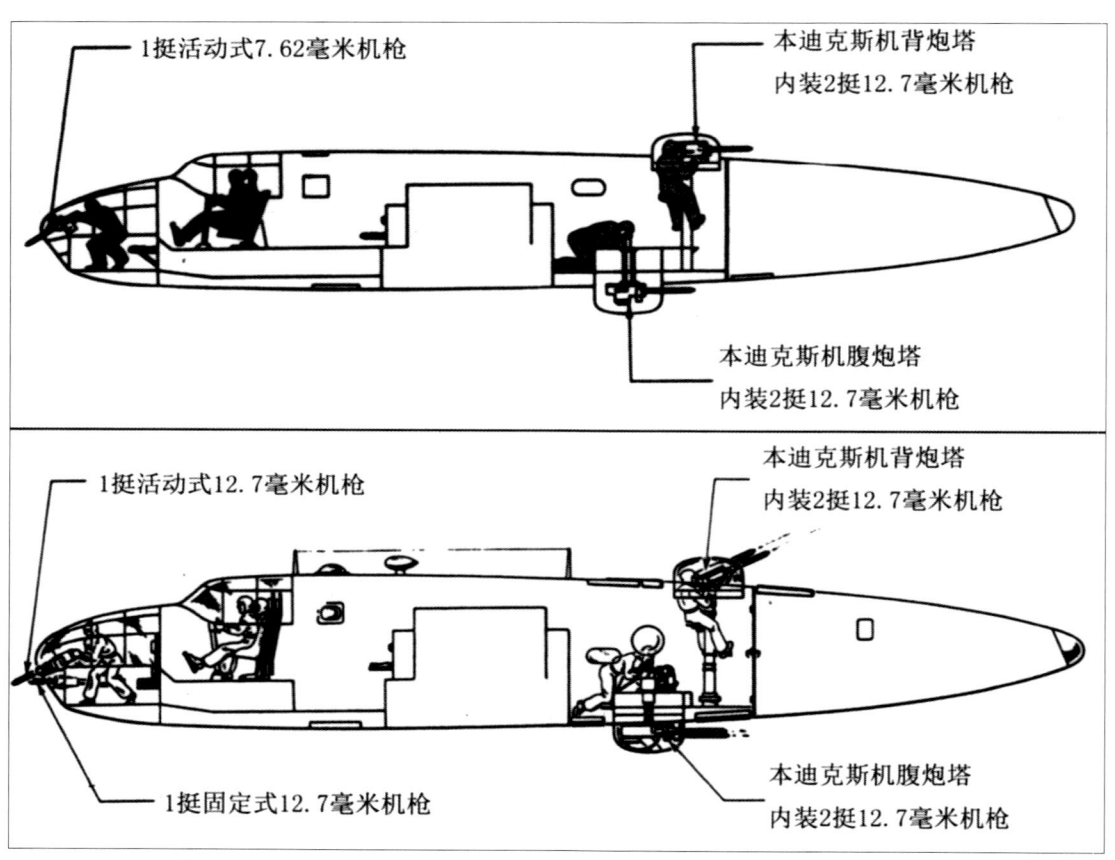

B-25B和B-25C的自卫火力配置如上下图所示，区别主要集中在机鼻的火力配置。

到了加强。炸弹舱内置挂架重新设计并采用A-2型电动炸弹释放装置，该型轰炸机可以适用3种轰炸瞄准具，分别为："诺顿"M系列，埃斯托佩（Estoppey）D-8型，英国"斯佩里"MK IX型。瞄准具支架依据选用的轰炸瞄准具类型进行更换或者直接在支架上安装各型瞄准具适配器。机鼻处安装1挺7.62毫米机枪，发展到了B-25C-5型时，火力大大增强，机鼻处安装12.7毫米机枪替换原有7.62毫米机枪，另外在机鼻下方右侧安装了一挺由驾驶员操纵的12.7毫米固定式机枪。

B-25C-5型依旧使用"手指"形状的排气管，但是使用效果不如"克莱顿"消焰器。B-25C-15型改进了成员舱加热装置并且每个发动机都安装了"克莱顿"消焰器，该消焰器其实是两排由7个小型整流罩交错排列构成的排气管，类似于"S"形状。

B-25C的最后一个子型号

B-25C从第200架（飞机编号为41-12633）开始，发动机排气管恢复成粗粗的排气管，只不过长度缩短了。

B-25C后期型发动机排气管安装了"克莱顿"消焰器，该消焰器其实是由两排7个小型整流罩交错排列构成的排气管，类似于"S"形状。这架B-25C通过涂装可以看出是美国在二战期间送给中国的军援，机背炮塔和机腹炮塔已经拆除。

从B-25C-15型开始，B-25开始在发动机上安装"克莱顿"排气管，到了战争后期，有些B-25会将发动机上半环的"克莱顿"排气管去掉，替换成半圆形集气环。

B-25C-25型改进了驾驶舱风挡，可在炸弹舱安装容量为1523升的油箱，但是从B-25C-15型开始，起落架液压压力过低一直是一个隐患。

1942年1月3日，保罗·巴尔弗驾驶第一架B-25D（飞机编号为41-29648）飞上天空，此时北美航空公司早已在得克萨斯州建立第2条飞机生产线，不过这条生产线专门用来生产该公司的另一个伟大作品——P-51"野马"战斗机。1941年

B-25C	
发动机	两台莱特 R-2600-13 型发动机，单台输出功率 1700 马力。
汽化器	霍利公司 1685HA 型。
油箱容量	2 个前机翼油箱，共 1393 升。 2 个后机翼油箱（具有自封闭功能），共 1143 升。 6 个机翼副油箱，共 1151 升。 2 个机身中部转场油箱，共 473 升。 1 个固定式炸弹舱油箱，共 814 升。 1 个可投掷炸弹舱油箱，共 1268 升。 1 个固定式转场油箱，共 2214 升。
武器配置	与 B-25B 相同。
装甲防护	与 B-25B 相同。
重量	空重 9210 公斤，最大起飞重量 15420 公斤。
尺寸	与 B-25B 相同。
飞行速度（最大）	457 公里/小时。
航程	挂载 1360 公斤炸弹时，航程 2400 公里。
实用升限	6460 米。
机组人数	与 B-25B 相同。

1941 年 12 月和 1943 年 5 月，美国军方接收第一架和最后一架 B-25C 型轰炸机。共生产 605 架，飞机编号从 41-12434 到 41-13038。从 41-12817 开始，增加燃油携带量，领航员舱右侧增加观察窗，投弹手舱可安装 3 种轰炸瞄准具和照相机。左侧机翼安装美国斯图华纳公司生产的座舱加热装置。将低压刹车系统更换为高压刹车系统。重新设计尾橇。

B-25C 型子型号改进点	
B-25C-1 型，飞机编号 41-13039 到 41-13296，共生产 258 架。	增加翼下炸弹挂架；增加鱼雷挂架和电动释放装置。
B-25C-5 型，飞机编号 42-53332 到 42-53493，共生产 162 架。	将机鼻处的 7.62 毫米机枪替换成为 1 挺固定式 12.7 毫米机枪和 1 挺活动式 12.7 毫米机枪；针对冬季严寒做了部分改装；安装"手指"形状的排气管。
B-25C-10 型，飞机编号 42-32233 到 42-32382，共生产 150 架。	安装机舱增温装置；42-32281 和 42-32372 后来分别成为 XB-25E 和 B-25H 的原型机。
B-25C-15 型，飞机编号 42-32383 到 42-32532，共生产 150 架。	发动机安装"克莱顿"排气管；安装液压控制的起落架释放装置。42-32384 到 42-32388 后期改装成 B-25G-1。
B-25C-20 型，飞机编号 42-64502 到 42-64701，共生产 200 架。	同 B-25C-15。
B-25C-25 型，飞机编号 42-64702 到 42-64801，共生产 100 架。	风挡一体化，视野更佳；增加 814 升炸弹舱油箱（具有自封闭功能）；每隔一架便安装一个 1268 升燃料箱（位于炸弹舱）。

B-25C 早期型号机鼻只安装了一挺活动式 7.62 毫米机枪（戏称"射豆枪"），火力过于孱弱，从 B-25C-5（飞机编号为 42-53332）开始，机鼻自卫火力加强为一挺固定式 12.7 毫米机枪和一挺活动式 12.7 毫米机枪。

12 月，堪萨斯城的第 3 条生产线开始制造 B-25D 型轰炸机。1942 年 2 月，美国陆航开始接收第 1 批共 3 架 B-25D 型轰炸机。

堪萨斯城的这条生产线是在威廉·克努森（William Knudsen）劝说下由美国政府建造的，此人后来成为美国生产管理办公室的一把手。按照克努森的计划，所有享受政府财政支持的飞机制造厂商都将生产新型飞机，汽车制造厂转产生产飞机零部件，比如通用汽车公司旗下的费舍车体公司就开始制造 B-25 轰炸机的零部件。

因为在英格尔伍德工厂制造的早期 B-25D 型与 B-25C 型是同步发展的，所以两者外观差别不大，很多机体内部设备也都是相同的，但共有 5 批次 B-25D 型在细节方面略有差别，比如 B-25D 型在副驾驶座

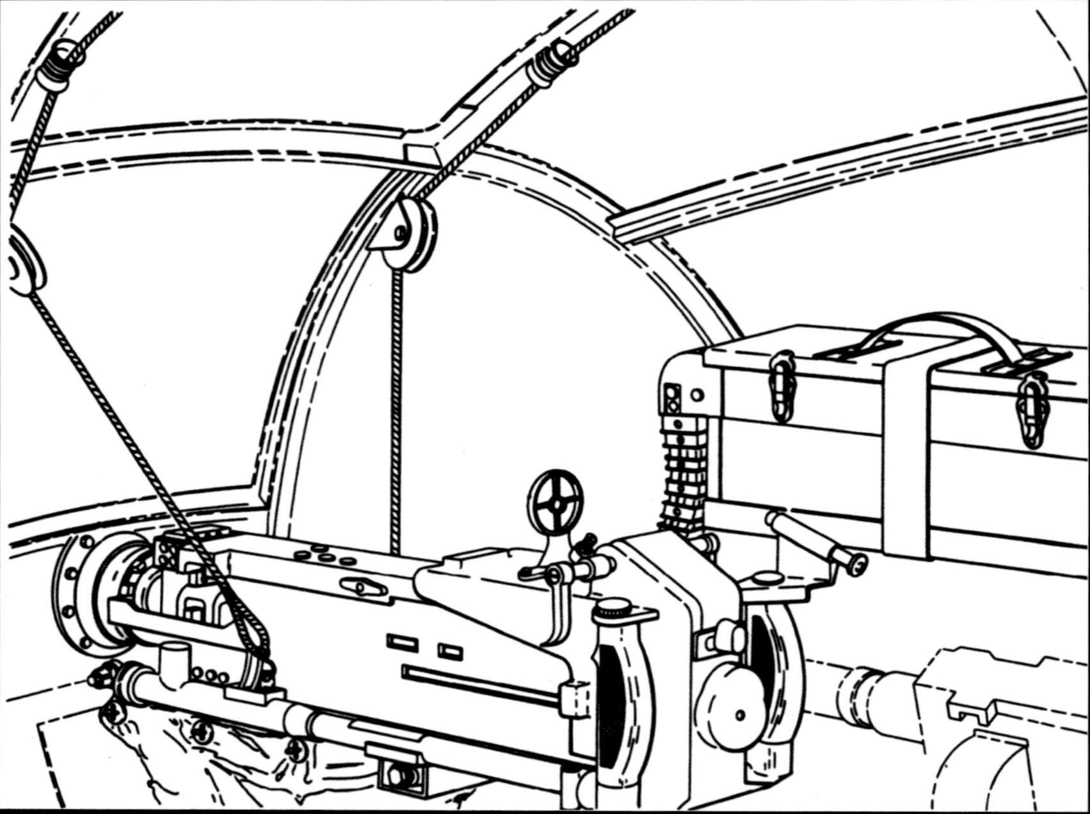

B-25C型轰炸机机鼻安装的一挺固定式12.7毫米机枪和一挺活动式12.7毫米机枪透视图,其实B-25J在刚刚投产时也是采用B-25C/D型轰炸机机鼻及武器。

北美航空公司堪萨斯厂的一架B-25D正在做飞行前的滑跑试验,B-25D继承了B-25C-15的发动机排气管,安装了"克莱顿"S型消焰器,B-25D与B-25C从外观上很难区分。

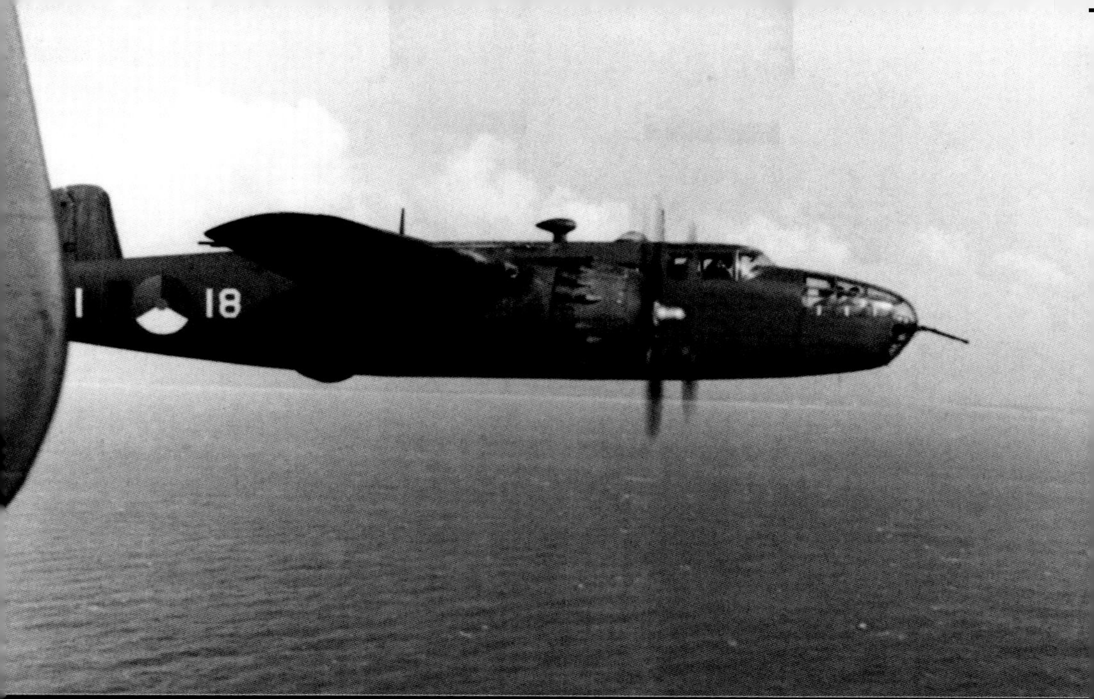

图中这架B-25为B-25D-20型，1943年制造完成，飞机编号为41-30794 。后加入到荷兰皇家空军FR214中队，这张照片拍摄于1948年2月6日，当时这架B-25D正在荷兰皇家海军“卡雷尔·多尔曼”号航母旁边伴飞，该机后来在1951年退出现役。

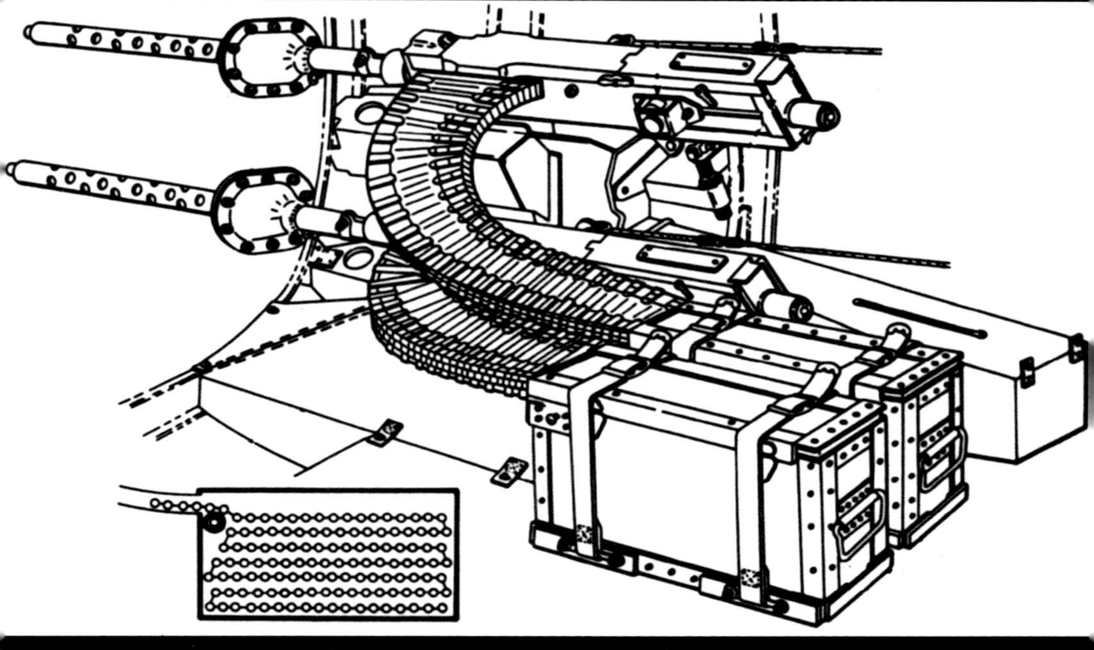

从B-25D-5型本批机开始，在机鼻安装2挺固定式12.7毫米机枪，每个弹药箱可容纳275发机枪弹。

位后方安装装甲钢板，安装便携式供氧系统和自封闭的油箱，机鼻右侧又安装一挺固定式12.7毫米机枪。B-25D型共衍生出9种子型号。由于美国军方在接收B-25C型和B-25D型时存在重叠，因此堪萨斯城制造的B-25D型轰炸机直到1944年5月才被美国军方接收。

相当一部分B-25C/D型轰炸机在机尾整流锥安装一挺机枪，机尾单独设置一个舱室以供机尾机枪射手使用。早期B-25C/D缺乏机尾自卫火力，因此一线作战部队将其送入陆航后勤司令部和航空队车间进行改装。这些后勤单位对于战时维护和改装作战飞机发挥了重要作用，后文中会提到一线作战单位根据自身需求改装的B-25机型性能出众，火力凶猛，战绩辉煌。从真实照片可以发现，B-25的锥形机尾空间十分狭小，如果不对机尾机体进行"手术"，12.7毫米机枪很难塞进去。不管怎么说，机尾机枪和机枪射手毕竟是后来加上去的，机枪射手的视野较差，机枪射界限制较大。机尾射手为了操纵机枪，最开始的设计需要机枪射手采用俯卧姿势，趴在机尾里面，后来对设计方案进行了改进，在机尾单独设置一个舱室可以安放一个座位，机枪射手坐在机尾座舱里面操纵机枪，条件改善了许多。

现在已经无法统计究竟有多少架B-25做了此种改进，但是数目一定不小，因为英国皇家空军在接收这种机型时赋予它另外一个型号——"米切尔"IIa型。后机身安装了更大的滑动窗，势必会对机体结构强度造成影响，为了消除这种影响，工程师在飞机纵梁上安装了加强支柱。滑动窗连带着机枪安装环总重几百公斤，有些固执的工程师对安装后机身的滑动窗产生了质疑，他们的理由是：一旦因安装滑动窗发生事故则后悔莫及，还是安全第一，取消安装，保守些好。

另外有的航空队因地制宜，对一些B-25轰炸机进行"魔改"，改装形式并不固定，比如陆航第五航空队的将士们在B-25前机身两侧加装了机枪吊舱和整流罩，每侧前机身的整流罩内可安装2挺12.7毫米机枪，后来北美航空公司将其发展，最终成为B-25H。而有的航空队发觉并不需要机枪吊舱，因此将其拆除。到了战争后期，敌机较少对B-25轰炸机进行袭扰，有的B-25甚至拆

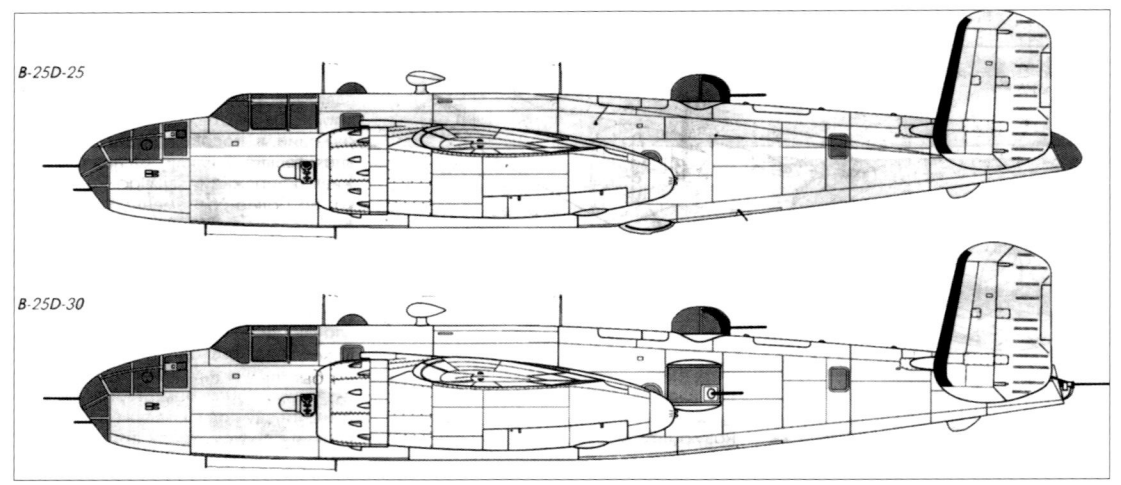

B-25D-30型轰炸机相比之前的B-25D，不仅增加了机尾机枪以对抗来自机尾的威胁，而且在机身两侧开了滑动窗，并加装了机枪。

B-25D	
发动机	两台莱特 R-2600-13 型。
汽化器	霍利公司 1685HA 型。
油箱容量	与 B-25C 型相同。
武器配置	与 B-25C 型相同。
装甲防护	与 B-25C 型相同。
重量	空重 9000 公斤,最大起飞重量 16560 公斤。
尺寸	与 B-25C 型相同。
飞行速度（最大）	457 公里/小时。
实用升限	6460 米。
航程	挂载 1360 公斤炸弹时,航程 2400 公里。
机组人数	与 B-25C 相同。

1942 年 2 月和 1944 年 5 月,美国军方接收第一架和最后一架 B-25D 型飞机。生产数量为 200 架,飞机编号 41-29648 到 41-29847。

B-25D 型子型号改进点	
B-25D-1 型,飞机编号 41-29848 到 41-29947,共 100 架。	增加翼下炸弹挂架；机翼中间部分增加具有自封闭功能的油箱；汽化器安装空气过滤器；润滑油箱增加自封闭功能；可安装鱼雷挂架；领航员座舱安装观察窗；41-30352 之前的飞机均安装手指形状的排气管。
B-25D-5 型,飞机编号 41-29948 到 41-30172,共 225 架。	将机鼻处的 7.62 毫米机枪替换成 2 挺 12.7 毫米固定机枪和 1 挺 12.7 毫米可拆卸机枪。
B-25D-10 型,飞机编号 41-30173 到 41-30352,共 180 架。	针对冬季严寒做了部分改装；安装罗经遥示器；安装液压控制的起落架下降装置。取消导线屏蔽盒。41-30352 之前的飞机每隔 2 架安装一个 2214 升的炸弹舱油箱。
B-25D-15 型,飞机编号 41-30353 到 41-30847,共 495 架。	发动机每一汽缸均安装类似"S"形状的克莱顿排气管用来替换"手指"形状的排气管。
B-25D-20 型,飞机编号 42-87113 到 42-87137,共 25 架。	安装视野更好的风挡；使用 AN 型压力油和 D-14 型转速计；安装 871 升炸弹舱油箱（带有自封闭功能）；每隔一架飞机在炸弹舱安装 1230 升油箱；副驾驶员座位后安装装甲板。
B-25D-25 型,飞机编号 42-87138 到 42-87452,共 315 架。	增加便携式供氧装置。
B-25D-30 型,飞机编号 42-87453 到 42-87612,43-3280 到 43-3619,共 500 架。	针对冬季严寒做了部分改装,发展出冬季型；前风挡安装热空气除霜装置。
B-25D-35 型,飞机编号 43-3370 到 43-3619,共 250 架。	同 B-25D-30。

除了机背炮塔。

2. B-25D/F-10型

美国在第二次世界大战前对大部分美洲陆地其实并没有十分精确地测绘过，掌握的信息很多都是不准确的。由于美国要在全球采取军事行动，因此更新已有地图和对未知地域进行精确测绘势在必行。航空侦察和航空拍照实施起来区别较大，而照相制图则是另外一回事，后者主要是利用航空照相技术对现有航空地图进行编辑和细化。1942年，美国研制出三镜头航空照相装置，此装置能够覆盖较大的范围，并且精度较高。这种照相装置是由3个安装在机鼻处的T-5型或者K-17型照相机构成，中间的照相机垂直对准地面，两边的照相机以倾斜角度安装。当飞机以322公里/小时的速度飞行4小时一共可以拍下51800平方公里地域照片。美国专门研制出一种制图设备，这种设备可将倾斜拍摄的图片转换成以正常角度拍摄的图片，并与中间照相机拍出的图片相匹配。

考虑到美国装备大量的作战飞机，不少战斗机和轰炸机都改装成照相侦察型，比如：P-38/F-4型、A-20/F-3型、P-51/F-6型、B-17/F-9型、B-24/F-7型、B-25/F-10型和B-29/F-13型。对于航空制图这一任务来说，选用轰炸机较为合适，原因无他，轰炸机滞空时间长，机内空间大，B-25可用来改装成一款非常优秀的照相制图飞机。1942年年末到1943年年初，滑出堪萨斯厂生产线的B-25D直接送入改装中心改装成照相制图飞机，直到1943年8月18日，此时B-25D型照相制图飞机已经服役数月，官方命名为F-10。这型飞机将所有的自卫机枪、装甲板、轰炸装置全部移除，减重大约454公斤。3个同步相机安装在机鼻玻璃舱里面，由于照相机尺寸略大并不适合安装，因此飞机机鼻部门专门进行改装以容纳相机。F-10型机组成员包括2名驾驶员、领航员、无线电联络员和照相师。

照相制图需要精确的飞行路线和良好的天气。领航员根

第91照相测绘中队装备的F-10型测绘飞机，该机机鼻安装了三镜头航空测绘系统，机鼻下方2个类似于"虫眼"的东西就是照相机镜头的整流罩，所有F-10型测绘飞机均在北美航空公司堪萨斯工厂由B-25D轰炸机改装完成。

活跃在美国中南部的第91照相测绘中队43-3438号机组成员合影，机长为奥利·格里菲斯（Ole Griffith）中尉（右二）。

据地标决定飞行线路和飞行高度。一般情况下，飞机要飞10个小时，飞行高度控制在6096米，这种任务危险性还是比较大的，如果飞机飞行在一片从没测绘过的丛林或者山峦野地中，一旦飞机失事，可能永远都不会被人发现，就此失踪了。F-10最初只装备到第311和第1照相测绘中队，后期则装备了9个中队。

1943年5月，第3照相侦察中队要派出12架F-10去阿拉斯加和加拿大西北部的荒野地域执行测绘任务，该中队离开纽约时已经安装冰面防滑轮胎并且在威斯康星州麦考伊军营（Camp McCoy）安装冬季型起落架。一架F-10从大瀑布城和埃德蒙顿市中转，最后到达加拿大西北部怀特霍斯市。另一架F-10飞往阿拉斯加的费尔班克斯（Fairbanks）、安克雷奇和阿留申群岛。直到6月份中队才完成任务并且返回犹他州奥格登市，之后该中队飞机进行部分改装，用"克莱顿"排气管替换了"手指"形排气管。有2架F-10继续留在加拿大亚伯达省麦克默里堡市进行测绘活动。第3照相侦察中队9月份又去了巴西。早在1942年，该中队就去过巴西，只不过当时他们装备的是F-2型飞机和洛克希德哈得逊A-29攻击机。一个月后，该中队又派往印度和中国，主要任务是对印度到中国成都这一段进行测绘，为即将到来的B-29机群做准备。第

第3照相测绘中队装备的F-10测绘飞机，右图飞机绰号为"天空战车"（Celestial Chariot），此时正在进行日常维护。

左图为第3照相测绘中队"天空战车"号测绘飞机,拍摄于1944年3月,地点在迈克迪尔机场。右图为第1照相测绘中队的F-10,绰号为"玛吉的疯狂希腊语"(MARGIE'S MAD GREEK),驾驶员为P.A.查帕斯中尉(P.A.Chapas),照片拍摄于布莱德利机场。

3照相侦察中队后来返回美国麦克迪尔(MacDill)空军基地换装B-17/F-9型飞机,最后装备B-29/F-13型飞机。

第7和第10照相侦察中队驻扎在威尔·罗杰斯机场(Will Rogers)和伍德沃德机场(Woodward Fields)。在1942年1月到1944年5月期间通过驾驶F-4、F-5和F-10型飞机来训练制图和测绘人员。1944年和1945年,当时驻扎在美国本土的第11战术侦察中队驾驶F-10和其他型号的飞机进行演习。1943年夏季,第18作战制图中队以新喀里多尼亚岛(New Caledonia)和新赫布里底群岛(New Hebrides,瓦努阿图的旧称)为基地,对南太平洋进行测绘。1943年到1945年期间,第19侦察中队在移至中东和非洲之前,曾对美国北部部分地区进行测绘。前身为威斯康星州国民警卫队的第34照相侦察中队在1944年5月奔赴英国,之后被分配给陆航第九航空队的第8照相大队和第10照相大队,从1944年8月到欧战胜利日一直以法国为基地进行测绘活动。

1943年,美国政府曾和拉丁美洲一些国家商议,希望对其进行航空拍照和测绘。这些广阔的地方基本都是较少为外界所了解,对应的地图也不准确。美国的初衷是防止德国和日本对拉丁美洲沿海展开进攻,以保卫巴拿马运河。1943年9月,驻扎在宾夕法尼亚州的第91照相制图中队的4架F-10被派遣到累西腓(巴西东北部城市)和纳塔尔、秘鲁的塔拉拉、智利的圣地亚哥、英属圭亚那。战争爆发后,第91照相制图中队总部迁往科罗拉多州巴克利机场,该中队在1945年换装B-17/F-9型飞机。

3. XB-25E型

飞机在高空或严寒地域飞行时,机翼容易结冰,可充气机翼前缘利用膨胀的原理可以除冰,但是如果冰层较厚或者结冰速度过快,这一方法不是很管用。军方认为,找到解决此类问题的手段很有必要。1942年末,位于莱特机场的陆航技术后勤司令部和国家航空咨询委员会(NASA的前身)决定一起开展一个项目,这个项目主要研究的是结冰对飞机结构的影响以及如何更有效地防冰。

设计人员想利用发动机排出的热尾气来给机翼加热,

第三章 生产型以及改进型介绍 | **049**

XB-25E的右侧发动机安装的热交换器和机翼热空气管道，在这张图片中发动机下方的除冰装置进气道还没有安装。

从而达到防止结冰的目的，这个装置就是热防冰系统。功率为1000马力的发动机所排出的尾气热量足以达到设计人员的要求，经过换算，每公斤重的热交换器每小时可产生23210千焦热量。1942年，该项目遇到了困难，热交换器尺寸和重量无法达到设计要求，尺寸过大导致热交换器无法安装在狭小的发动机舱内。国家航空咨询委员会的埃姆斯航空实验室（Ames Aeronautical Laboratory）做了一系列测试，他们制作了几种不同的热交换器安装在O-47型飞机的莱特R-1820发动机上，测试结果较为成功，不过这些测试只是针对发动机排气管，并没有在机翼和机尾安装热力系统。工程师将飞机上一段排气尾管取下来，取而代之的是一系列交换管，测试结果显示这种方案可行。

后续试验主要在刘易斯研究中心进行，该研究中心位于明尼苏达州明尼阿波里斯市的明尼阿波利斯－圣保罗国际机场，由陆航器材司令部修建，但由西北航空公司运作，该中心主要从事飞行器结冰与霜冻方面的研究并且研发出对应的解决办法。

新设备由奥尔森（A.F.Olsen）少校负责，他是一名西北航空公司的飞行员，后来加入陆航服役，西北航空公司共派出6名飞行员加入此项计划，这6人为：A.F.贝克尔（A.F.Becker）、沃尔特·布洛克（Walter Bullock）、A.E.沃克（A.E.Walker）、马文·库尼（Marvin Cooney）、戴夫·布伦纳（Dave Brenner）和理查德·巴顿（Richard Barton）。陆航技术后勤司令部提供所有飞机、资金和法律支持。在该基地进行测试的飞机包括1架波音B-17F、2架联合B-24、1架道格拉斯XC-53A、1架A-26、1架费尔柴尔德C-82、一架马丁B-26和一架北美XB-25E，所有飞机均安装可加热机翼和防冰装置，另外在其他地方，一架泛美DC-3和一架海军PBY-5也安装类似的系统成功飞行数小时。XB-25E作为正式生产型是从B-25C-10开始的，飞机编号为42-32281，动力采用莱特

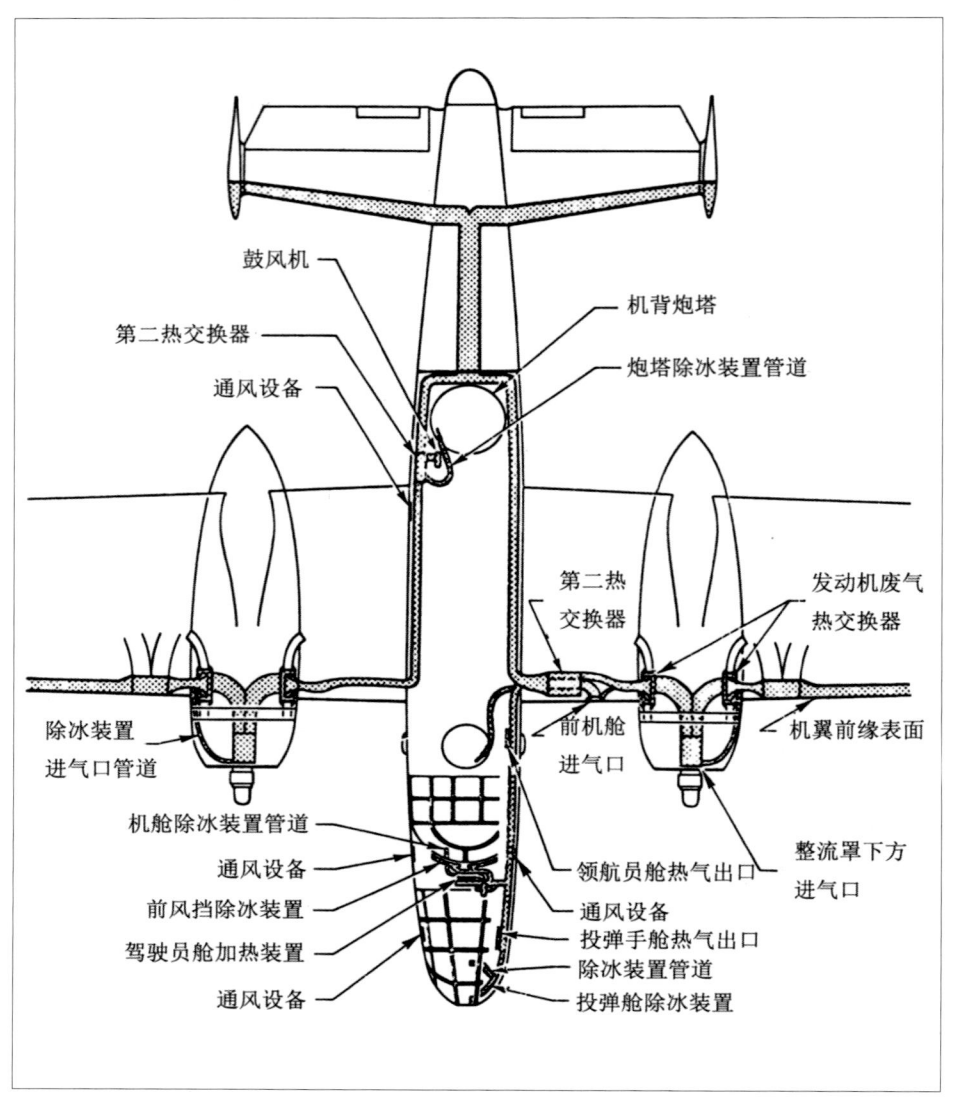

XB-25E机翼热防冰系统简图，该系统不仅可以对机翼进行防冰除冰，还可以对机舱进行增温。

R-2600-13型发动机。安装加热防冰装置在1943年早期开始进行，地点位于英格尔伍德工厂，主要由动力系统部门负责安装这种复杂的热交换器，而生产机翼的部门负责改装机翼和安装机翼前缘管道。

北美航空公司的工程师在每个发动机舱安装2个热交换器，热交换器利用发动机尾气对发动机舱前端进入的空气进行加热，热空气通过管道到达机翼各部分，从而达到除冰防冻和加热机舱的目的。发动机舱和机身之间的机翼前缘安装另一种交换器，主要作用为防止发动机尾气中的一氧化碳对机舱造成污染。

XB-25E和标准型B-25较为明显的区别就是发动机整流罩。XB-25E汽化器进气道位于发动机整流罩上方，而除冰装置进气道位于发动机整流罩下方。机翼最主要改进部分位于机翼前缘内部，里面加装了一个与机翼前缘横截面形状类似的隔板，但是尺寸稍小，所以

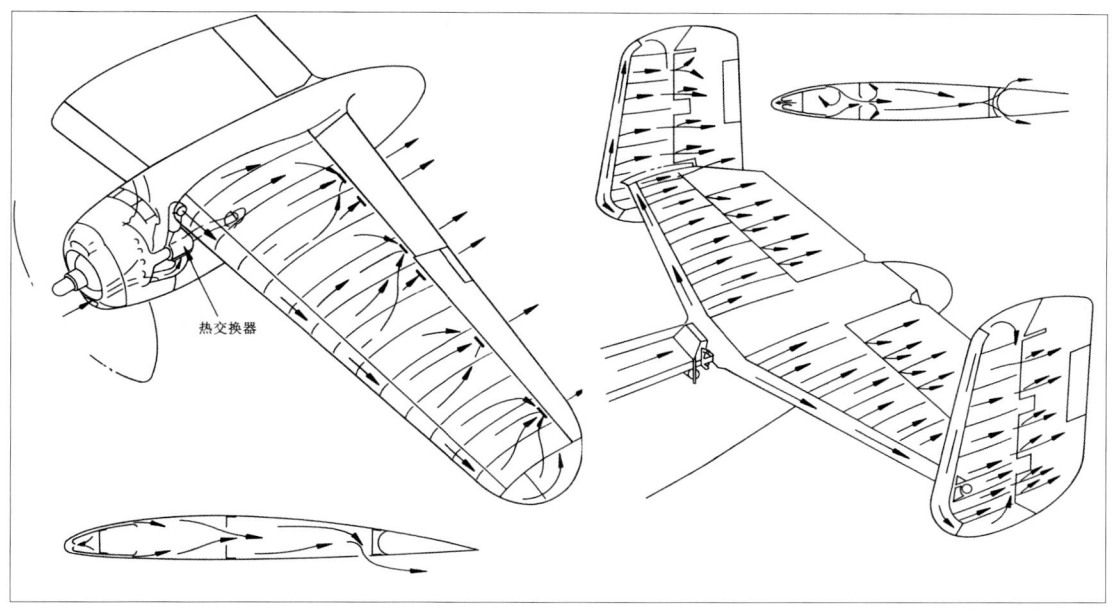

XB-25E安装的热防冰系统产生的热空气在机翼内部流动示意图。

隔板表面与机翼蒙皮留有3.175毫米空隙，热空气通过这段空隙流入机翼内部，达到机翼防冰除霜的目的，气流最后经由机翼后缘下方开口流出。飞机尾翼结构类似，但尾翼后缘上下均有开口，供气流流出。热空气温度相当高，足以使机翼表面的冰层融化并蒸发，避免冰层融化成水冻住副翼和襟翼。

XB-25E在1944年2月4日首次试飞，驾驶员为乔·巴顿（Joe Barton）。飞机首次安装热力系统进行飞行测试是在2月11日，驾驶员依旧是乔·巴顿，副驾驶员是塔尔曼（Talman），测试工程师是吉姆·邓纳姆（Jim Dunham）、埃德·皮尔斯（Ed Pierce）和唐·罗杰森（Don Rogerson），原计划测试飞行高度为6096米，每隔305米，仪器计数一次，但是邓纳姆发现飞机在2743米高度时，右侧机翼出现火光和浓烟，乔·巴顿开始下降高度，紧急降落在洛斯阿拉莫斯海军航空站（Los Alamitos Naval Air Station）附近，3位工程师找到飞机上的灭火器将火扑灭，检查之后发现起火原因是因为热空气输送管道上的隔热材料温度超过临界值，造成起火。飞机随后检查发现无其他异常，于是飞回了北美航空公司。

飞机维修工作在2月底结束，5月份这架飞机飞往上文提到的研究基地，这里的测试条件较为优良，可以测试出热防冰系统性能究竟如何。1944年年末，A.E.沃克驾驶XB-25E飞往加拿大埃德蒙顿市东部的湖区测试除霜效果。近30架次的飞行收集到重要的数据，随后飞机返回研究基地。

乔·巴顿是北美航空公司主要的轰炸机试飞员，同时也试飞过战斗机。P-51"野马"战斗机的最大俯冲时速试验就是由他完成的。1946年2月27日，巴顿因为一场飞行事故而丧生（后面会详述），他的离去对北美航空公司来说是不可挽回的巨大损失。

唯一的一架XB-25E，绰号为"弗拉曼·梅蜜"（FLAMIN MAMIE），这架XB-25E停在刘易斯研究中心停机坪。从左侧图片看出机鼻艺术画已经涂装好，但是从图片不能确定是否已经在发动机舱安装热交换器，至少没看出发动机舱下方有进气口，尾翼已安装可膨胀式除冰装置，机鼻已安装可加热塑料涂层，螺旋桨桨叶尺寸更大，安装了桨叶前缘加热装置。右侧发动机及桨叶特写图可以看见发动机舱上下两个进气口，上方进气口用于发动机汽化器，下方进气口用于热交换器。

XB-25E正在进行飞行测试，下面的图片显示，该机发动机整流罩上下均有进气口，表明此时XB-25E已经安装热防冰系统。

这张照片是现存于世关于XB-25E机鼻艺术画特写的少量照片之一。驾驶舱里的飞行员来自西北航空公司,地面上的两个人均为北美航空公司工程师,左边就是吉姆·邓纳姆,右边为埃德·皮尔斯。

陆航技术后勤司令部工程分部螺旋桨实验室开发出一款可防冰除冰的螺旋桨,众所周知,螺旋桨一旦结冰会减少其推进效率,会缩短飞机航程。XB-25E曾在1945年2月和5月安装螺旋桨除冰装置进行过相关测试。螺旋桨除冰装置的原理大致为利用发动机带动电机产生电能,电能加热桨叶内部骨架的橡胶加热元件达到除冰目的。实验表明,这种加热设备可以将桨叶结冰概率减少15%。1945年到1946年,设计人员以此设备为蓝本,设计出可以给机舱、风挡、炮塔、观察窗和无线电天线的除冰装置。

1953年2月,XB-25E返回莱特机场,结束了此类项目的研究。机翼热防冰系统虽然很有效,但是造价较高。虽然二战结束之后在一定范围内得到应用,但应用最多的依旧是充气除冰带。这架XB-25E最后的归宿是被拆解,但是机头部分、机鼻处的艺术画较为完整,现保存于得克萨斯州中部的同盟国空军博物馆内。

4. B-25G型

B-25A型和B-25B型在北美航空公司内部编号为NA-62,制造B-25C型时,公司内部编号为NA-82、90、93、94和96。不管是美国陆航还是其他国家均使用不同数字来区分机型。随着B-25的产量逐渐提升,作为北美航空公司的后备力量,世界各地的改装中心开始组织起来对B-25机体进行小规模的改装,甚至民航航空公司也加入到该计划。北美航空公司利用西北航空公司、环球航空公司和大陆航空公司来加速B-25的改装计划。1942年共有110架B-25完成改装,到了1943年,数字已经上升到271架。

B-25G型是基于B-25C型经过重大改进而出现的型号,但是北美航空公司内部对于B-25G型依旧称之为NA-96。B-25G型是B-25系列轰炸机中第一个在前机身安装75毫米加农炮的型号,同时B-25也成为美国在二战中唯一装备口径超过37毫米火炮的轰炸机。

为飞机安装大口径航空机炮这一理念并不稀奇,早在1910年法国人加布里埃尔·瓦赞(Gabriel Voisin)就曾在一架双翼飞机上安装哈奇开斯37毫米机关炮,但是由于当时飞机机体结构较为脆弱,机体无法承受火炮后坐力,所以这一做法并不可行。一战结束后,法国人曾在马丁MB-2型飞机机鼻处安装37毫米火炮,但进展不大。1920年,美国曾在GA-1型轰炸机上安装37毫米火炮。此类研究直到柯尔特武器公司雇佣约翰·勃朗宁(John Browning)才取得进展,这位

1938年美国陆军军械部第一次将75毫米加农炮安装在一架废弃的B-18型轰炸机上进行测试,该张照片可以清楚地看见机身下方那门加农炮,但是加农炮开火时所产生的冲击波对机体的影响照片里并没有展现出来。

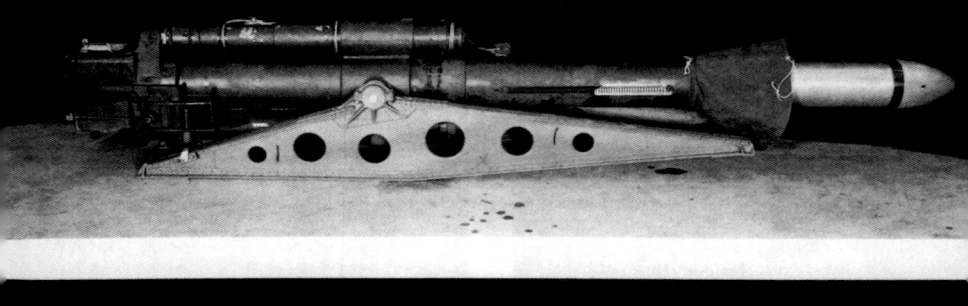

B-25G安装的M-4型加农炮,火炮上方为复进装置,炮口装有铝制炮口罩,该装置由四个类似于"花瓣"的壳体构成,加农炮不使用时,"花瓣"壳体闭合起到保护炮口的作用。火炮带有粗帆布,主要作用是防止气流进入机体内,但是后来发现这种帆布密封性并不好,最后采用卡他绝缘板制作了防风板安装在炮口外,防止高速气流进入机体内。

枪械设计大师改进原有火炮设计，提高了火炮可靠性、火炮炮口初速和发射速率。由于经费问题和20世纪20年代美国孤立主义的盛行，勃朗宁暂时中止了这类研究。

20世纪30年代，制造飞机的材料逐步转向金属，飞机结构更加结实，这就为飞机安装大口径火炮提供了可能性。英国维克斯-阿姆斯特朗公司改进火炮设计，并在西班牙内战中证明其改进设计十分成功。美国军械部以勃朗宁的设计为蓝本，成功设计出一款加农炮。1935年到1936年，寇蒂斯XA-14型飞机在机鼻安装了一门37毫米机炮，但负责测试的兰利机场（Langley Field）缺乏机炮弹药，等到弹药充足之后，在贝尔Model 9型飞机上进行后续测试，测试非常成功，贝尔公司将这款火炮安装在P-39"飞蛇"战斗机的发动机延长轴上，火力十分凶猛。

1936年，设计人员已经开始考虑让飞机安装口径更大的火炮，以此提高飞机的毁伤能力。如果军方提出要求，以当时的技术条件可以为飞机安装自动装填的加农炮和相应火控系统。美国军方曾在阿伯丁试验场进行不同口径火炮对飞机的毁伤实验，实验发现75毫米火炮刚好可以一炮将飞机击落，如果火炮口径再小一点，则达不到一击致命的效果。以75毫米野战炮为蓝本，若手动装填允许的话，设计出一款重量更轻的新型火炮需要一年的时间，若是自动装填，需要的时间则更长。1938年，军械部贺拉斯·奎恩（Horace Quinn）少校将75毫米加农炮安装在一架废弃的道格拉斯B-18型轰炸机上，随后的地面测试表明，机体强度完全可以承受火炮炮口冲击波和后坐力。奎恩少校随后获得一架可飞行的B-18进行飞行测试。测试结果显示75毫米加农炮威力强大，地面目标直接被撕碎！机上安装了改进后坐装置的新型火炮，型号为M-4型。奎恩少校的飞行测试表明，M-4型火炮安装在飞机上是完全可行的。

有证据表明，美国军方在二战爆发前曾投入可观的人力物力，试图开发出加农炮自动装填系统。1942年5月，一架XA-38安装了75毫米加农炮自动装填系统，取名为"破坏者"，飞行测试结果并不理想，开炮时硝烟充满整个驾驶舱，自动装填系统重量达到1633公斤，综合来看手动装填效果更好。1942年中期，美国军方开始将75毫米加农炮安装在双发飞机上，第3架道格拉斯XA-26原型机就安装一门75毫米加农炮，其生产型B-26B曾计划要生产500架，另一想法是在飞机机鼻上安装4门37毫米机炮，但这两种机型均没有量产。在同一时间，马丁A-30"巴尔地摩"上也安装了37毫米机炮，结果是否成功则不得而知。

1942年年初，杰克·福克斯（Jack Fox）和保罗·甘（Paul Gunn）少校就曾在澳大利亚改进B-25，将一大堆机枪安装在飞机上，这样就产生了扫射型轰炸机。北美航空公司也对B-25进行改装——安装75毫米加农炮，于是产生了B-25家族中新型号——B-25G。这款机型不仅火力猛，航程远，而且可以挂载炸弹。在此之前，新机型的绰号已确定，为"机枪扫射者"，但美国陆军航空队认为装备大口径火炮的型号叫"破坏者"似乎更合适。摧毁相同的目标，B-25G型轰炸机需要的时间更少，在目标上空滞留的时间更短，被敌方防空火力杀伤的概率更低。新机型开发至少需要一年的时间，但是美国军方想要以最快的时间获得装备75毫米加农炮的机型，如果可以的话，那么B-25G型轰炸机就是他们想要的。

北美航空公司首席工程师雷·赖斯（Ray Rice）将飞机

M-4型加农炮安装在B-25G投弹手舱爬行通道内较为合适，尺寸也适合。M-4型加农炮炮口有铝制炮口罩，左图就是炮口罩打开时的状态。加农炮后方就是储弹箱，装填手只需要将炮弹放在炮弹托盘即可手动装填，只不过此时装填手必须跪着才能完成装填。

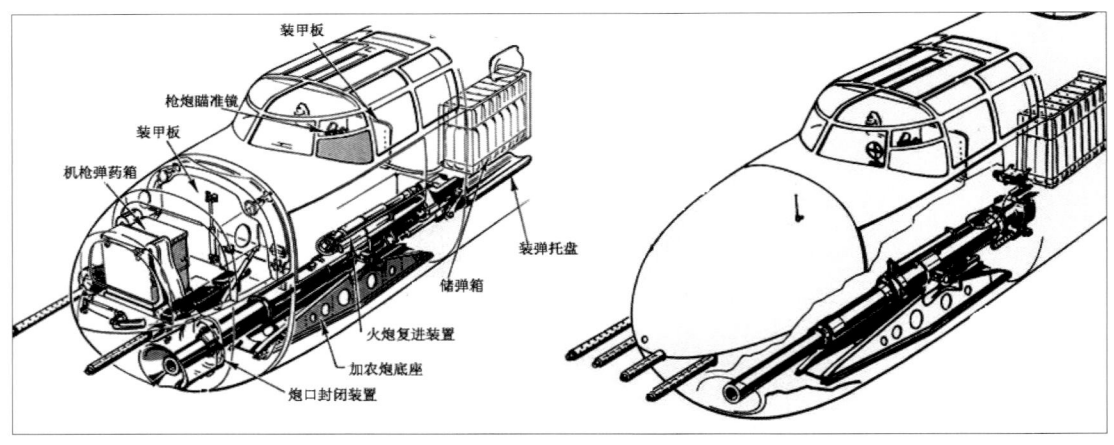

B-25G机鼻安装2挺12.7毫米前向机枪，机鼻长度比B-25A/B/C/D型短了0.66米。右图为B-25H型，机鼻机枪数量已经上升到4挺，另外驾驶舱下方还装有机枪吊舱，但是此图并没有画出。

结构工程师理查德·施克莱尔（Richard Schleicher）叫到办公室，向他询问有关75毫米加农炮后坐力对飞机结构的影响。施克莱尔听后十分吃惊，因为他觉得这听起来十分不合理，但是赖斯解释说，这是军方要求的，如果成功的话，新机型马上进入生产阶段。任务指派给北美航空公司机密设计小组负责人埃德加·舒默德（Edgar Schmued），他当时从事P-51战斗机的设计工作。项目留给舒默德的时间不多了，星期三早晨，舒默德向他的助手乔治·温（George Wing）说，希望能在本周六下午完成B-25加装加农炮的初步设计。

3天时间确实太短了,另外乔治·温发现安装加农炮这个计划引起了同事们的极大兴趣,大家你一言我一句,导致他的工作无法开展。乔治·温只好拿起作图工具和设计草图躲到附近一处房子中继续工作。

乔治·温最初考虑将火炮放在炸弹舱内,毕竟这里空间最大,火炮炮管延长至投弹手舱并从机鼻处伸出,但这会使炸弹舱结构更复杂,装填也不方便。最终决定将火炮安装在投弹手舱内那个爬行通道内。火炮装填最初考虑使用弹链式供弹,但这一方案最终被放弃,采用手动一发一发进行装填。

乔治·温在规定的时间内完成了设计,但是不知道什么原因没有及时将设计图纸邮寄给陆航,这件事让舒默德十分不爽。乔治·温的初步设计得到了陆航的肯定并且图纸转交给武器工程小组进行生产定型,随后完成飞行测试。

经过计算,火炮长度加上开炮时往复行程共需要4.26米,机鼻爬行通道刚好容纳火炮,位于成员舱后方的领航员舱有足够的空间完成火炮的装填、炮手的活动和炮弹架的摆放。由于火炮长度的限制,要使炮口伸出机鼻,要么缩短机鼻长度,要么加长炮管长度,后者会使飞机前机身重量增大,因此设计人员设计了一个新机鼻,比原来长度缩短了0.66米,新机鼻使得炮口刚好伸出机鼻。机鼻内能安装2挺12.7毫米机枪,这2挺机枪不仅能提供前向火力,而且可充当测距机枪,为75毫米加农炮提

北美航空公司工程师将XB-25G埋在洛杉矶机场附近的山丘内准备发射模拟炮弹,这是B-25G第一次用75毫米加农炮发射炮弹,此时M-4加农炮炮口罩还没打开。

1架B-25G正在佛罗里达州奥兰多市陆航战术中心进行飞行测试,从图片中也可以看出B-25G在机鼻安装2挺前向机枪和1门75毫米加农炮。

供指向功能。

火炮发射炮弹时产生的强大冲击波对于机体结构有何影响，以前并没有人做过真实测试。为了进行相关测试，工程师将飞机完整机身埋在洛杉矶国际机场附近的沙丘里发射模拟炮弹，测试时火炮发射药装药量采取由少到多的方式发射炮弹，随后发现，当发射药装药量达到正常值的115%时，才会对机身结构造成破坏。

工程师将一架B-25C-1型（飞机编号41-13296）改装成XB-25G原型机，1942年10月22日，埃德·维珍驾驶该机完成首次试飞。由于加装了加农炮、炮弹和炮弹架周围的装甲板，使得飞机的重量攀升，为此设计人员只能从其他地方减重，最终只好去掉机腹炮塔，最后B-25G型轰炸机只比B-25C型轰炸机重了450公斤，最大起飞重量为15870公斤。测试工程师保罗·布鲁尔（Paul Brewer）陪同埃德·维珍试飞两次，其间主要进行基本测试，比如利用训练弹模拟加农炮的填装步骤，验证飞机水平飞行、俯冲和爬升时的飞行品质，确定了失速速度，XB-25G型进行俯冲时，时速达到550公里/小时，飞机状态良好，但是并没有进行实弹射击测试，就这样美国人终于有了自己的"破坏者"。

10月23日，埃德·维珍、保罗·布鲁尔和贺拉斯·奎恩上校三人驾驶XB-25G型飞到太平洋海面上空开始进行实弹射击测试，开始时炮弹的发射药只有正常值的50%，随后增加到75%，发射时他们感到——确定地说是他们看到炮弹飞出机鼻，事后埃德·维珍报告，开炮时机体会震动但是远没有想象中的那么厉害。试验之前没有人预料到在飞机开炮时机鼻前方会出现一个火球，该现象产生的原因是因为开炮时一部分未燃烧的发射药在炮口处被二次点燃，爆炸产生了强烈的冲击波。正因为如此，后来没有进行全装药发射试验。

早期M-4型加农炮带有炮口罩，该装置由四个类似于"花瓣"的壳体构成，加农炮不使用时，"花瓣"壳体闭合

一名北美航空公司技术人员怀里抱着1枚75毫米口径炮弹，很难想像有什么目标能从B-25G的炮口下存活下来，驾驶B-25G参加过实战的飞行员十分惊讶于M-4加农炮的毁伤效果，该型加农炮的安装和拆解并不麻烦，前线的改装车间就能完成。没有什么目标是1发75毫米炮弹解决不了的，如果有，那就2发。

第三章 生产型以及改进型介绍 | **059**

上图是B-25G在驾驶员座舱左方安装的一具N-3B光学射击瞄准具，可以和A-1投弹瞄准具相交联，这种瞄准具可以在飞机进行超低空轰炸时为加农炮和机枪提供瞄准，可以用校准旋钮进行校准。下图显示炮弹托盘确实能让装填手更高效地装填炮弹，同时也节省体力，装填手可以在旁边的座椅上休息，该座椅可以折叠。

起到保护炮口的作用，开炮之前壳体弹开，保持张开状态，露出炮管。试验中发现炮弹发射药装药量达到75%时，开炮之后壳体弹簧会出现不能正常维持张开的情况，因此以后将此炮口罩去除。

10月31日，XB-25G飞往堪萨斯厂安装投弹控制装置，然后飞回英格尔伍德做进一步测试。11月22日，这架飞机花了10个小时的时间飞往埃格林基地（Eglin Field）参加陆航的评审，最终陆航与北美航空公司签订合同，要求后者生产400架B-25G型轰炸机。1943年中期，除了北美航空公司共生产400架B-25G-5型和B-25G-10型飞机（前221架B-25G依旧保留机腹炮塔，以后取消）之外，该公司的改装中心也将5架B-25C型（飞机编号42-32384到42-32388）和58架B-25C-20/25型改装成B-25G型，这58架中有一部分是由印第安纳州埃文斯维尔市的共和飞机公司改装中心完成改装[①]。B-25G在投入实战后，曾受到一线将士的反馈，希望将炮管增长7.62厘米，避免炮口火焰和冲击波破坏飞机铆钉和仪表。

---

① 共和飞机公司改装中心改装的飞机编号为：42-64531、64658、64561、64563、64569、64579/64582、64584/64587、64649、64654、64668、64670/64675、64692、64693、64696/64707、64753/64772、64779、64780，其中带有"/"符号代表不能确定。

一架B-25C-1型（飞机编号41-13296）改装成XB-25G原型机，此时机鼻并没有安装2挺机枪，机腹炮塔还保留着。

飞行在美国陆航战术中心上空的一架B-25G，照片拍摄于1944年4月17日，地点在佛罗里达州奥兰多市陆航基地上空。

B-25G型轰炸机装备陆航之后，陆航将士称之为"大炮鸟"。有些战区的轰炸机大队指挥官报告他们并没有大量使用B-25G型轰炸机，第345轰机大队干脆将B-25G型轰炸机送回仓库。有的轰炸机大队觉得B-25C/D扫射型轰炸机已经足够用了，不需要B-25G型轰炸机，于是将加农炮拆除，在相同位置安装了机枪。另外太平洋战区的夏威夷航空维修站也做了相同改装，将加农炮拆除，在机鼻处加装8挺机枪，在机翼上加装HVAR（high velocity aircraft rocket，机载高速火箭弹）火箭弹，火力十分强大，只不过当他们需要加农炮的时候，还是会将其装回去。驻扎在地中海的第十二航空队也发现了类似的问题，该航空队将士要想利用加农炮摧毁纳粹目标，必须飞得又低又稳，这无疑增加了被敌人防空火力命中的概率，因此该航空队只装备了少量B-25G型轰炸机。倒是驻扎在中缅印战区的第十和第十四航空队以及太平洋战区的第七和第十三航空队的B-25G型轰炸机如鱼得水，在实战中被广泛应用。

B-25G-1	
发动机	两台莱特 R-2600-13 型发动机。
汽化器	霍利公司 1685HA 型。
油箱容量	与 B-25C 型相同。
武器配置	75 毫米加农炮和 21 发炮弹。机鼻处安装 2 挺固定式 12.7 毫米机枪和 800 发子弹。机背和机腹各安装 1 座炮塔，每个炮塔安装 2 挺 12.7 毫米机枪，前者备弹 800 发，后者备弹 700 发。
装甲防护	驾驶员后方安装 9.53 毫米装甲板。仪表盘、火炮手位置前方、炮塔后方隔板、加农炮炮弹架、风挡下方金属板安装装甲板。
重量	空重 8700 公斤，最大起飞重量 15870 公斤。
尺寸	翼展 20.57 米，机长 15.5 米，机高 4.8 米，机翼面积 56 平方米。
飞行速度（最大）	451 公里/小时。
实用升限	7400 米。
航程	挂载 1360 公斤炸弹时，航程 2510 公里。
机组人数	正副驾驶员，领航员/火炮手，2 名机枪手。

1943 年 5 月和 1943 年 8 月，美国军方接收第一架和最后一架 B-25G 型飞机。42-32384 到 42-32388（均由 B-25C-15 型改装而来），生产数目只有 5 架。B-25G-5 的飞机编号为 42-64802 到 42-65101，生产数目为 300 架，其中从 42-65001 开始取消机腹炮塔。B-25G-10 的飞机编号为 42-65102 到 42-65201，生产数目为 100 架。

5. B-25H 型

针对 B-25G 型轰炸机的各种不足，北美航空公司开始着手对 B-25G 型轰炸机进行改进和完善，最终于 1943 年推出 B-25 的最新型号——B-25H 型轰炸机。B-25H 与前期型号相比，集合众多改进于一身，基本相当于重新设计了一次。陆航依旧痴迷于在飞机上安装大口径加农炮，因此北美航空公司在 B-25H 型轰炸机上安装了 T13E1 型 75 毫米加农炮，该型

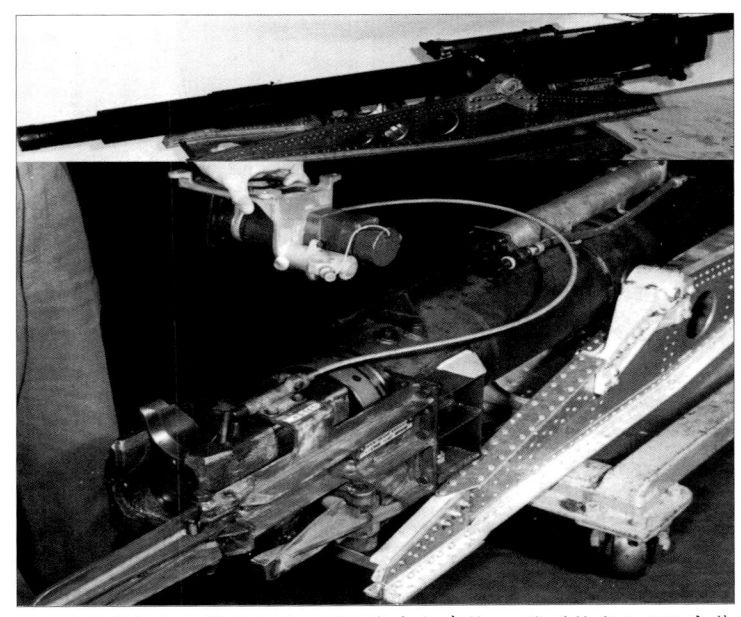

B-25H 型轰炸机安装的 T13E1 型 75 毫米加农炮，该型炮与 B-25G 安装的 M-4 型加农炮相比，重量更轻。

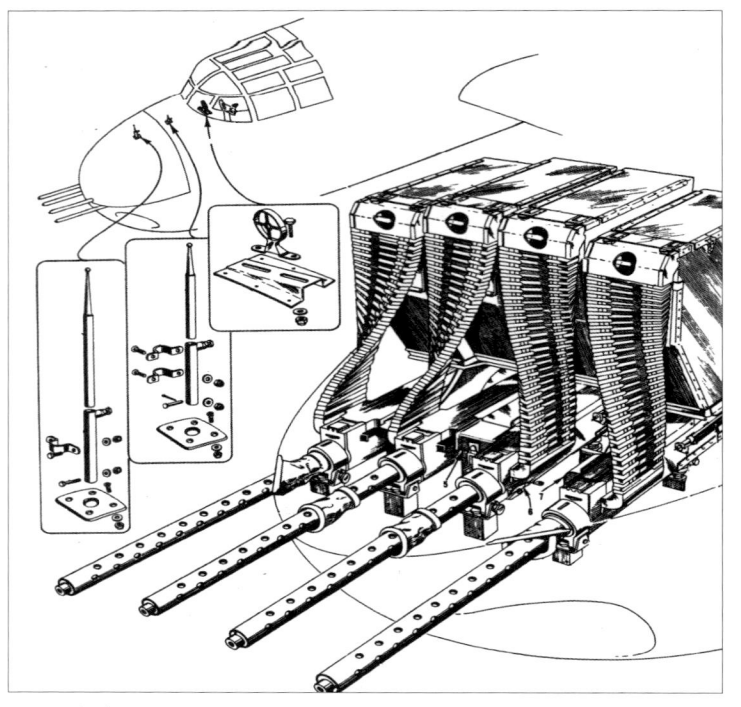

B-25H机鼻安装的4挺前向机枪和简易瞄准装置透视图,每挺机枪储弹200发,火力超过B-25G一倍。

加农炮与M-4型75毫米加农炮相比,重量更轻,但弹药数量依旧为21发。

  B-25H型轰炸机在驾驶员舱下方机身上安装4个机枪吊舱,每侧机身安装2个,表面覆盖整流罩,机鼻处水平安装4挺12.7毫米机枪,每挺机枪备弹200发,这8挺机枪由驾驶员控制,但需要指出的是,前100架B-25H-1型轰炸机只在右侧机身安装了机枪吊舱。75毫米加农炮安装位置与B-25G型轰炸机相同,炮弹均为手动装填。B-25H与其他型号的B-25相比,最重要的区别就是取消了副驾驶员。

左侧照片中北美航空公司工程师正在为B-25H的海军版PBJ-1H安装4挺前向机枪,机身左侧可以看见该型机已经安装2个机枪吊舱。右侧图片为B-25H前向机枪及供弹系统正视图。

关于副驾驶员是否应该配备的争论由来已久。1943年，詹姆斯·杜立特就曾对B-25和B-26配备副驾驶员提出过质疑。杜立特相信，如果只有一名驾驶员，机身正面积更小，有利于飞机的编队飞行，同一时期的道格拉斯A-20和英国"兰开斯特"4发重型轰炸机均是1名驾驶员。配备副驾驶员的原因主要是因为长途奔袭时，正副驾驶员可以轮流驾驶，减少疲劳和压力，另外如果驾驶员在飞行时受伤或者阵亡，副驾驶员可以补上，继续驾驶飞机。

早在飞机分配给一线部队之前，厂家就曾告诉过陆航，取消机身左侧的两个机枪吊舱，腾出空间安装机舱增温装置，另外副驾驶员也一并取消了。乔治·肯尼上将对取消副驾驶员颇有微词，他是西南太平洋战区陆航第五航空队的司令，肯尼上将在陈述自己的观点时曾说，太平洋海域广大，飞机在海面上空长时间飞行时面对的情况较为复杂，毫无疑问，飞机不能缺少副驾驶员。他同时还说，机枪吊舱远比机舱增温装置有用得多。面对肯尼上将的异议，阿诺德上将进行了详细的回复：

第1批300架B-25H机鼻安装4挺12.7毫米机枪外加1门75毫米加农炮，右侧机身安装2挺12.7毫米机枪（指整流罩内的机枪吊舱）。第300架之后的B-25H，会在机身左侧加装2挺12.7毫米机枪，这样飞机的前向火力共有8挺机枪和1门火炮。

对于机舱增温装置，我们不能将它从所有战区的B-25H上拆除，有些地方还是需要的。按目前情况看，改装中心并不繁忙，可以考虑将第五航空队B-25H上的机舱增温装置拆除。

B-25H被设计成战术轰炸机，由于已经取消了副驾驶员，以后如果有一名驾驶员能够胜任的作战任务，可以考虑使用B-25H。

设计飞机时取消了副驾驶员，优缺点显而易见，为什么取消副驾驶员，理由如下：

（1）前机身安装大量武器装备，重量势必增加。任何能减轻重量的方法都已经实施，取消了副驾驶员座椅、装甲板和控制装置足足减重136公斤。

（2）B-25H的自卫武器得到加强，机身中部和机尾炮塔均安装机枪。为了保持机身平衡，机背炮塔位置前移到领航员座舱。领航员座舱安装加农炮、装填装置和炮弹，所以较为拥挤，已经没用空间安置领航员了。现在在原副驾驶员位置安装折叠椅和工作台，这样领航员可以履行领航职责，特殊情况下可帮助驾驶员或为火炮装填炮弹。

（3）B-25H的轰炸装置集中在驾驶员舱，由于已经没有领航员舱，因此无线电和罗盘等装置也均移到驾驶员舱，使得驾驶员舱更为拥挤，因此取消副驾驶员很有必要。

（4）B-25H有时要打击地方陆地和水面目标，容易受到高炮和敌战斗机的攻击，取消副驾驶员节约的重量可以在驾驶员周围安装更多的装甲板。

（5）我们曾在艾格林机场进行测试，测试结果决定是否应取消副驾驶员，我们发现B-25H即使只有一名驾驶员，也可以完美操纵飞机，在白天或黑夜进行起降和编队飞行也没什么问题。唯一不足之处是，驾驶员容易感觉疲劳，编队飞行时尤为如此。

（6）1943年2月13日，B-25H拆解装箱，运送至各个战场。事前均已通知各使用单位，B-25H只有一名驾驶员。通过收集各单位反馈的信息发现并没有对取消副驾驶员提出异议或反对。

考虑到如上原因之后，B-25H按照原计划继续生产。

莱特机场的报告中提到，如果要为B-25H添加副驾驶员不仅费时费力，而且结果不一定令人满意。大部分B-25H已经拆解装船，为这些B-25H添加副驾驶员更无可能。

由于陆航之前使用的各型号B-25均是正副驾驶员，所以对于B-25H一时不能适应，但B-25H是可靠的飞机，制造之后就应该装备部队。

第一架B-25H型轰炸机是由C型改装而来（飞机编号为42-32372），为了纪念第五航空队1架著名的B-25C扫射型轰炸机（下文介绍），该机被命名为"莫蒂默Ⅱ"号，公司内部称之为NA-98。该机于1943年5月15日由埃德·维珍完成首次试飞，机上载有格斯·皮特凯恩（Gus Pitcairn）、乔·巴顿、鲍勃·齐尔顿（Bob Chilton），这4人共同完成第一次作战测试。在作战测试中，该机安装的依旧是一门M-4型75毫米加农炮，装填手（兼任领航员）只能坐在一把小椅子上，驾驶舱依旧只有一名驾驶员。测试的成功使得B-25H型轰炸机很快进入量产阶段。

B-25H型轰炸机与之前的型号相比，在机身上差别较为明显，机翼后部机身更长一些，机尾横截面由圆锥形变成方形并且长度更长，以便于容纳贝尔M-7型液压－电力驱动的炮塔，炮塔内安装2挺12.7毫米机枪，机尾机枪手的座位更靠近机尾炮塔并且机枪射界极佳，机尾机枪手座舱安装装甲板，座舱盖类似于战斗机飞行员座舱盖，虽然与早期B-25C/D型相似，但是更加平滑，视野更好。为了容纳机尾机枪手，后机身比机身参考线上升约18厘米。机背炮塔的位置前移，占据了原有B-25C型领航

B-25H只有一名驾驶员，位于驾驶舱左侧，驾驶员操纵盘上三个按钮分别是：1.机鼻前向机枪和机身机枪吊舱开火按钮，2.加农炮开火按钮，3.炸弹或鱼雷释放按钮。副驾驶的位置则安放无线电罗盘装置、除冰装置管道等设备。

B-25H机尾安装的贝尔M-7型炮塔,内置2挺12.7毫米机枪,每挺机枪配弹600发,炮塔向上仰角为40度,向下为35度,左右射界约为76度。右图为俯视观察M-7型炮塔,可以看见机枪控制装置和装甲板。

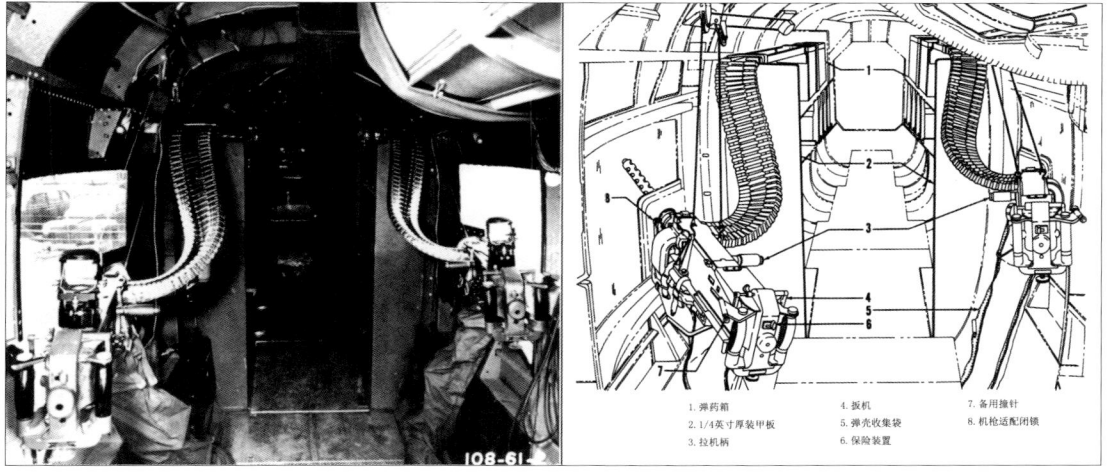

1. 弹药箱　2. 1/4英寸厚装甲板　3. 拉机柄　4. 扳机　5. 弹壳收集装置　6. 保险装置　7. 备用撞针　8. 机枪适配闭锁

B-25H机身中部两侧以不对称方式安装2挺12.7毫米机枪,每挺机枪安装一具N-8A瞄准具。左图的视角正好对着机尾贝尔M-7型炮塔。

员舱的位置,该舱室还安装有75毫米加农炮炮弹架和其他装置。机身中部安装2挺12.7毫米机枪,采用凸圆形状的窗口,两侧的窗口并不是对称设置的,左侧窗比右侧窗更靠近机翼后缘,距离襟翼只有十几厘米,这样设计的好处是会有更大的空间供机身两侧机枪手使用,以避免机枪手移动时相互干扰。其实在B-25H型轰炸机出现之前,北美航空公司已经完成这种设计,并在B-25C/D型轰炸机的后续改装中实施,在此之前,机身中部的空间比较拥挤,机背炮塔射手的脚经常会碰到机身中部机枪手的头,B-25H型轰炸机由于机背炮塔移至领航员舱,因此没有这种问题。

所有副驾驶员操作的设备都被拆除,为了方便领航员工作,在成员舱右侧位置(原副驾驶员位置)安装折叠椅和画图板。机腹炮塔和领航员观察窗被移除,炸弹和鱼雷挂载装置保持不变。"莫蒂默Ⅱ"号

从B-25H透视图可以看出机背炮塔已经前移至领航员舱的位置，武器配置和人员分布一目了然。

首架生产型B-25H（43-4105）由鲍勃·齐尔顿完成首飞，鲍勃最初来到北美航空公司主要被当作战斗机试飞员使用，但是他却从AT-6一直飞到了B-45，他的主要贡献集中在P-51和B-25的试飞工作上，累计飞行1700余架次。

动力装置采用莱特R-2600-20型发动机、本迪克斯－斯特龙伯格公司 PR48A1型汽化器和美国博世公司SF14LU-10型磁电机。双速离心式增压器可提供1到7.06的低增压器传动比和1到10.06高增压器传动比。

1943年5月15日，埃德·维珍和格斯·皮特凯恩驾驶"莫蒂默Ⅱ"号完成首飞。后面的飞行测试由格斯·皮特凯恩、乔·巴顿和鲍勃·齐尔顿共同合作来完成。首架生产型B-25H于1943年7月31日下线，由鲍勃·齐尔顿完成首飞，飞机编号43-4105，陆航陆续接收B-25H则是在8月份。首批装备B-25H的作战单位是隶属于第五航空队第345轰炸机大队的第498轰炸机中队。

1943年6月20日，美国军方与北美航空公司签订生产1000架各型B-25H轰炸机（B-25H-1、B-25H-5、B-25H-10）的生产合同，但后来有248架移交给美国海军陆战队，命名为PBJ-1H。在B-25H型轰炸机装备部队后，也遇到了和B-25G型轰炸机相同的处境：有些轰炸机大队根据选定的目标来决定是否在B-25H型轰炸机上安装加农炮。改装时一般不会对机体造成损伤，如果加农炮不是理想的武器，各个轰炸机大队通常

左图就是第一架生产型B-25H，飞机编号43-4105，此时正停在北美航空公司停机坪上，已经接近于完工，从第1架到第300架B-25H均只在右侧机身安装机枪，而右图为第301架B-25H，飞机编号为43-4405，此时机枪吊舱已经安装在飞机机身左侧，驾驶舱下方两块颜色较深的地方是由枪口焰造成的，表明飞机此时已经进行完射击实验。

图中这架B-25H飞机编号为32-4110，是B-25H家族中第六架生产型B-25H，机身左侧加装了两个机枪吊舱。

安装机枪以代替之，结果就是B-25G型轰炸机改装之后很像B-25H型轰炸机，机鼻处额外加装2挺机枪，总数达到4挺（和B-25H型一样），另外把加农炮拆除，在火炮原位置处再加装1到2挺机枪（通常为2挺）。机鼻处增加通风口，其主要作用是机枪开火时，吹散子弹发射药产生的废气。机枪吊舱前方机身安装装甲板，其作用是防止高膛压气体冲击飞机表面蒙皮造成损伤。第二十航空队"因地制宜"，会将装备的一部分B-25H型轰炸机的机枪吊舱全部拆除或者每侧机身只保留一个机枪吊舱，驻地的厂家代表曾经将这种改进类型报告给北美航空公司，希望公司生产这种类型的轰炸机，但是公司并没有接受这个建

第1000架同时也是最后一架B-25H，飞机编号43-5104，1944年7月在英格尔伍德工厂制造完毕，北美航空公司主席詹姆斯·金德尔伯格为了纪念这一历史性时刻，特意安排该厂1000名员工将自己的姓名写在机身上留念。该机绰号为"老骨头"，后加入第12轰炸机大队，于1944年11月30日抵达印度。

北美航空公司参与第1000架B-25H轰炸机签名活动的部分员工合影。

英格尔伍德工厂B-25生产线正在组装B-25H型轰炸机,图中可以看见驾驶舱下方安装机枪吊舱的接口以及保护机身免遭枪口焰破坏的保护钢板(上面贴着"47")。

B-25H-1	
发动机	莱特R-2600-13型。
汽化器	霍利公司1685HA型。
油箱容量	与B-25C型相同。
武器配置	1门T13E1 75毫米加农炮和21发炮弹。机鼻处安装4挺固定式12.7毫米机枪,备弹1600发。右侧机身前部装有2个机枪吊舱,备弹800发。机背安装1座炮塔,炮塔内安装2挺12.7毫米机枪,备弹800发。机身中部两侧各安装1挺12.7毫米机枪,备弹400发,机尾有1座炮塔,炮塔内安装2挺12.7毫米机枪,备弹1200发。
装甲防护	同B-25G相同,但在机尾机枪手后方额外加装9.53毫米装甲板。
重量	空重8900公斤,最大起飞重量15870公斤。
尺寸	翼展20.4米,机长15.5米,机高4.8米,机翼面积56.6平方米。
飞行速度(最大)	4000米高空,440公里/小时。
实用升限	7250米。
航程	挂载1360公斤炸弹时,航程2200公里。
机组人数	驾驶员,领航员/火炮手,无线电操作员/机枪手,工程师/机枪手,机尾机枪手。

1943年8月和1944年7月,美国军方接收第一架和最后一架B-25H。B-25H-1飞机编号为43-4105到43-4404,共300架。

B-25H 子型号改进点	
B-25H-5 型，飞机编号 43-4405 到 43-4704，共 300 架。	安装电动炸弹投放装置。机身前部左侧安装2个机枪吊舱。安装射击瞄准具指向相机。
B-25H-10 型，飞机编号 43-4705 到 43-5104，共 400 架。	驾驶员舱设备重新排布。重新设计制动系统控制拉线。救生筏舱室容积更大。

议。北美航空公司曾经开发一款火力超级强大的扫射型B-25J轰炸机，机鼻处安装了4排2列共8挺机枪，前向机枪火力达到令人发指的14挺机枪（8挺机鼻机枪，机枪吊舱4挺，机背炮塔2挺），但是作战单位很少用到这么多机枪，同样的做法是去掉4个机枪吊舱以减轻机头重量。

6. NA-98X型

1944年早期，北美航空公司加利福尼亚工厂正在全力生产B-25H和P-51D。莱特机场工程部门希望北美航空公司对B-25进行改进，推出超级扫射型B-25J，机鼻破天荒地安装8挺机枪。

北美航空公司为了与道格拉斯A-26B进行竞争，推出了NA-98X，虽然后者造价比前者便宜，但是并没有获得莱特机场的兴趣和支持，所以NA-98X项目对于北美航空公司来说无疑是一场赌博。

该项目共推出3种可选配置机型，分别为1种轰炸型和2种扫射型，动力装置均采用普惠公司R-2800-51型发动机和本迪克斯-斯特龙伯格公司汽化器，武器改进包括计算式射击瞄准具和外形更低矮的机背炮塔。机尾炮塔安装补偿式射击瞄准具，机身中部两侧安装光学反射式瞄准具。飞机控制方面做了如下改进，减小了操纵杆力，翼尖形状改为类似于P-51的矩形，翼展不变，依旧为20.59米。副翼向外延伸30.48厘米，因此每个副翼面积增加0.13平方米。为了进一步改善飞机气动效率，副翼前缘与翼梁之间的空隙用帆布密封。

NA-98X共有6147升燃油和284升润滑油。飞机另外装有约80升水，当发动机处于作战紧急功率时（只能维持15分钟），喷水装置将水与燃油混合，达到防爆的目的。

NA-98X扫射型共有5名机组成员，分别为：驾驶员、领航员、机身中部机枪手/无线电操作员、工程师/机枪手和机尾机枪手。NA-98X前机身并没

外国军事爱好者根据NA-98X画出的某型飞机透视图，实际上该图与NA-98X十分接近，尤其是高速型进气道和高速型螺旋桨毂盖，从机身前半部能看出是由B-25H发展而来，但与B-25H相比，NA-98X副翼长度更长，面积也更大，与图片中的飞机相比，真实的NA-98X螺旋桨桨叶数目依旧是3个，机尾垂尾依旧保持双垂尾布局。

这是B-25吗？没错，这是由B-25发展而来的NA-98X发动机特写图，由于NA-98X采用马力更大的普惠公司R-2800-51型发动机，因此NA-98X速度更快，为了适应高速飞行，NA-98X发动机采用高速型进气道和高速型螺旋桨毂盖，与之前的B-25区别非常明显。

有安装机枪吊舱，但是75毫米加农炮得以保留，再加上机组成员、炮弹、子弹、燃油等，NA-98X扫射型总重达到15795公斤，最大起飞重量为16113公斤。

NA-98X轰炸型与B-25J初期型号较为类似，投弹手舱材料采用有机玻璃，机组成员构成同B-25J一样，共6人，分别为：正副驾驶员、投弹手、领航员、工程师/机枪手、机身中部机枪手/无线电操作员、机尾机枪手。NA-98X轰炸型总重达到15390公斤。

第302架B-25H，飞机编号43-4406，后改装成NA-98X扫射型原型机，与B-25H最大区别就是发动机换装成普惠公司R-2800-51型发动机，汽化器由斯特龙伯格公司生产并带有应急喷水功能。从飞机外表能看出的区别为：螺旋桨毂盖、高速型进气道整流罩和矩形翼尖。经过计算，飞机总重在15422公斤，发动机输出军用功率时最大飞机速度为483公里/小时，海平面爬升率549米/分钟，发动机处于作战紧急功率时，最大飞行速度可达523公里/小时。虽然普惠公司R-2800系列发动机功率更大，迎风面积更小，但是重量也大，飞机最大飞行速度并没有达到莱特机场的预期要求。飞机俯冲扫射时，时速能达到644公里/小时，按照飞机生产要求，机翼结构必须得到加强。

众所周知，飞机做高机动动作时会引起机翼弯曲，B-25就曾发生过由于机翼前缘弯曲而造成的坠毁事故，因此NA-

NA-98X	扫射型	轰炸型
机组成员	5人	6人
武器配置	机鼻：8挺12.7毫米机枪，备弹3200发。 机背炮塔：2挺12.7毫米机枪，备弹800发。 机尾炮塔：2挺12.7毫米机枪，备弹1200发。 机身中部：2挺12.7毫米机枪，备弹400发。	机鼻：2挺固定式12.7毫米机枪，备弹600发。1挺活动式12.7毫米机枪，备弹300发。 机背炮塔：2挺12.7毫米机枪，备弹800发。 机尾炮塔：2挺12.7毫米机枪，备弹800发。 机身中部：2挺12.7毫米机枪，备弹400发。
油料	3687升自封闭机翼油箱。284升润滑油。	3687升自封闭机翼油箱。284升润滑油。
炸弹挂载	4枚227公斤炸弹。	4枚227公斤炸弹。

NA-98X停在北美航空公司停机坪上,该机左侧为一架编号为37113的P-51战斗机,图片左方可以看见两架B-25H型轰炸机,其中一架机鼻部分已经打开,地勤人员正在进行维护,另一架B-25H隐约能看见编号为43-4498,机鼻安装了8挺12.7毫米机枪(推测是将B-25J扫射型的机鼻组件安装在这架B-25H上)。

98X增加了飞机前缘蒙皮铆钉尺寸,测试结果显示即使飞机结构没有加固,只要飞机处于飞行包线之内就较为安全。NA-98X可承受2.67g的过载和547公里/小时的最大指示空速。

1944年3月31日,乔·巴顿驾驶NA-98X完成首飞,飞行报告显示,NA-98X与B-25相比可以达到更高的速度和加速度,颤振较小,滚转率更高。NA-98X出色的性能表明,B-25从项目一开始就应该安装R-2800型发动机。北美航空公司首席试飞员埃德·维珍、奥托·麦基沃(Otto McIver)少校、方丹(Fountain)上校和英国皇家空军中队长哈特·福特(Hart Ford)都飞过NA-98X,英国方面曾表示对NA-98X兴趣很大。

飞机在总重13154公斤,俯冲速度在563公里/小时条件下,没有出现抖振和不稳定的情况。当发动机活塞处于1066毫米汞柱抽吸压力时,每分钟转速2400,飞行速度为314公里/小时。当发动机活塞处于1321毫米汞柱抽吸压力时,每分钟转速2700,飞机起飞距离为448米。发动机处于作战紧急功率时,可使NA-98X在4.9分钟和8.2分钟内爬升到3048米和4572米高空,对比于军用功率,爬升至相同高度则时间分别为5.3分钟和8.9分钟。

莱特机场飞行测试部门指定派瑞·里奇(Perry Ritchie)少校和温顿·韦伊(Winton

R-2600-13 和 R-2800-51 两型发动机性能比较

发动机	转速(转每分钟)	高度(米)	功率	制动马力(匹)[1]
R-2800-51	2700	海平面		2000
R-2600-13	2600	海平面		1700
R-2800-51	2700	2134	美国军用标准	1700
R-2600-13	2400	2042		1500
R-2800-51	2700	4572		1550
R-2600-13	2400	3962		1350

[1] 制动马力是指可转化为有用功的功率。

Wey)中尉负责后面的飞行测试。里奇少校是军方飞行员,拥有工程学学士学位,曾在飞机工程学实验室学习两年,后来担任试飞员,被称为飞行天才。里奇接手这架飞机之后,对它的性能赞不绝口。每天只要完成飞行测试任务,他总是要驾驶NA-98X高速低空掠过停机坪,然后径直螺旋拉起。北美航空公司试飞员和结构工程师曾经不止一次地强调,飞机一定要在飞行包线之内飞行,但他们的建议被里奇当作耳边风。

1944年4月24日,周一,这天天气不错,洛杉矶国际机场西边的高炮部队正在组织一场球赛,突然比赛被一架轰炸机打断,这架NA-98X由西边大洋上空飞来,飞行高度之低以至于机身几乎要擦着浪尖,飞机随后快速爬升躲过一个沙丘,然后再次降低高度,高速低空掠过比赛场地和高炮阵地,里奇像往常一样螺旋拉起爬升,翼尖已经拉出明显可见的涡流,飞机飞行高度大约为60米高,此时机翼外翼段突然断裂,将整个机尾削掉,飞机挣扎着螺旋爬升到大约150米后坠毁在机场附近航空大道东边。机体残骸散落一地,但是

正在进行飞行测试的NA-98X,机翼采用了类似于P-51"野马"战斗机的方形翼尖,副翼长度更长,面积也更大,这些改进无疑会改善NA-98X的飞行特性。

NA-98X正视图,可惜这款B-25优秀的改进型由于原型机坠毁,最终"胎死腹中"。

没有起火,所有机组成员无一幸免。

停机坪和伪装网上面撒满飞机碎片,通过分析飞机碎片发现机翼是从着陆灯那里断开。外侧机翼前缘到内侧副翼边缘弯曲得非常厉害,这说明当时飞机机动十分剧烈,机体结构已经承受不了,最终导致飞机坠毁。

许多机型的原型机性能十分出色,但是由于试飞阶段发生事故,不得不胎死腹中,NA-98X就是一个例子。这起本可以避免的事故不仅终止了NA-98X的发展计划,也葬送了一款性能出色的作战飞机。如果NA-98X可以顺利投产,那它的性能一定远超过其他型号的B-25。

7. B-25J型

当B-25H型轰炸机设计图纸还在画板上的时候,北美航空公司工程师就设想可否将B-25C/D型轰炸机的机鼻部分"嫁接"到B-25H型轰炸机的机身上,这样就产生了一种新型号轰炸机,该型号就是B-25J型轰炸机,它是B-25家族最后一个型号同时也是生产数目最多的一个型号,北美航空公司内部编号为NA-108。

1943年中期,北美航空公司堪萨斯厂生产重心由D型机转移到J型机上。相比较于B-25其他型号,B-25J生产数量最多,美国军方在1943年12月接收第1架B-25J,1944年5月接收最后一架B-25J。B-25J除了机鼻(包含安装在机鼻的武器)与B-25H不同之外,机身和武

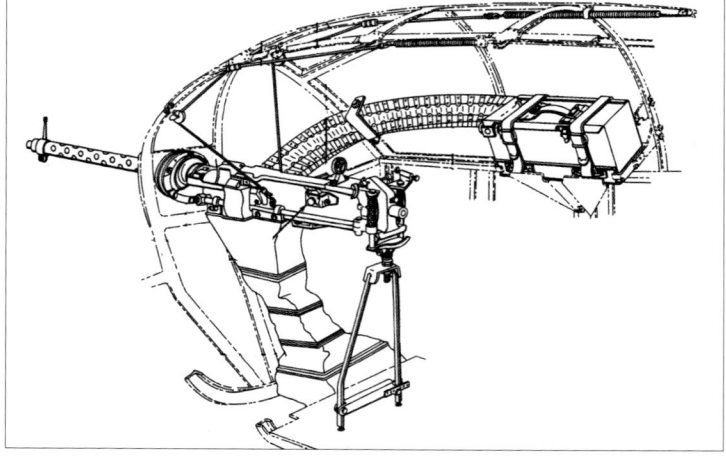

B-25J最初生产时,可以简单理解为B-25H的机体加B-25C/D的机鼻机头,因此B-25J最初机鼻只安装1挺固定式12.7毫米机枪和1挺活动式12.7毫米机枪,火力依旧较为薄弱。

器较为相似。B-25J采用的是B-25D的机鼻，所以驾驶舱有2名驾驶员，投弹手舱基本相同，但飞机内部安装的仪器有较大区别。

1943年5月3日，乔·巴顿驾驶第1架B-25J型轰炸机（飞机编号43-3870）完成首飞。他在作战测试报告中提到，飞行过程没出现任何故障，于是北美航空公司决定将生产B-25旧型号的生产线全部改成生产B-25J型轰炸机。

堪萨斯工厂为B-25J生产了一种可安装8挺机枪的机鼻，其实这种机鼻可以安装在所有型号的B-25上，但是从现存照片来看，这种可以安装8挺机枪的机鼻基本都安装在B-25J上，此时B-25J的前向火力已经到达惊人的14挺机

1944年春天，第1架B-25J飞抵太平洋。B-25J的产量几乎占到了整个B-25总产量的一半，北美航空公司在中后期B-25J的机鼻上加装了8挺12.7毫米机枪，如此凶猛火力，谁人能敌！右图显示机鼻两侧可以方便开启，因此机枪补充弹药和日常维护均十分方便。

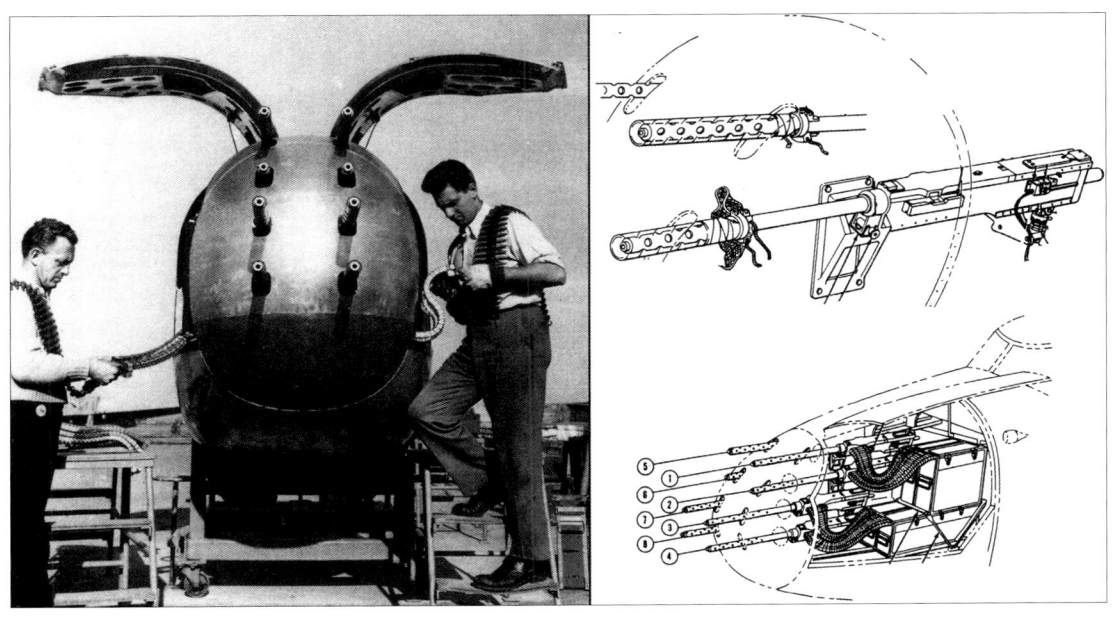

左图中两个人看装束不像是一线部队的地勤人员，很有可能是北美航空公司的测试工程师，他们在为B-25J装填弹药准备测试飞机性能，右图为机鼻部分透视图。

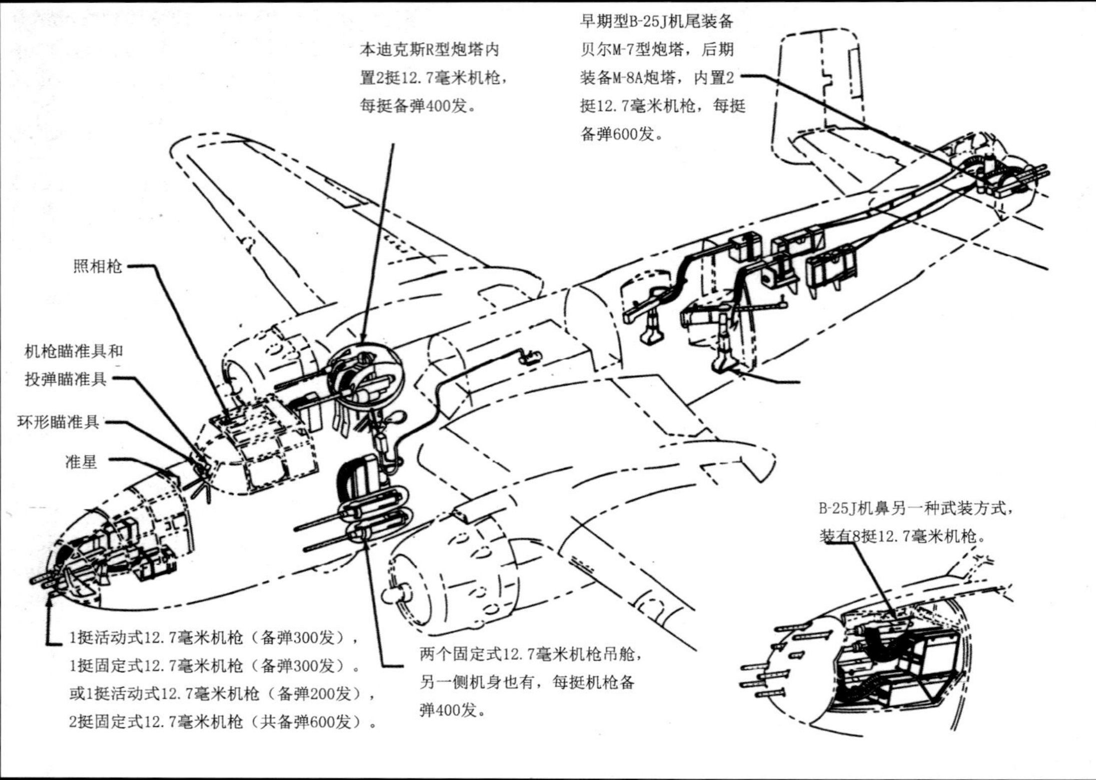

本迪克斯R型炮塔内置2挺12.7毫米机枪，每挺备弹400发。

早期型B-25J机尾装备贝尔M-7型炮塔，后期装备M-8A炮塔，内置2挺12.7毫米机枪，每挺备弹600发。

照相枪

机枪瞄准具和投弹瞄准具

环形瞄准具

准星

B-25J机鼻另一种武装方式，装有8挺12.7毫米机枪。

1挺活动式12.7毫米机枪（备弹300发），
1挺固定式12.7毫米机枪（备弹300发），
或1挺活动式12.7毫米机枪（备弹200发），
2挺固定式12.7毫米机枪（共备弹600发）。

两个固定式12.7毫米机枪吊舱，另一侧机身也有，每挺机枪备弹400发。

B-25J武器配备透视图，其中机鼻武器分为两种配置方式。

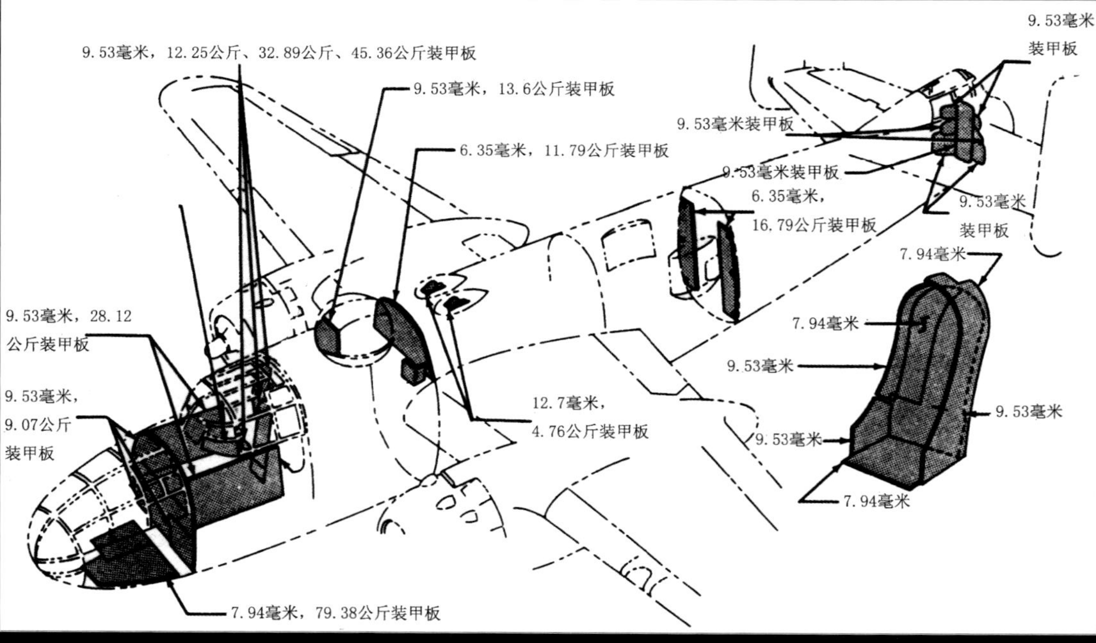

9.53毫米装甲板

9.53毫米，12.25公斤、32.89公斤、45.36公斤装甲板

9.53毫米，13.6公斤装甲板

9.53毫米装甲板

6.35毫米，11.79公斤装甲板

9.53毫米装甲板

6.35毫米，16.79公斤装甲板

9.53毫米装甲板

7.94毫米

9.53毫米，28.12公斤装甲板

9.53毫米

9.53毫米，9.07公斤装甲板

7.94毫米

12.7毫米，4.76公斤装甲板

9.53毫米

9.53毫米

7.94毫米

7.94毫米，79.38公斤装甲板

B-25J装甲防护示意图，飞行员座椅的样式类似于"澡盆座椅"，即飞行员四周皆有装甲板防护，最大程度保护机组成员。

上图中的B-25J属于B-25J-20型,在众多外国文献中, B-25J常常与"火力凶猛"和14挺前向机枪相挂钩。

飞机编号为44-29259的B-25J-20型轰炸机,该型机与之前的B-25J相比,机鼻又安装1挺固定式12.7毫米机枪(其实就是B-25D-5型轰炸机机鼻组件和武器装备),另外机身中部两侧机枪射击舷窗安装了雨布,可以起到一定的密封作用。

B-25J初期型轰炸机透视图,其实B-25J初期型就是B-25H机身加上B-25C/D的机鼻,B-25J型轰炸机的产量达到B-25总产量的一半。

枪,它才是真正的"机枪扫射者",其火力强度远超当时第五航空队装备的任何一款B-25扫射型轰炸机。

美国陆航航空技术部门有一份针对B-25J适应性的报告,该份报告中称,B-25J的火力比B-25D更强,投弹时飞行也更平稳,即使与其他同时代的中型轰炸机相比,比如B-26F,B-25J在武器装备,速度,投弹稳定性,座舱视野,夜间飞行和起降性能上都较为出色。

B-25J-1	
发动机	莱特 R-2600-13 型。
汽化器	霍利公司 1685HA 型。
油箱容量	与 B-25G 型相同。
武器配置	机鼻处安装1挺固定式和1挺活动式12.7毫米机枪。机身前部装有4个机枪吊舱。机背安装一座炮塔,炮塔内安装2挺12.7毫米机枪。机身中部两侧各安装1挺12.7毫米机枪,机尾有1座贝尔M-7型炮塔,炮塔内安装2挺12.7毫米机枪。炸弹舱可挂载1360公斤炸弹。翼下可挂载6枚147公斤深水炸弹或相同重量炸弹。
装甲防护	同 B-25G 相同,但在机尾机枪手后方额外加装9.53毫米装甲板。
重量	空重8900公斤,最大起飞重量15870公斤。
尺寸	翼展20.4米,机长15.5米,机高4.8米,机翼面积56.6平方米。
飞行速度(最大)	4000米高空,438公里/小时。
实用升限	8420 米。
航程	挂载1360公斤炸弹时,航程2200公里。
机组人数	驾驶员,副驾驶员,工程师/机枪手,投弹手/机枪手,机身中部机枪手,机尾机枪手。

1943年12月和1945年8月,美国军方接收第一架和最后一架B-25J。B-25J-1飞机编号为43-3870到43-4104,43-27473到43-27792,共555架。

B-25J 子型号改进点	
B-25J-5 型，飞机编号 43-27793 到 43-28112，共 320 架。	采用新型 N-3C 轰炸瞄准具，机背炮塔机枪和机头机枪吊舱采用新型消焰器。
B-25J-10 型，飞机编号 43-28113 到 43-28222，43-35946 到 43-36245，共 410 架。	从 43-35995 开始采用电动控制炸弹舱门。
B-25J-15 型，飞机编号 44-28711 到 44-29110，共 400 架。	从 44-28711 开始，机身中部机枪采用 N-8A 光学瞄准具，机鼻机枪采用光学环珠瞄准具。
B-25J-20 型，飞机编号 44-29111 到 44-29910，共 800 架。	机鼻再安装两挺固定式 12.7 毫米机枪，安装液压紧急刹车系统，投弹手舱安装装甲板，从 44-29111 开始加强机背炮塔强度，从 44-29340 开始，换装霍利公司 1685RB 汽化器。
B-25J-25 型，飞机编号 44-29911 到 44-30910，共 1000 架。	机背炮塔安装导流板。从 44-29911 开始，安装新型带有装甲保护的座椅。
B-25J-30 型，飞机编号 44-30911 到 44-31510，44-86692 到 44-86891，共 800 架。	从 44-31311 开始，增加 C-6 型电动挂弹机，从 44-31338 开始，翼下安装 T-64 型火箭弹发射器。从 44-31491 开始换装 K-10 型计算式瞄准器和 M-8A 机尾机枪。从 44-86692 开始，可安装滑翔炸弹。从 44-86793 开始，换装 N-3B 轰炸瞄准具。
B-25J-35 型，飞机编号 44-86892 到 44-86897，45-8801 到 45-8899，共 105 架。	从 44-86892 开始，可以挂载空投水雷。105 架中有 72 架陆航并没有购买，因此没有进入陆航服役，这 72 架飞机的编号为 45-8819，45-8824，45-8829 到 45-8831，45-8833 到 45-8899。

发动机在每分钟2600转时，海平面速度为420公里/小时。低增压器可使飞机在1216米高度速度达到436公里/小时，而高增压器可使飞机在3353米高度速度达到441公里/小时。到战争结束时，B-25J共生产了4318架，另外还有72架没有组装好。在B-25J的25个月生产周期中，月平均产量达到了175架。

8. 美国海军/海军陆战队 PBJ型

美国在1941年12月加入二战时，各军种中只有陆航装备了可在陆地起降的多发动机远程飞机。美国海军当时要在大西洋执行反潜作战，但缺乏水面舰艇以及合适的飞机来应对日益增长的纳粹德国潜艇威胁。大西洋幅员辽阔，如果要在空中执行反潜作战，以陆地为基地的高速、重火力（最好能挂在火箭弹或者鱼雷）、远航程的作战飞机可胜任此类任务。

1942年初，金海军上将曾对阿诺德上将说，海军现在要执行海上巡逻，保卫海上交通线和为运输船队护航等任务，但是北方某些基地在冬季严寒条件下却不能派出水上飞机参与。为了改变这种状况，金海军上将要求将陆航将400架B-24和900架B-25移交给美国海军，并且希望到1943年7月1日，这一数字分别可以初步达到200架和400架。

金海军上将提出的要求合情合理，但是美国各飞机制造厂生产出的飞机只有那么多，按照高层决定及《租借法案》优先提供给美国陆航和英国皇家空军。对于美国海军提出的要求，陆航自然是能拖就拖，再说对付德国U艇不是一夕之功，需要陆航和海军共同合作完成，事实上，早在美国加入二战之前的1941年6月，陆航第17轰炸机大队已经装备B-25轰炸机并且在美国沿海区域执行巡逻任务。美国本土远离战场，要想给同盟国提供军事援助和缓解欧洲战局，海上交通线十分重要，其中重中之重就是反潜作战。1942年10月，美国军方成立反潜指挥部，到了1943年夏季，陆航已经和海军合作，共同进行反潜行动。其实对于陆航来说，反潜作战是一个全新领域：首先，陆航缺乏反潜作战的训练，再者，陆航现有的作战飞机缺乏搜索敌方潜艇的机载设备。如果要求飞机制造公司为美国海军和陆航研制新型反潜飞机，时间恐怕来不及，因此阿诺德上将建议直接对陆航现有飞机进行改装，一方面扩大海军和陆航反潜飞机数量，另一方面陆航通过与海军进行合作也可以学到宝贵的反潜作战经验。

金海军上将的努力终于在1942年8月得到了部分回报，美国海军收到了第一批52架B-24。由于罗斯福总统的介入，到了1942年，海军已经接收到1520架重/中型轰炸机，到了1943年，这一数字已经达到3810架。美国海军曾计划在1940年装备波音公司XPBB-1型水上飞机，该型飞机安装两台R-3350"旋风"发动机（同型发动机也安装在B-29上），XPBB-1是当时世界上最大最好的水上飞机，海军原计划在华盛顿州伦顿市制造500架。中途岛海战改变了海军之前采购水上飞机的计划，海军决定终止采购XPBB-1水上飞机，转而装备B-25。

1941年末，北美航空公司同意为军方生产B-29"超级空中堡垒"，因为波音公司厂房有限，再加上倾尽全力生产B-17，因此需要其他公司帮助生产B-29。北美航空公司全部资源基本都投入到B-25的生产中，如果再加上B-29，那就需要建设新厂房和购入新设备。1942年2月7日，陆航与北美航空公司签订合同，要该公司生产200架B-29，后来这一数字上升到300架。与军方签订生产B-29的生产合同时，B-25D的生产线刚刚开工，待B-25D合同完成之后，这条生产线将被淘汰，整个堪萨斯厂就要为生产B-29做准备。

当海军不打算要XPBB-1水上飞机之后，波音公司将伦顿市新厂房转而生产B-29。这无疑缓解了B-29的生产压力，所以在1942年7月31日，堪萨斯厂生产B-29这一合同被取消，陆航决定北美航空公司继续扩大生产B-25。英格尔伍德工厂将B-25G和B-25H的生产线进行合并，而堪萨斯厂主要制造B-25D和B-25J，这些B-25

波音公司制造的XPBB-1"海上游骑兵"大型水上飞机，主要装备于美国海军，该型机当时是世界上体型最大、性能最好的水上飞机。

第三章 生产型以及改进型介绍 | **081**

美国海军装备的PBJ-1D型，其实就是美海军将陆航的B-25D拿来使用，真看不出有什么区别。这张照片拍摄于1944年2月，地点在帕图森河海军航空站（NAS Patuxent River）。

的使用者包括海军。

海军一直等到1943年初才拿到706架B-25，型号为PBJ，P代表巡逻，B代表轰炸机，J代表北美航空公司制造商。PBJ-1其实就是B-25B型轰炸机，PBJ-1C，PBJ-1D，PBJ-1H，PBJ-1J分别对应陆航的B-25C，D，H，J四种型号。最初所有的PBJ都被分配给海军陆战队用来执行海上巡逻和反潜任务，随着战争的进行，PBJ也挂载鱼雷和火箭弹，被当作攻击机和中型轰炸机使用。

1943年5月1日，海军陆战队VMB-413中队首先装备PBJ，9月15日，VM-423，433和443中队也装备了PBJ，10月10日，VM-611，612和613中队陆续装备PBJ。刚开始时，只有这7个中队装备了PBJ，随后VMB-614，621，622，623，624，453，463，473和483中队均在北卡罗来纳州切里波因特（Cherry Point）装备了PBJ。所有VMB中队装备早期PBJ-1C型和D型时，基本都对飞机进行过改装，改装的重点集中在增强飞机火力。地勤人员为PBJ-1C型和D型安装了机尾炮塔，与H型和J型的机尾炮塔十分相似，另外也加装了机鼻机枪和机身前部的机枪吊舱，这些改进使得PBJ火力更加凶猛，攻击更有成效。

到了1944年，运输战斗机主要是通过起重机将战斗机吊装到航母甲板上，通过海运运输到各个战场，然后再通过起重机将战斗机吊装到陆地上，如果目的地不具备吊装条件或者由于其他原因导致飞机不能顺利卸船该怎么办呢？将飞机弹射起飞飞离航母是解决上述问题的一种方法。曾有相当数量的陆基P-39、P-40和P-47通过弹射起飞离开航母，曾有一架P-51D和PBJ-1H通过改装要在航母进行弹射起飞和着舰试验。对P-51D进行改装和测试

美国海军装备的PBJ-1H型轰炸机，实际上就是B-25H轰炸机。

美国海军陆战队女子后备军（U.S. Marine Corps Women Reservists）正在为一架PBJ-1J做日常维护。由于男性劳动力短缺，美国在1943年2月13日成立了海军陆战队女子后备军，海军陆战队在1943年3月13日开始接受女性并对其进行培训，大约有19000名女性在北卡罗来纳州新河完成相关课程培训，之后分配到200多个工作岗位，这些岗位有：电报员、汽车修理工、照相师、叠伞员、司机、空中射击教员、军需官、塔台操作员、速记员等众多职位。这张照片拍摄于1945年3月9日，地点在北卡罗来纳州切里波因特。

编号为43-4700的PBJ-1H在北美航空公司堪萨斯厂的改装中心进行针对航母起降方面的改装，并在1944年11月15日尝试在"香格里拉"号航母上降落，仔细看这架PBJ-1H着舰瞬间，着舰钩已经稳稳勾住阻拦绳。

的初衷是因为海军需要远程战斗机为空袭日本的B-29护航，截至1944年11月，美国距离日本最近的B-29基地是关岛，而关岛到日本的距离已经远远超过战斗机的活动半径，没有任何一款战斗机比P-51更适合进行航母起飞和着舰试验。

飞机编号为43-4700的PBJ-1H在堪萨斯厂改装中心针对弹射起飞进行改装，起落架则是在位于费城的海军航空材料中心（NAMC）安装。进行完必要的地面测试之后，这架飞机将和P-51D还有海军新型战斗机格鲁曼F7F-1一起在NAMC的航母适应性测试部门进行海上试验，海军方面也对安装前三点起落架的飞机着舰时着舰钩如何工作很感兴趣。

1944年11月15日，罗伯特·埃尔德（Robert Elder）中尉驾驶P-51D（飞机编号44-14017）从弗吉尼亚州诺福克起飞，与航母"香格里拉"号（舷号CV-38）会合之后完成了P-51D的首次着舰，随后又进行了3次起飞与着舰实验，结果都堪称完美。由于在一天中要对3架飞机进行测试，所以这架P-51D的弹射起飞试验被取消，后来这架P-51D在费城海军船坞完成了弹射起飞试验。博顿利（Bottomley）海军少校驾驶PBJ-1H靠近航母时，将稀释润滑油开关误以为是释放着舰钩开关，虽然博顿利意识到错误，但是稀释润滑油开关已经被卡住，此时已经不能关闭，稀释润滑油是非常危险的行为，博顿利不得不切断发动机油路，将螺旋桨顺桨，返回诺福克更换润滑油。博顿利驾驶PBJ-1H第2次接近航母时，时间已经过去得差不多了，博顿利只能孤注一掷完成降落，这次降落非常完美，拦阻索足足拉出了36米。随后这架PBJ-1H又进行了甲板操纵测试，为了方便在航母甲板上操纵飞机，前机轮可以向左

海军陆战队VMB-611轰炸机中队的1架PBJ-1D，该机已经在投弹手上方安装了AN/APS-3搜索雷达，像一根粗粗的雪茄烟，特征明显。

正副驾驶员之间较大的圆形物就是AN/APS-3雷达示波器（图片中的示波器已经丢失），这种雷达可用于探测飞行器、水面舰艇、潜艇和帮助机组进入轰炸航路，对地面目标探测距离约为113公里、船只约64到80公里，潜艇约24公里、飞行器约8到13公里。

右转动。这架PBJ-1H总重达到12247公斤，后面又进行了弹射起飞试验，飞机第2次着舰时，着舰钩拉着阻拦索偏离中线6.1米，随后检查发现，主起落架舱门在着舰时被刮掉一块，左侧机轮和着舰钩减震器均有不同程度的损坏，这架PBJ-1H只能再次弹射起飞返回诺福克。

虽然P-51D和PBJ都完成了弹射起飞和着舰试验，表现也堪称完美，但是1945年美军在太平洋战场节节胜利，通过蛙跳战术拿下不少岛屿并构筑了机场，在航母上起降P-51D和PBJ已经没有必要，最终该方案被取消。1943年2月，陆战队开始接收第1架PBJ-1，早期装备陆战队的PBJ为PBJ-1C和PBJ-1D，分别对应陆航的B-25C和B-25D，均由北美航空公司英格尔伍德和达拉斯工厂制造，但对比陆航装备的B-25C/D，这些经过改进的PBJ-1C/D性能更加出色。陆战队为PBJ-1C/D安装了陆航研制的雷达装置，主要用于美国沿岸的海面搜索，搜索雷达型号为AN/APS-3型，工程人员为了能在PBJ机体内安装这款雷达，不得不将机腹炮塔拆除，在相同的位置上安装雷达。军方也要求将安装搜索雷达的PBJ当作夜间攻击机，专门对付在夜间利用夜幕作掩护，偷偷为驻守在太平洋岛屿上的日军输送给养的船只。

现在雷达有了，但是缺乏雷达操作手，军方没有相对应的教练机。随第1批50架PBJ-1C交付的还有一小部分比奇SNB教练机——这是陆战队首批装备的双座（并排）教练机。陆战队有了这些装备之后立即制订了周密的训练计划，当时的陆战队不仅装备奇缺，人员也相当匮乏，志愿者若想加入陆战队轰炸机中队，只需要走几个流程就完事了。一个PBJ需要6名机组成员，这6人不仅要完成本职工作，还要兼职后勤工作。后续PBJ将AN/APS-3雷达置于机头，在投弹手舱上方，形状很像一个粗粗的大管子，外部特征非常明显。雷达安装在机头之后，扫描范围大约在145度，与之前安装在机腹时相比，虽然扫描范围有效减小，但是受海面杂波干扰有所减弱，后续的PBJ-1J将雷达置于右侧机翼翼端，这样扫描范围可覆盖360度，但操作员则安置在机鼻。驾驶员座舱里有一个直径12.7厘米的雷达示波器，示波器显示范围可在8公里、16公里、160公里之间调节，驾驶员对于这款雷达评价颇高，但并不是所有的PBJ都安装了这款雷达，战争后期根据作战需求和单位需要，只在某些PBJ-1H和PBJ-1J上安装。

9. 实验型武器装备

在B-25众多的实验型武器装备中，有一种武器最让人觉得不可思议，那就是机载火焰喷射器，这种武器在1944年曾安装在B-25C上进行过测试，但是不知道结果如何。此时盟军胜局已定，这种机载火焰喷射器听起来十分怪异，进行此项试验的试飞员可能都是喜欢冒险的志愿者。编号为42-32732的B-25C曾经安装一种特殊的炸弹舱以便于挂载这种机载火焰喷射器，这种装置总

北美航空公司专门研制了一种机枪吊舱，使用时只需要将B-25前进出舱门拆下，在相同位置安装上即可使用，改型装备最终没有投产，具体原因是一旦安装此装备，整个机组只能从飞机后进出舱门上下飞机，对于逃生和进出飞机十分不便。

北美航空公司曾经将B-25H的加农炮拆下，取而代之的是火箭弹发射装置，这种火箭弹发射器制造简单，类似于简易的长管，火箭弹威力巨大，但是弹道较高，精度一般，虽然北美航空公司已经通过了此项测试，但是最后并没有投入批量生产。

重约为712公斤,燃料罐为795升,紧急情况下可将整个火焰喷射器从飞机上丢掉。现在还不清楚该装置在B-25C上如何部署,但有资料显示是由D-7型炸弹钩悬吊在炸弹舱内并伸出机外,经过加固的炸弹舱门可提供防摇支撑的作用。测试高度定在4572米,飞机采用自动驾驶,2名飞行员躲在座椅后面,另一架飞机则在不远处观察,一旦飞机起火,按照事前设定好的步骤,2名驾驶员立刻跳伞逃生。

1942年到1943年,保罗·甘少校研制了一款实验性质的机枪装置,该装置安装在机身下方,位于炸弹舱和前进出舱门之间,由于机枪弹链和枪口冲击波对机体的影响,该装置实现起来非常困难,方案最终认为不切实际而放弃。北美航空公司受到了这项装置的启发,研发了另一款机枪装置,该装置包含2挺机枪和408公斤机枪弹药,安装时需要将前进出舱门拆下,然后在同一位置安装上即可。机枪日常保养较为方便,弹药补给在飞机内部即可完成,为了削弱枪口冲击波对该装置的影响,需在表面安装薄不锈钢钢板,内衬为3.175毫米的橡胶垫。经过测试,该装置设计得较为成功,但最终并没有进入生产阶段,原因何在?因为B-25一旦安装该装置,机组人员只能从后进出舱门进入飞机,然后再通过炸弹舱的那条狭窄通道进入驾驶舱,十分不便,另外B-25H火力已经十分强悍,也不必在前进出舱门安装此装置。

1942年12月,在B-25G首

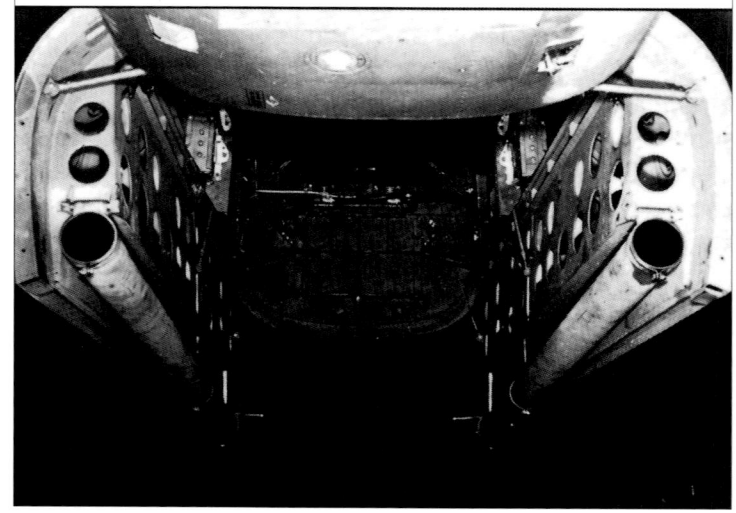

在B-25H上安装火箭弹发射装置的第2种方案,发射装置安装在炸弹舱门上。这种方案在战场上毫无效率可言,因为每次装填火箭弹,炸弹舱门必须关闭进行装填,发射时舱门必须处于打开状态。

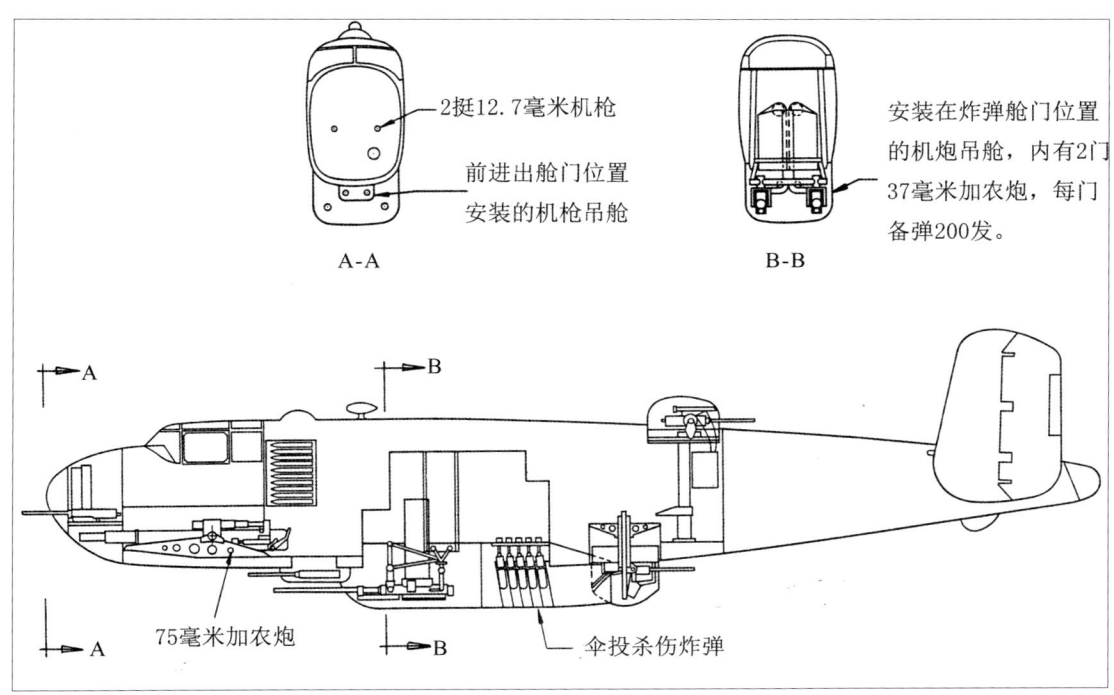

北美航空公司为B-25H加装2门37毫米加农炮的示意图,其中A-A和B-B分别代表从A和B处向机尾看的切面图。

飞之后的第2个月,陆航材料中心工程分部将2门M9型37毫米加农炮安装在B-25炸弹舱。方案是否可行取决于机体结构能否承受加农炮炮口冲击波。37毫米加农炮炮弹初速较快,冲击波剧烈,之前仅有一架道格拉斯A-20安装过此型火炮,但是这架A-20在之前的试验中也无法承受37毫米加农炮的冲击,机体结构遭到严重损坏,唯一可行的解决办法就是重新设计机体结构,但是那样的话代价较大。B-25能够安装2门M9型37毫米加农炮吗?陆航材料中心认为是可行的,因为B-25的机体强度在同时期同类型的轰炸机中是最结实的,因此可以做进一步试验。

北美航空公司在B-25H首飞之前,想要打造一款世界上火力最强的攻击机,计划在机鼻安装2挺固定式12.7毫米机

北美航空公司曾在堪萨斯厂改装中心为一架B-25D的机鼻安装过双联装12.7毫米机枪,但是最终没有投入量产。

枪,爬行通道内安装75毫米加农炮,前进出舱门和机背炮塔安装2挺12.7毫米机枪,前进出舱门和机腹炮塔之间的炸弹舱舱门上安装2门37毫米加农炮,通过挂弹机可快速实现2门火炮的安装和移除。该机弹药量惊人,共有21发75毫米炮弹、200发37毫米炮弹和726公斤的子弹,共有3687升燃油,航程可达3058公里,最大飞行速度457公里/小时,飞机总重15694公斤。一架飞机编号为41-12800的B-25C,在1943年2月12日曾安装37毫米加农炮进行地面测试,加农炮安装在机身下方约40厘米。试验刚开始,只发射了一发炮弹就"击碎"了所有希望,机身结构遭到严重损坏,所以最后决定安装37毫米加农炮只能像75毫米加农炮那样,安装在机鼻爬行通道内最为合适。一架B-25H随后在爬行通道内安装了37毫米加农炮,但是装填弹药时必须通过驾驶员后方一个舱口,这个位置空间狭小,不利于炮手装填和储存炮弹(推测原因是因为37毫米加农炮长度比75毫米加农炮要短,因此炮手不能在领航员舱这一位置装填和储存炮弹,位置只能在领航员舱和驾驶员中间的位置,刚好在驾驶员座椅后面,这里空间十分狭小)。这架B-25H在密苏里河上空进行实弹射击试验,实际结果要比想象中的差,驾驶舱充满硝烟,炮弹数量少,性能远不及安装75毫米加农炮的B-25H,所以这一方案最终被放弃。

1945年,加利福尼亚州中国湖的海军武器测试站联合哈维机械公司研制了一款自动式火箭发射装置,该装置通过长度较短的发射管来发射127毫米口径火箭弹,通过弹体尾翼使得火箭弹在飞行时保持旋转,增加火箭弹稳定性。该装置设计类似于转轮手枪,火箭弹就是这把"转轮手枪"的子弹,"枪管"即是机鼻处的发射管。发射火箭弹时,弹体产生的气浪通过机鼻后方的偏转管排出机外,地面测试和飞行测试都表明此方案不可行,最终没有量产。

10. 滑翔炸弹与滑翔鱼雷

日本在1941年12月做了两

B-25将自动式火箭发射装置安装在机鼻内进行测试,从图片来看,这种火箭弹发射装置很像转轮手枪,火箭弹就是"子弹",B-25机鼻内可以安装两个该型发射装置,容弹10发。

这种火箭发射装置在发射时火箭弹产生的气流从机身下方引出,图中可以明显看见引出的气流从机身下方排出,下图正在测试该装置急促射击火箭弹,但是火箭弹散布较大,如果距离较远,恐怕命中精度并不高。以上三图测试地点均在加利福尼亚干湖河床上进行。

这架B-25C飞机编号为42-32383，曾安装4叶螺旋桨用于飞行测试，但最终测试结果不得而知，不过可以肯定，B-25安装4叶螺旋桨没有进入量产阶段。从汽化器进气口形状可发现这架B-25C安装的是本迪克斯—斯特龙伯格公司制造的汽化器。

件大事，一件是偷袭美国珍珠港，另一件则是击沉英国皇家海军战列舰"威尔士亲王"号和"反击"号，在这两次战斗中，日本鱼雷攻击机发挥了巨大作用，因此美国陆航也想在部署一线的作战飞机上安装鱼雷。珍珠港事件后没几天，美国立即为马丁B-26安装挂载鱼雷的装置，同类型装置也安装在B-25上。

1942年10月，阿诺德上将命令陆航相关部门立即采取行动，研制一款"滑翔鱼雷"（glide torpedo），要求发射速度超过402公里/小时。由于规定不得使用改进的海军鱼雷，所以只好新设计一款鱼雷。实际上，"torpedo"这个单词应该去掉，这款武器应该称之为"hydrobomb"。早在1939年，英国就已经进行相关研究，这类武器本质上是一种杂交体，就是在炸弹和鱼雷上安装机翼和机尾，可在安全距离之外对敌方目标发动攻击。英国研制这类武器的初衷就是为了对付德国海军作战舰艇，并且可以减少已方人员和装备的损失。虽然发射速度达到322公里/小时，但是依旧没有达到英国皇家空军的要求，另外由于方向控制和稳定性的问题无法解决，因此该项目在1943年初被取消。那段时期美国也一直在进行滑翔武器方面的研究，并且等级处于高优先级，这或许也成为英国人取消项目的原因之一（因为通过《租借法案》，一旦此类武器研制成功，英国可以拿来就用）。

英国在此方面的研究刺激了阿诺德上将，并且在1941年初，他命令莱特机场物资分部的奥利弗·埃科尔斯上将组织人员研制一款带有机翼的炸弹。1941年2月，埃科尔斯上将着手开始此项目并且希望得到英国方面的技术情报。由于此时美国并没有加入二战，因此并没有和英国进行技术合作，所以阿诺德上将指示项目研发和测试要在没有英国的帮助下进行。陆航与海军共同成立了一个委员会专门研制滑翔武器，海军研究滑翔鱼雷，陆航研制滑翔炸弹。

第一款滑翔炸弹编号为GB-1，其实就是一枚907公斤的炸弹加上上单翼，炸弹头部加上了流线型弹头。弹翼翼展3.66米，双尾桁尾翼布局（尾翼部分有点像P-38战斗机布局）。GB-1的"机体部分"由艾龙卡（Aeronca）飞机公司制

1941年12月中旬，美国人开始研制可以安装在B-25机腹的鱼雷挂弹架，1942年3月第一批共5套挂弹架开始交付部队。B-25挂载鱼雷首次测试由B-25B（编号40-2274）进行，根据北美航空公司1942年12月31日的NA-5211文件报告显示，B-25在挂载鱼雷时，飞行时速会下降36.2公里/小时。

造，哈蒙德仪器公司提供陀螺仪，控制方式采用预置型。

1941年在托诺帕的穆拉克干湖对预置型GB-1进行射程测试，无线电制导型GB-1则在埃格林机场进行测试。尽管无线电制导型GB-1已经进行大量的测试，但阿诺德上将依旧将预置型GB-1排在更高优先级。

1944年5月，GB-1投入实战。第41轰炸机联队的B-17挂载GB-1轰炸德国城市科隆，但是从轰炸结果来看，GB-1实战效果并不出色，此后GB-1再也没有投入到实战中。接替GB-1的型号为GB-13，B-25曾发射GB-13，指导方式有红外制导，无线电制导，雷达制导，但是测试工作并不一帆风顺，其间也发生了一些意外和令人啼笑皆非的情况。在埃格林机场的一次测试中，GB-13击中了机场的控制塔，万幸的是这枚GB-13没有爆炸，没有造成人员和财产损失。

尽管滑翔炸弹在整个战争期间都在不断改进和测试，但是到了1942年，军方的重心已经慢慢倾向于滑翔鱼雷。巴尼·贾尔斯上将和乔治·扬格上校是滑翔鱼雷的坚定支持者，他们认为在攻击拉包尔（Rabaul）、莱城（Lae）和特鲁克岛这类重点防御的地方时，滑翔鱼雷的应用可以减少人员损失。第一款滑翔鱼雷编号为GT-1，也是MK-13鱼雷加装"机体"组成的，只不过相比于GB-1，GT-1的"机体"尾部更长（因为鱼雷长度超过炸弹长度）。GT-1的控制类型也是预置型，当载机发射GT-1时，GT-1会在之前设定好的高度将雷体和飞行组件分离，随后鱼雷入水，射向目标。在1943年8月20日和10月11日，GT-1在埃格林机场进行空投测试。同年12月进行最后的空投测试，雷体分别采用模型弹和

美国陆航研制的第一款GB-1型滑翔炸弹，上图的载机为波音B-17"空中堡垒"重型轰炸机，此后美国发展了一系列GB滑翔炸弹。

实弹，实验结果显示滑翔鱼雷方案可行，因此第一个临时滑翔鱼雷中队得以成立，在随后的一个月中进行了战术训练。1944年5月，乔治亚州的亨特机场专门改装了18架B-25J-1型轰炸机用来挂载GT-1，飞机编号为：43-3905、3906、3907、3955、3957、3959、3963、3971、3973、3975到3983。

这18架B-25J首先飞往萨克拉门托的麦克莱伦机场，然后再飞往苏森市的费尔菲尔德（现为特拉维斯空军基地）。5月1日，他们飞往夏威夷的希姆机场，加入第七轰炸司令部训练分部，该单位随后被分配给第41轰炸机大队。1945年7月31日，滑翔鱼雷第一次投入实战，飞机从冲绳岛嘉手纳机场起飞，前往攻击日本九州佐世保海军基地，由于当时天气多雾以及战场硝烟弥漫，使得观察较为困难，B-25J投下的GT-1可能击中了一艘航母和另

美国海军研制的GT-1型滑翔鱼雷，实现方法是在MK-13鱼雷弹体上加装类似于"滑翔机"的附件所组成。

一线作战部队装备和组装的GT-1型滑翔鱼雷，现有关于GT-1的图片与资料不多，只能对其了解个大概，从图片能反映出GT-1应该不是什么高精尖武器，相反充满着作坊气息。

一艘船，另一枚GT-1则击中了岸上装置，佐世保基地的防鱼雷网也发挥了不小的作用。尽管当时防空火力较为猛烈，但美军并没有出现伤亡。

GT-1第二次实战发生在1945年8月1日，当时第41轰炸机大队的9架B-25挂载GT-1去袭击长崎港口的船只，3艘轻型运输舰和7艘其他舰只遭到美军的攻击，B-25发射的9枚GT-1中有5枚GT-1成功射向目标，当时B-25发射GT-1的距离足有19公里远，B-25发射完GT-1之后立即掉头返回，由于当时云层和距离的影响，没有观察到鱼雷爆炸和敌舰沉没，因此战果无法确定。这次战斗中，B-25没有遇到致人防空炮火的射击，所有B-25均安全返回基地。GT-1除了参加上述两次实战外，就再也没有其他实战记录了。

11. 运输型和教练型

1942年11月到1950年2月，北美航空公司将5架B-25改装成私人运输机（其实就是私人专机），飞机型号为RB-25（1）到RB-25（5），根据当时一名参加改装工作的工程师回忆，字母R代表"改造"（rebuild）的意思。1949年，北美航空公司将1架B-25改装成教练机，专门为美国空军训练飞行员。北美航空公司之所以将B-25改装成运输机，原因是在二战中美国大部分航空和铁路运输基本都用来支持军事工业，造成民用航空和铁路运输运力不足，误点率增加。

北美航空公司当时在达拉斯兴建了一个新工厂，有些员工需要从堪萨斯前往达拉斯办公，为了方便这些员工出行，北美航空公司开始着手将B-25改装成为简易的运输机。1942年11月，北美航空公司将40-2165改装成公司专用运输机，

1945年7月28日，隶属于第41轰炸机大队的第47轰炸机中队从冲绳基地起飞，该中队首次使用鱼雷攻击日本九州佐世保海军基地。从图中来看，不能确定B-25机腹挂载的是MK-13还是GT-1，但是根据时间推算，这张珍贵的照片中B-25挂载的应该是美国海军使用的MK-13鱼雷。

B-25华丽地转变，北美航空公司将第一架B-25（NA-62，飞机编号40-2165）改装成了一架人员运输机，机上武器装备全部拆除，因此机身更加光滑整洁，重量更轻，改装之后这架飞机的飞行速度比原来更快。

共试飞了278小时。40-2165号机作为第一架B-25运输型飞机，试验色彩颇为浓重，飞机许多零部件均不能和量产型B-25通用互换，美国军方对这架飞机很感兴趣，希望北美航空公司可以多生产一些。

北美航空公司将这架B-25所有武器装备全部拆除，在飞机内部安装了乘客座椅，在机身后方安装了5个座椅，同时安装了办公桌和内部对讲系统，炸弹舱前方安装了2个座椅，炸弹舱本身则被改装成行李舱，乘员通道上方安装了一个铺位，可供一人躺下休息。

40-2165的后机身刷上了美国陆航徽章，机尾的飞机编号"40-2165"得以保留。该机最大的改进之处集中在机鼻和机身窗口，驾驶舱后方以及上方窗口全部被覆盖，防止刺眼的阳光影响驾驶员飞行，这一方法被工程师沿袭下来，应用到后面几架飞机的改装作业中。机身后方每侧安装4个乘员窗口，其中右侧的一个窗口可用作安全舱口。机鼻前方的有机玻璃被金属材质替换，里面安装了无线电和导航设备。机腹炮塔也被拆除，留下的空间用来安装紧急照明灯。此时40-2165还没安装飞机除冰装置，直到B-25C轰炸机开始安装除冰装置之后，40-2165自然而然也就开始安装了。

40-2165完成改装之后停在北美航空公司工程大楼旁边的停机坪上，这架新型运输机吸引了众多北美航空公司雇员的目光，大家给它起了一个绰号——"威士忌快递"。北美航空公司的飞行员埃德·斯图尔特（Ed Stewart）经常驾驶40-2165载着金德尔伯格和其他人

任何美好的事物都摆脱不了被终结的宿命，在经历四年半的飞行生涯后，40-2165号机由于一个零件尺寸的偏差最终损毁，万幸的是没有人员伤亡。这起事故同时也告诫我们，安全生产无小事，可能就是因为一个小小的瑕疵而坏了整件大事。

飞来飞去。

1945年1月8日，40-2165更换了一侧发动机，驾驶员埃德·斯图尔特、副驾驶员迪文·摩根（Theron Morgan）和机工长杰克·马洪（Jack Maholm）三人一同进行例行飞行检查。在飞行检查中，埃德发现该发动机在顺桨之后不能解除顺桨，这意味着飞机只能依靠一台发动机进行飞行。埃德驾驶飞机在进场准备着陆时慢慢地降低高度，由于一台发动机失效，按照飞行要求，他故意将着陆速度提高到大于正常着陆速度。但是起落架此时出现故障，在处于放下状态时液压系统不能处于闭锁状态，而飞机又达不到爬升速度，所以迫降在洛杉矶国际机场指挥塔附近的空地上。飞机没有起火，成员也没有受伤，只不过此次飞行是40-2165的最后一次飞行，飞机损坏严重，已无必要修复。经过事后调查，事故原因是由于液压系统的管件尺寸不匹配，导致液压压力无法上升，所以飞机在降落时起落架才不能锁死。

1943年，阿诺德上将在访问北美航空公司的时候，对B-25运输型表现出浓厚兴趣，他希望公司能为他专门改装一架B-25（飞机编号为40-2168）作为他私人专机。北美航空公司在改装这架飞机时，所有的改装工作均在机场后勤部门的指导下进行，飞机所有改装之处均有详细的记录，改装费用由政府部门买单。由于北美航空公司之前已经有40-2165号飞机的改装经验，所以这次改装40-2168号飞机时并没有图纸，完全是靠口头指导完成的。

1943年6月，所有的改装工作均已完成，6月19日，北美航空公司试飞员鲍勃·齐尔顿驾驶40-2168完成首次试飞，历时4个多小时。7月10日，陆航哈里斯少校驾驶40-2168飞行4个小时，完成最后一次飞行测试，准备交付。阿诺德上将究竟是否经常乘坐40-2168我们现在不得而知，但是到了1945年7月，40-2168的飞行小时才刚刚达到300小时，从飞行小时数来看，我们可以推测这架飞机大部分时间都停在陆地上。40-2168后来被移交给战争资产委员会，幸运的是这架飞机并没有被送往飞机解体厂而是面向民用市场进行出售。

1947年，40-2168被卖给了查特怒加市的一个商人，此人名叫查尔斯·R.贝茨，到了1948年11月，这架飞机又被卖给了芝加哥市的银行家生活保险公司，该公司的麦克阿瑟先生（不是那位美国陆军五星上将）经常乘坐这架飞机飞往洛杉矶谈生意。这架飞机有一次降落在卡尔弗城的休斯飞机公司，霍华德·休斯先生乘坐一次之后立刻就爱上了这架飞机。霍华德·休斯多次向麦克阿瑟先生提出想要购买这架飞机，但是后者拒绝了。1951年6月，麦克阿瑟先生发现自己的账单

阿诺德将军的座机，飞机编号为40-2168，此时已经由机场后勤部门改装完成并停留在北美航空公司停机坪上。

艾森豪威尔将军的座机由B-25J-1改装而成,飞机由北美航空公司英格尔伍德工厂在1944年5月制造完成,飞机编号为43-4030。机尾已经改装成可分离的救生舱,该机改装完成之后立即飞赴英国供艾森豪威尔使用。

转,现如今这架飞机已被美国空军博物馆收藏,机体依旧完好如初。

1944年2月,一架飞机编号为43-4030的B-25J从北美航空公司堪萨斯工厂飞往英格尔伍德工厂,它将要在那里进行改装,成为德怀特·艾森豪威尔上将的座机,这架飞机在改装之后就是RB-25(3)。和40-2168一样,43-4030的改装工作也是在机场后勤部门指导下进行,飞机所有改装之处均有详细的记录,改装费用由政府部门买单。由于上面要求尽快完成改装,北美航空公司的工程师采取了"两轮班"的工作制,对飞机机体、电气、燃油、增温和通风装置进行改

中多了一大笔钱之后,他才将这架飞机卖给霍华德·休斯这位企业界大亨。

40-2168卖给霍华德·休斯之后,绝大部分时间都停在休斯公司的机库中,到了1962年,这架飞机再次转手,此后的几十年中,这架飞机多次辗

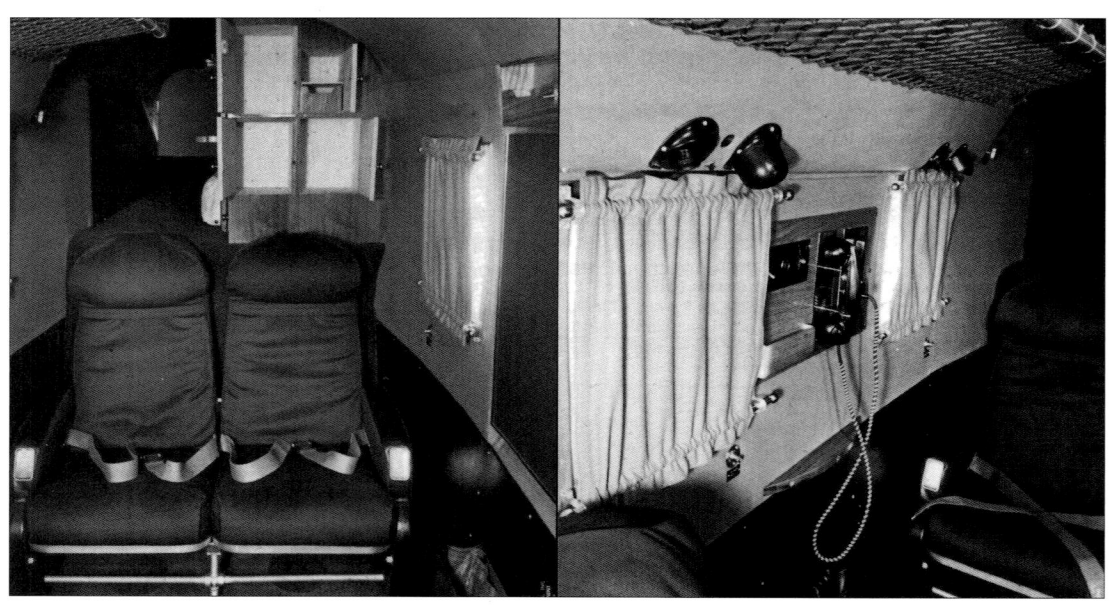

43-4030号机相比于阿诺德将军的座机,内置设施更为齐全和考究。战争结束后,43-4030号机作为剩余物资对外出售。

装。

考虑到这架飞机是艾森豪威尔上将的座机，并且要进行跨洋飞行，所以北美航空公司工程师对于43-4030的改装工作相比之前两架更为谨慎小心。43-4030机身的迷彩涂装被刮掉，取而代之的是银白色涂装，机上一切军用装备全部拆除，机身后方的机枪射击窗口被改造成乘客窗口，由于该窗口较大，所以上方安装有逃生手柄，遇到紧急情况时，可当作逃生窗口使用。

为了增加舒适性，炸弹舱狭小通道上方安装了一个铺位，可供一人躺下休息，铺位左侧则留下一条窄窄的走廊用来连接前后乘员舱。由于机翼中段安装在炸弹舱上方，这部分是主要的受力结构，所以这部分结构强度得到加强。炸弹舱其他空间则用来安装防弹油箱。炸弹舱后方并排安装2个座椅，座椅后方则安装一张可向下折叠的桌子，桌子后方则串联安装两个座椅。

北美航空公司制造木质模型的师傅专门为飞机打制了一个胡桃木的橱柜，用来存放咖啡、饮料、干冰和其他易于携带的快餐食品。打制橱柜剩下的胡桃木下脚料则用来给该公司步枪手枪协会制造枪械木质握把。为了方便乘客更容易进出飞机后机身舱室，后侧进出通道被重新设计，可以安放一个折叠舷梯。为了方便乘客解决内急，机上专门安放了一个小型厕所和洗脸盆，排泄物和废水直接排出机外。机内还安装有电话、行李网和紧急小药箱。

飞机内饰也颇为讲究，客舱机体表面模仿民航客机，附有绝缘隔温材料。客舱舱壁下方采用蓝色布料进行装置，上方则采用褐色布料，地板铺有蓝色地毯，座椅全部购自道格拉斯公司，座椅表面也是蓝色布料。机尾机枪被拆除，留下的空间可安放救生筏。

43-4030的成员舱甲板和B-25J没什么不同，只不过在成员舱甲板之后和炸弹舱之前安装了两个舒适的座椅，其中一个座椅是为无线电操作员准备的，而另一个座椅则为乘客准备。43-4030的改装工作有条不紊，军方要求在1944年6月1日之前完成最后的飞行测试，交付军方。之所以把时间定格在6月1日，是因为在6月6日盟军就要在法国诺曼底进行登陆，为盟军开辟第二战场。1944年5月12日，北美航空公司试飞员驾驶43-4030完成第一次飞行测试。

43-4030到达英国之后，有

20世纪40年代末50年代初的43-4030号机，当时已经改装成VB-25J，由美国空军作为人员运输机使用，这张照片拍摄于1947年10月，地点在旧金山，今天这架飞机已经被埃尔斯沃思空军基地的空军博物馆收藏。

关于该机的消息就非常少了，究其原因，笔者推测可能是为了保密，因为43-4030是艾森豪威尔上将座机，如果知道座机所在位置，那么艾森豪威尔的位置就可以推断出来。43-4030在离开英格尔伍德之后仅仅两天，艾森豪威尔上将就乘坐该机到达目的地。不过实话实说，艾森豪威尔上将乘坐43-4030的次数非常少，他倒是经常乘坐改装过的双座P-51战斗机抵达战区。

43-4030号机在二战结束之后飞回美国，在1947年被改装成货运飞机，飞机型号为CB-25J，在华盛顿特区附近的波灵机场进行货运飞行。1948年，这架飞机又被改装成VB-25J，在第1100空中特勤大队继续服役。到了1953年，该机又加入到华盛顿国家机场的第1254空中运输大队。1958年8月，该机加入到安德鲁斯空军基地的第1001空军基地联队。4个月之后，也就是1958年12月，43-4030在亚利桑那州戴维斯·蒙森空军基地见到了最后一次朝阳，随后被锁入机库。1959年2月，该机从美国空军序列中除役。虽然43-4030号机不在美国军中继续服役，但是它的传奇故事并没有停止，此后该机被卖往民用市场，几经易手。到了1981年，已经飞行37年的43-4030号机被位于南达科他州拉皮特城埃尔斯沃思空军基地的空军博物馆买走，这架飞机兜了一大圈，最后还是回到美国军方手中。

1944年，阿诺德上将决定放弃使用40-2168号机，因为他有更好的，北美航空公司将一架飞机编号为44-28945的B-25J改装成阿诺德上将私人专机。这架飞机以艾森豪威尔的座机为蓝本，基本上是完全复制过来。这架飞机所有的改进工作都是由机场后勤部门完成。由于之前改装43-4030号机的图纸全部保留下来，所以工程师在开展工作时较为顺利。

44-28945在前机身下方安装了一系列天线，在机鼻上方安装了定向仪天线。B-25J的除冰装置得以保留，"克莱顿"排气管被拆除，取而代之的是噪音更小的排气管。1944年11月24日到12月11日，试飞员埃德·维珍驾驶44-28945号机进行飞行测试，共计3小时2分钟。

阿诺德上将乘坐该机一直到1946年1月，随后这架飞机被改装成VB-25J，从事人员运输活动，1953年从空军除役，随后被卖向民间。1963年到1964年，这架飞机的所有者为得克萨斯州圣安吉洛市的爱德华兹石油公司，当时这架飞机在民用航空管理局注册编号为N3184G。1965年到1968年，飞机所有者为本迪克斯公司，

阿诺德上将的第2架座机，飞机编号为44-28945，由B-25J改装而来，工程师将库存B-25C上的排气管安装到44-28945号机上，这样做的好处是噪音更小。

北美航空公司主席金德尔伯格（左）与阿诺德将军在44-28945号机交付仪式上的合影。

其间曾飞往得克萨斯州沃斯堡市米查姆机场，霍顿公司为其后机身安装了一台空气送风系统。1969年到1972年飞机所有者又变为佛罗里达州迈阿密的一个租赁公司。1972年，该机的注册编号为CP-970。1976年6月7日，该机坠毁。

北美航空公司在40-2165号机损毁之后，需要另外改装一架B-25J以满足自身运输需求，这架B-25J飞机编号为44-30047，飞机内饰与上文中提到的两位上将座机内饰相同，只不过在技术上更加先进。工程师将B-25J机鼻内的8挺机枪全部拆除，机鼻两侧开有舱门，方便安装增温装置和无线电装置，定向仪天线则安装在机鼻下方。

44-30047号机的改装工作在1945年完成，埃德·斯图尔特和乔治·克雷布斯（George Krebs）在1945年10月18日驾驶该机完成首飞。北美航空公司其他试飞员，比如埃德·维珍、鲍勃·齐尔顿、乔治·韦尔奇（George Welch）都曾驾驶过该机，不过次数最多的非乔·巴顿莫属。1945年12月末，为了获得美国民用航空局的商业认

战争结束之后，44-28945号机又被改装成VB-25J，在波灵机场从事人员运输工作。这张照片拍摄于1952年11月，地点在旧金山。

这架B-25J-25飞机编号为44-30047，这是北美航空公司改装的第五架人员运输机了。改装此架飞机的目的有两个，一是供北美航空公司使用，二是为战后民用航空业进行初步探索。44-30047在进行CAA认证飞行时由于飞机起火而坠毁，试飞员乔·巴顿不幸身亡。

证，44-30047号机开始进行一系列测试，在测试间歇期间，该机还承担公司运输工作，截至1946年2月27日，44-30047号机飞行时间共计32小时。出现此现象的原因是美国在二战结束之后，很多军用飞机飞行时间并不长，军用发动机也有剩余，如果直接拆毁或报废过于浪费，再加上军方订单被大量取消，很多飞机制造公司和军火巨头都面临生存危机，将公司生产的军用轰炸机改装成民用客机推向民用市场也是帮助公司走出困境的一条出路。

1946年2月27日，驾驶员乔·巴顿、测试工程师考尔斯（Cowles）和民用航空局检查员麦克卡森（McCutcheon）登上44-30047号机，他们要在加利福尼亚州马里布市附近的海岸线上空进行认证飞行。飞行期间，乔·巴顿通过无线电报告飞机已经起火，马里布市当地居民也曾目击在海面上出现火光，这些都是飞机坠毁的证据，事后也发现了一小部分飞机残骸与碎片。

其实，飞机的损失与认证飞行的失败这些都不算什么，但是巴顿可是北美航空公司最具实力和最有责任感的试飞员，B-25的飞行测试以及P-51的高速俯冲测试，都为他赢得了良好的声誉，他的逝去对公司来说无疑是重大的无法弥补的损失，当时他的女儿芭芭拉只有两岁。

二战结束后，数量众多的B-25被拆下武器装备改装成教练机。美国空军仓库中大约有1000架崭新的B-25J轰炸机及其发动机。按照美国空军的意

北美航空公司工程师将44-30047号机机鼻内的8挺机枪和弹药箱全部拆除，取而代之的是加热器和无线电装置，机鼻旁边的大开门非常适于维修保养。这张图片中，鼓风机正在往44-30047号机机鼻里面吹热气，进行鼓风试验。

思，他们希望将这些B-25J改装成飞行教练机，运输机和火控系统与雷达教练机。其实生产教练机也是北美航空公司很重要的一环，20世纪30年代北美航空公司还在马里兰州邓多克城的时候，绝大部分产品都是教练机，即使后来开始生产F-86战斗机和B-45轰炸机，公司依旧没有放弃研发和生产教练机，比如T-28教练机。1949年年初，北美航空公司向美国空军提交教练机、运输机和火控系统与雷达教练机的方案，每架飞机造价小于10万美元，相比于康维尔公司的导航教练机每架造价50万美元，已经相当便宜了。

B-25J在改装时可供选择的发动机型号很多，有：莱特R-2600-13、R-1820、普惠R-2000、R-2800-CA-5、R-2180和R-1830。北美航空公司提出的修改方案中B-25J有更宽更长的机鼻，可以提供更大的空间，炸弹舱前方可安装6个座位，后机身安装4个座位。

北美航空公司改装的某些教练机上安装有轰炸雷达和火控系统，这种教练机上共装有7个座位，分别为正副驾驶员、教员和4名学员。所有学员均可操作轰炸雷达。该机翼下挂架可挂载8枚45公斤炸弹，炸弹舱可挂载9枚45公斤集束炸弹。训练领航员的教练机座位排列方式与装有轰炸雷达的教练机相同，学员位置上安装了4种类型的导航仪，另外还安装有远距离无线电导航系统，可对飞机位置进行航位推测。训练飞行员的教练机机组成员为正副驾驶员、教员和学员。

1949年中期，北美航空公司从海军航空部的剩余B-25中，购入一架飞机编号为44-30975的B-25J，这架飞机随后被送往北美航空公司试验部门，改装成为教练机或者人员运输机。44-30975是该公司改装的6架B-25当中的最后一架，其改装力度远超之前的5架B-25，其豪华精致的内饰远超军用标准。从现有掌握的文件来看，这架飞机在公司内部编号为NA-148，主要用途就是专用的人员运输机，也有可能是面向商业市场推出的原型机。

44-30975螺旋桨前方的机鼻部分重新设计，由于机鼻加长1016毫米，加宽432毫米，钻孔和之前的B-25完全不同，因此44-30975获得了一个非官方的绰号"球根形大鼻子"。为了使炸弹舱前方留有充足空间来安放4个座椅，工程师将驾驶员座椅的安放位置更加靠前。后机身并排安装2个座位，串联安装2个座位，共4个座位，另外还装有化学除臭厕所、各种电器、无线电和10万英国热量单位的座舱增温装

44-30975号机的机鼻尺寸更长更宽，机身也增开了舷窗，除冰装置和"S"形排气管拆除，取而代之的是半圆形集气环。该机在民用航空登记注册为N5126N。

置。机尾锥形空间装有氧气瓶和通风口，可以为座舱增温装置提供空气。

炸弹舱的结构和43-4030一样，在狭小通道上方安装了一个铺位，在铺位左侧则留下一条窄窄的走廊用来连接前后乘员舱。炸弹舱下方改装成行李舱，行李可通过电动炸弹挂弹机进行装卸。44-30975的客舱噪声水平大概为120分贝，要比麦道公司DC-3型商业客机噪声水平小得多，减噪措施主要有：在机身上涂上云母涂料，铺上玻璃纤维夹层，客舱安装轻木地板。44-30975安装的是莱特R-2600-13发动机，发动机下半环汽缸安装"S"形克莱顿排气管，上半环汽缸安装环形排气管。当发动机起火时，可自动切断油路。

1950年2月15日，北美航空公司首席试飞员埃德·维珍和迈尔斯·陶纳（Miles Towner）共同完成44-30975的首次试飞，后者曾是美国海军陆战队机场后勤部门飞行员。由于44-30975已经拆除武装装备、防弹钢板、炮塔，使得自身性能比常规B-25提升一大截。在8534米高空时，44-30975的最大飞行速度达到了483公里/小时，而量产型B-25J只有437公里/小时，显然那个又大又宽的机鼻并没有对飞行速度产生消极影响。

1950年3月1日，44-30975号机载着7个人在各空军基地之间进行证明飞行，这7个人分别为：驾驶员迈尔斯·陶纳，副驾驶员杰克·斯泰普（Jack Steppe），他来自客户关系中心，还有结构工程师、民用航空管理局检查员和乘务长。44-30975号机降落的第一站是加利福尼亚州北部的马瑟机场。随后44-30975号机返回英格尔伍德，3月5日搭载销售团队飞往东海岸阿尔伯克基和圣路易，3月14日抵达莱特机场，之后44-30975号机又飞往华盛顿国家机场、波灵机场和兰利机场。44-30975号机如此飞来飞去，无非是想向美国军方展示自身优秀的飞行性能，以便获得订单。

从莱特机场返回加利福尼亚州时，该机经由阿肯色州小石城和得克萨斯州埃尔帕索。3月25日，在亚利桑那州凤凰

44-30975号机机头采用康韦尔公司的240型风挡，炸弹舱前方安装有6个舒适的座椅（包括正副驾驶员）。44-30975号机的"大鼻子"能装下更多的设备，右图明显可以看见机鼻和机身的过渡曲线，看来机鼻确实比机身更宽。

44-30975号机后侧客舱座位排布，并排安放两个座椅，串联安装两个座椅，共4个座椅。

城以东飞行时，该机遇上强风暴，机组成员报告说从没见过如此强烈的风暴，很遗憾，这架飞机没能挺过去，在钱德勒镇附近坠毁，飞机残骸散布面积很大，经过事后调查，飞机坠毁原因是因为极端天气导致飞机空中解体。

这次事故使得北美航空公司损失一架飞机和7名人员，公司自身改装B-25的计划又被事故打断，这已经是第3次了，当美国舆论询问北美航空公司是否会按照合同继续生产B-25教练机时，公司副总裁李·阿特伍德随后表示，北美航空公司会如约按时履行合同。实际上，该公司并没有按照合同改装B-25，责任也不在北美航空公司，具体原因是因为1950年6月朝鲜战争爆发，美国海空军面对苏制米格-15

北美航空公司共为陆航（美国空军）改装过6架B-25J作为人员运输机，分别为：43-4030、44-28945（上图）、44-30319、44-30971、44-30976（下图）和45-8891。这些VB-25均加入第1100空中特勤大队，后来又加入第1254空中运输大队。这6架飞机机鼻有波灵机场的标志和数字（从50到55）。44-30976的命运终结在巴拉圭，1987年被拆解。

珍藏于美国圣迭戈航空航天博物馆的TB-25N,机头的标志代表防空司令部和空军坎布里奇天空中心。

此张照片拍摄于1946年1月,地点在俄亥俄州帕特森机场,这架B-25J在战后改装成CB-25J,后在海耶斯飞机制造厂改装成TB-25N,安装机头下方雷达罩的目的位置,推测可能是测试某型雷达。

这架TB-25J机身中部安装一个雷达,性能未知,根据参与者的回忆,当时是由英格尔伍德工厂于1950年设计的方案,由北美航空公司丹尼工厂制造完成。

安装E-5火控系统的TB-25M。

喷气式战斗机时并不占有技术优势，F-80和F-84的性能并不出众，为了扭转劣势，美国军方需要北美航空公司大量制造F-86"佩刀"战斗机。作为世界上第一代喷气式战斗机，F-86在性能方面堪称翘楚，公司的生产车间又恢复到二战中那种忙碌的景象，F-86的订单像雪片一样飞来，哪里还有精力去改装B-25呢？

北美航空公司改装B-25的工作被分给了其他飞机制造公司，比如制造飞行员教练机的合同就给了亚拉巴马州伯明翰市海耶斯飞机制造厂，制造操作轰炸雷达和火控系统的教练机合同则给了休斯飞机制造公司。前者共改装了79架B-25J，这些飞机的型号被重新命名为TB-25L，从1952年4月开始交付，一直持续到1952年12月。海耶斯飞机制造厂在1953年11月到1954年12月又改装了380架B-25J，改装之后的飞机型号为TB-25N，配置与TB-25L相同。

休斯飞机制造公司改装的B-25J安装了E-1型火控系统，该系统出现在1950年。美国空军决定在休斯飞机制造公司生产的教练机上安装此系统，用来训练新学员。按照生产合同，休斯公司要生产12架该型飞机，飞机型号为TB-25K，后来又追加到117架。TB-25K重新设计了机鼻，以便于容纳雷达，后机身安置教员、学员以及相关操作设备。

休斯公司在快要完成TB-25K的改装合同时，又与美国

艺术家笔下的北美航空公司人员运输机剖面图，里面的座位排布，炸弹舱上面改装成行李舱另加一个床铺，这些细节一目了然。

军方签订了改装35架B-25J的合同，改装之后的飞机型号为TB-25M，与TB-25K相比，TB-25M安装更先进的E-5型火控系统，1952年12月开始交付美国军方。

1952年到1954年，共有979架B-25在海耶斯飞机制造公司完成IRAN计划（Inspection, Repair As Needed），这些飞机基本上都装有AN/ARN-14无线电导航装置，超高频－甚高频双模电台，R-2600-29/35型发动机。

根据海耶斯飞机制造公司的记录，这979架飞机最终改装成的机型和数目如下所示：B-25J型3架、JB-25J型6架、JTB-25J型5架、TB-25J型98架、VB-25J型6架、TB-25K型90架、TB-25L型79架、TB-25M型35架、TB-25N型627架、VB-25N型27架、JTB-25N型3架。

第二部分
B-25中型轰炸机战史

第四章　飞行的荷兰人

20世纪30年代，荷兰政府开始着手对日益老化的空中力量进行现代化建设以应对荷属东印度群岛（现印度尼西亚）面临的日益严重威胁。有几家美国飞机制造商愿意和荷兰政府签订合同，提供战斗机、运输机、教练机和轰炸机来替换老式的马丁139和166型飞机。荷兰最初想从洛克希德公司购入Model 37型轰炸机，由于美国政府的反对，最终这项计划没有成功。

荷兰军购委员会（NPC）于是转向北美航空公司，北美航空公司有研制双发轰炸机的经验，此时新型B-25轰炸机已经在4个月前进入量产阶段。尽管美国陆航急需B-25扩充自身实力，但荷兰政府还是获得了采购订单批准和海关放行。1941年6月30日，NPC与北美航空公司签订军购合同（合同编号：W535-ac-7131L/NA），荷兰通过现金付款直接购买162架B-25C，荷兰也就成了除美国之外第一个通过购买方式获得B-25的国家，由于纳粹德国的军事占领，没过多久荷兰政府开始流亡英国伦敦。

1941年6月，荷兰军购委员会（NPC）的德罗勒上尉（右）来到北美航空公司，就购买162架B-25C的事宜进行谈判。与他合影的人最左侧为北美航空公司试飞员刘易斯·韦特，中间为北美航空公司代表哈罗德·雷纳。不久之后德罗勒上尉前去指挥荷属东印度群岛（NEI）第18中队，很遗憾在1944年6月的一次任务中失踪。此张照片是他现存于世不多的几张照片之一。

这份合同规定1942年11月北美航空公司需要交付荷兰25架，12月交付50架，1943年1月交付80架，1943年2月交付最后7架。而在上一个月底（1942年10月），北美航空公司通过之前与美国陆航签订的购买合同（合同编号：W535-ac-16070）刚刚交付184架B-25、B-25A和B-25B，863架B-25C。当时B-25刚刚滑下生产线就被美国陆航接收，在这个节骨眼上，美国政府居然能同意荷兰购买B-25，究其原因是因为日本在东南亚的扩张已经威胁到荷属东印度群岛，那里盛产石油和橡胶，一旦日本夺取此地，势必缓解本国缺乏原材料的窘境，对美国来说也是一种威胁。

珍珠港事件后，美国对外军售政策发生变化，当然也包括荷兰政府购买的那一批B-25。尽管荷属东印度群岛上的荷兰陆军航空队已经接收了部分B-25，余下的B-25则在美国政府、荷兰政府、英国政府和澳大利亚政府之间辗转。荷兰政府与北美航空公司签订合同之后，NPC的德罗勒（E.J.G.TeRoller）上尉要求加快交付进度，北美航空公司也派出检查员进驻生产线，保证飞机和相关设备的质量。

1941年7月，斯帕茨上将告知NPC，3架B-25已经可以交付给荷兰政府用于训练。1941年8月11日，斯帕茨上将在写给德罗勒上尉的信中说，加快交付进度的请求已经得到批准，1942年5月到9月共计会交付42架，10月至11月会交付36架，1942年12月至1943年1月会交付72架，1943年2月交付最后的12架。虽然信中是这样写的，但是交付进度究竟如何还是要看1942年年初的情况。

北美航空公司的相关人员已经开始将停机坪上B-25C的美国陆航标志涂抹掉，然后再刷上荷兰和英国的空军标志。41-12525号飞机上的美陆航标志已经抹掉，推测可能要刷上苏联红星标志，后面那架41-12462已经刷上代表荷兰空军的橙黑色倒三角标志，重新编号为N5-126。

麻烦事很快就来了,荷兰要求交付的B-25上要装有偏航计、自动驾驶仪、无线电和S-1轰炸瞄准器(用来代替"诺顿"轰炸瞄准具),但斯帕茨上将一再重申,按照最初签订的规格书,出口给荷兰的B-25是不带轰炸瞄准具和其他作战装备的,等到飞机交付之后,荷兰政府再从其他地方获得这些装备安装到B-25上。

NPC希望通过租借物资管理局(Lend Lease Administration,LLA)来解决这些装备问题。租借物资管理局建议荷兰方面使用美制英国MK ⅩⅣ型轰炸瞄准具或者是斯佩里公司生产的轰炸瞄准具,但荷兰方面并不接受这个方案。

NPC再次请求美国方面快点交付B-25,但是这次美国人同意了,美国考虑到此时荷属东印度群岛的危险处境,决定加大支援荷兰的力度。1942年1月,美国紧急调拨60架B-25交付给驻扎在澳大利亚阿彻菲尔德和印度班加罗尔的荷兰陆军航空队。美国方面表示,未来这些飞机将会被合同中相同数量的NA-90所取代。按照交付进度表,1943年1月交付10架,2月交付43架,3月交付7架。

虽然荷兰方面在获得轰炸瞄准具方面困难重重,但是颇具意味的是,美国调拨给荷兰陆航的60架B-25中可都安装有"诺顿"轰炸瞄准具。"诺顿"轰炸瞄准具是美国的绝密作战装备,即使在飞机坠毁前,机组人员也必须将其完全损毁才可以跳伞,保密程度如此之高的作战装备居然安装在B-25上并调拨给荷兰方面,很难想象美国最高层居然会做出如此决定。

1942年1月28日,美国空运队得到命令,要将这60架B-25转运至目的地,目的地由荷兰方面说了算,但荷兰方面需要付清所有转场费用。为了避免事情复杂化,2月6日,美国空运队奥兹上将与联合飞机公司签订合同,需要该公司提供机组人员来执行这次转场任务,2月转场8架,3月转场16架,之后每个月转场15到32架,直到所有飞机转场完毕。

2月份,德罗勒上尉在蒙特利尔与美国空运队的托马斯(Thomas)上尉、英国皇家空军弗雷德里克·鲍希尔(Frederick Bowhill)上将见面,由于联合飞机公司要价过高(该公司机组人员到达澳大利亚之后,还要返回美国,所以费用较高),所以德罗勒上尉希望英国皇家空军派出机组人员将飞机从佛罗里达州西棕榈滩经由非洲飞往澳大利亚,另一航线是南太平洋航线,从旧金山汉密尔顿机场飞往澳大利亚。英国皇家空军希望能利用这一次转场飞行增加经验,填补之前的空白。

联合飞机公司只负责转场60架B-25之中的4架。1942年5月,北美航空公司技术代表杰克·福克斯在汉密尔顿机场见到

这架N5-128(原美陆航飞机编号为41-12935)是荷兰方面接收的第一架B-25,时间大致在1942年8月,这架飞机一直服役到1945年2月。

了接收这批飞机的荷兰代表里格斯切（Leegstra）中尉和霍赫芬（Hoogeveen）中尉，这批飞机要在长滩通过海运运抵澳大利亚。

依照《租借法案》，60架B-25从2月开始交付给荷兰方面，但其中一架坠毁，另有2架严重受损。3月28日，一份从陆航参谋部寄到陆航军需司令部的信中说，NPC希望按照以下方案来处理这剩余的57架飞机，NPC希望能得到美国方面的经济援助，使得飞机转场能正常进行下去：

18架给在澳大利亚驻防的荷兰方面，13架已经到达，5架在途中；

24架给在澳大利亚的马克·亚瑟上将，5架在途中，还有19架在美国，正准备转场；

6架交给美国陆航，后来会运到巴西；

5架在运往印度的途中，到达印度后交由驻扎在当地的美国陆航；

4架在芝加哥的改装中心，未来是否转场澳大利亚还在等待通知。

1942年3月，其中的5架到达印度班加罗尔，12架到达澳大利亚布里斯班附近的阿彻菲尔德，澳大利亚皇家空军和美国陆航利用阿彻菲尔德的12架B-25组成了新的荷属东印度群岛陆航中队（NEIAF）。澳大利亚的这12架B-25有10架在4月中旬移防澳大利亚达尔文港，参加了"罗伊斯行动"（后文详述）。本来后面到来的18架B-25也要加入到NEIAF，但是由于荷属东印度群岛已于3月9日投降，美国方面此后不把NEIAF作为盟友。在澳大利亚驻防的荷兰和美国指挥官分别为范·奥恩（Van Oyan）上将和布雷特（Brett）上将，两人在4月初商议准备将这18架B-25装备一个完整的荷兰陆航中队。由于澳大利亚北部局势持续恶化，其中的12架一落地就被转交给美国陆航。

当时的陆航第五航空队十分缺乏中型轰炸机，肯尼上将曾经尝试向荷兰第18中队索要5架B-25用来执行训练和反潜任务，但没有成功。肯尼上将只好用18架破旧的A-20来代替B-25，但是A-20航程有限，

N5-158（原美国陆航飞机编号为41-30589）在1943年9月28日被荷兰方面接收，后来载着荷兰方面的斯波尔（Spoor）上将于1946年7月从英国返回荷兰。这张照片拍摄于英国瓦尔肯堡机场（Valkenburg Airfield）。

从达尔文港起飞，其作战半径不能覆盖荷属东印度群岛。爪哇岛陷落的时候，荷兰在班加罗尔还有5架B-25，飞机编号为：N5-139、143、144、145和148。英国皇家空军、荷兰海军和美国陆航都在打这5架B-25的主意，流亡伦敦的荷兰政府决定将其中2架交给英国皇家空军，其余3架交给美国陆航，荷兰海军也想要这5架飞机用来执行照相侦察任务，但是荷兰的机组人员拒绝驾驶这些没有作战能力的飞机，最终英国皇家空军获得2架（飞机重新编号为MA 956和957），后来加入到驻扎在阿利波尔和加尔各答的第681照相侦察中队，荷兰方面则留下3架（N5-144、145、148）。

1942年8月，第18中队终于等到了B-25，这些B-25都是北美航空公司制造的全新飞机。8月21日，德罗勒少校通过电报告知陆航军需司令部，从佛罗里达州西棕榈滩转场而来的B-25飞机编号为：41-12445、468、495、507、508、509，其中468号机已在非洲坠毁，41-12493和510在西棕榈滩已严重受损。4月从汉密尔顿机场转场的24架B-25，飞机编号分别为：41-12437到12439、442到444、455、462、464、466、470、472、476、478、481、494、496到499、501、502、511和514。

1943年5月，第18中队从麦克唐纳机场起飞飞往达尔文港南部的巴彻勒机场，主要任务是对荷属东印度群岛的日军进行照相侦察，攻击日军机场、港口和军队集结地，破坏日军海上交通线，袭击日本海上巡逻船。第18中队中的飞行员、投弹手基本都是荷兰人，绝大部分机枪手和无线电联络员都是英国皇家空军机组成员，地勤人员都是在澳大利亚的荷兰高级技师。1944年5月，第18中队开始接收B-25J，用来代替破旧的B-25D，直到1945年8月，B-25J才交付完，NEIAF的B-25J一直保持着很高的出动率，所有的B-25J都是扫射型轰炸机，机鼻安装8挺机枪。1945年初，当第18中队的飞行员驾驶B-25D超低空飞过爪哇岛时，日本人非常吃惊看到飞机上刷着巨大的荷兰国旗徽章，B-25的出现极大地鼓舞着爪哇岛战俘营内的盟军战俘。

即使日本投降了，NEIAF的B-25依然没有退休。日本人离开荷属东印度群岛之后，当地的印尼人开始了民族解放运动，NEIAF的B-25在镇压当地的民族解放运动中发挥着重要作用，直到1947年年末荷兰殖民结束时，依然有41架B-25能够使用。

针对爪哇岛和苏门答腊岛的民族解放运动，荷兰政府在1947年7月21日到8月4日之间进行了第1次镇压行动，第2次镇压行动则发生在1948年12月19日到1949年1月8日，第18中队的B-25共出动了529架次。印尼成立联邦共和国是在1949年12月27日，1950年5月印尼

美国陆航曾在密西西比州杰克逊机场组建荷兰皇家军事飞行学校（RNMFS），共装备了15架B-25C、5架B-25D和10架B-25G，1942年9月第一批学员毕业。这所飞行学校在1944年2月初终止办学。

荷兰皇家军事飞行学校装备的B-25C，机身后方已经刷上了荷兰国旗。这张照片拍摄于1943年6月30日，地点在加拿大渥太华。

空军开始从NEIAF手中接收基地和装备，但是他们对B-25兴趣不大，仅仅接收了3架。

还有一点需要补充的是荷兰方面曾经成立了荷兰皇家军事飞行学校（RNMFS）。1942年3月9日，荷属东印度群岛投降之后，大约有900人撤离到澳大利亚，其中一半都是荷兰飞行学员，由于澳大利亚缺乏可用的训练器材，少数的几个机场也驻扎有作战部队，所以训练无法开展。为了解决这个问题，范·奥恩上将在5月中旬前往美国，期望美国可以成立一个针对荷兰飞行学员的项目，美国战争部同意了奥恩上将的请求，具体细节交由荷兰方面维吉尔曼上校和美国陆航飞行训练司令部负责。

美国陆航在密西西比州杰克逊机场建立了一处训练基地，可容纳1000人，4月17日，荷兰方面从澳大利亚墨尔本调来90名飞行教员。1942年8月，第一批飞行学员毕业，1944年2月8日，这所飞行学校停止办学。学校内所有的B-25均归还美国陆航，但是其中一部分B-25依照租借法案由毕业的飞行学员直接驾驶转场澳大利亚。这批飞机编号如下：

B-25D-30：43-3421（N5-185）、3422（N5-187）、3423（N5-181）、3424、3425、3426、3427（N5-193）、3607（N5-194）、3613（N5-195）。

B-25D-35：43-3620、3623（N5-197）、3624（N5-198）、3625（N5-199）、3626（N5-200）、3765、3766（N5-201）、3767（N5-202）、3768（N5-203）、3769（N5-204）、3770（N5-205）、3791（N5-207）、3830、3832、3833（N5-208）、3834（N5-210）、3835（N5-209）、3836（N5-211）、3867、3868、3869。

美国政府将10架B-25G借给RNMFS，其中8架的飞机编号为：42-65000、65005、65011、65037、65045、65063、65064、65102。

荷兰被纳粹德国占领之后，部分荷兰皇家海军航空后勤人员逃到英国伦敦，于1940年6月组成了英国皇家空军第320中队，该中队驾驶英国作战飞机主要执行反潜，为船队护航，水面救援等行动，有时在挪威沿海也袭击轴心国商船。到了1943年3月，该中队接收到了B-25 MK Ⅱ和MK Ⅲ型飞机，从此该中队的触角开始伸向欧洲大陆，他们袭击德军的炮兵阵地，火车站，桥梁，军队集结地和其他战术目标，1944年10月，该中队迁至比利时，1945年8月，该中队解散。

荷兰皇家空军第320中队的B-25B轰炸机，右图中地勤人员正在为B-25B机鼻机枪补充弹药。

荷兰皇家空军第18中队的B-25J在爪哇岛上空执行作战任务。

第五章 绞杀太平洋

1. 海军陆战队的"拳头"

2010年3月,美国著名导演斯皮尔伯格拍摄的战争剧《太平洋》开始播出,这部10集的战争剧制作成本高达2.5亿美元,剧情主要讲述美国海军陆战队在太平洋上的岛屿争夺战。自珍珠港事件后,美国对日宣战,随后在太平洋上开始一系列陆海空争夺战,太平洋幅员辽阔,其特殊的地理条件决定了海空力量将是对日作战能否胜利的关键因素。

美国海军航空兵(下文简称"海航")在战争初期装备的基本都是单发战斗机和俯冲轰炸机,在太平洋战争初期的所罗门群岛之战中,这些飞机被证明在支援地面作战方面能力不足,其最大的短板在于航程不足,以至于所罗门群岛最北部根本得不到海航的空中支援。

海军陆战队曾试图向美国海军获取多发动机远程作战飞机,但是美国海军对海军陆战队的请求表现得很不情愿,原因有两个,一是经费问题,二是海航认为他们可以提供足够的空中支援。但是事实并非如其所愿,由于战线拉得过长,海军陆战队若想得到空中支援,不得不自己想办法,事实就是在瓜岛上陆战队已经组建了自己的航空队——"仙人掌航空队"。

海航对于B-25的定位其实并不清晰,因为他们已经装备了航程较远的洛克希德PV"文图拉"轰炸机和PB4Y-1水上飞机,它们可执行远距离的轰炸、侦察和营救任务。而海军陆战队对于B-25的定位恰恰相

 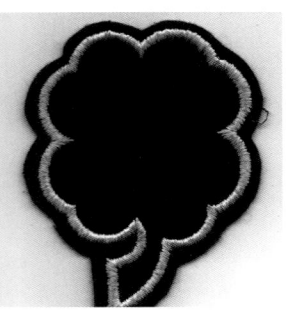

左图为VMB-413中队全家福,此张照片拍摄于1943年11月10日,地点在北卡罗来纳州伊登顿海军陆战队航空站。右图为该中队徽章,绿底黑字。

这张照片拍摄于1943年11月10日，地点还是在伊登顿海军陆战队航空站。地勤人员正在用拖拉机将一架PBJ牵引至跑道起飞线。

反，他们会将B-25尽量向前线部署，最大程度地支援地面作战和进行海面搜索任务。美国海军陆战队装备PBJ的轰炸机中队数量还是很多的，粗略统计共有16支轰炸机中队装备了PBJ，但是西南太平洋战区只部署了5支轰炸机中队（VMB-413/423/433/443/611中队），中太平洋战区部署2支轰炸机中队（VMB-612/613中队）。

在西南太平洋战区，VMB-413是海军陆战队16支轰炸机中队中第一个装备PBJ的轰炸机中队，该中队最初由罗伯特·考克斯（Robert B.Cox）少校负责，隶属于海军陆战队第3航空联队。1943年6月30日，罗纳德·萨蒙（Ronald D.Salmon）中校接替罗伯特·考克斯少校担任VMB-413轰炸机中队指挥官，等到该中队上了战场，指挥官又变成安德鲁·小加拉太（Andrew B.Galation Jr）中校。1943年12月3日，该中队15架PBJ飞往北岛海军航空站，1944年1月3日，该中队将飞机吊装至"加里宁湾"号航母上，运抵夏威夷珍珠港西端的埃瓦航空站，由于福特岛上的吊车钩子不结实，吊装的时候损毁了一架，就这样VMB-413损失了第1架PBJ，损失的第2架PBJ是因为从坎顿至

美国海军护航航母"加里宁湾"号，此时飞行甲板上放置的就是VMB-413中队的PBJ轰炸机，该航母正在驶往夏威夷。

萨摩亚群岛的途中遇到了热带风暴。1944年3月，VMB-413中队部署在斯特灵岛（Stirling Island），作战开始之前该中队只剩下13架PBJ。该中队在夜间袭扰任务中为自己赢得了一个绰号——"飞行的噩梦"，1944年7月，该中队部署在蒙达（Munda）岛执行作战任务，到了10月18日又部署到埃米劳（Emirau）岛，最后一直持续到战争结束。

VMB-413中队由于经常进行夜间袭扰任务，吵得日军睡不着觉，因此赢得了"飞行的噩梦"（The Flying Nightmares）这一美称。图中的VMB-413地勤人员正在对一架PBJ进行维护，地点在西南太平洋战区。

VMB-423中队所有飞行员在伊登顿海军陆战队航空站受训期间拍摄的照片，时间大致在1943年。右图为VMB-423中队徽章，一只装备了机枪和炸弹并且能飞行的蓝色大海马。

无论天气条件有多恶劣，夜间袭扰任务必须进行。PBJ不仅要面对恶劣天气、还要面对敌人的探照灯、高射炮和夜间战斗机，真可谓是九死一生。投弹完毕之后，PBJ机组人员也要小心翼翼免得"阴沟里翻船"，头两个月的夜间袭扰任务VMB-413中队损失较大，共损失5架PBJ和27名机组人员。小加拉太中校担心损失过大，有一天他将飞行员全部召集在一起，询问他们是否将夜间袭扰停止以减少损失，其中一位飞行员罗伯特·米林顿（Robert Millington）上尉立即回答道："头儿，我们是海军陆战队员，我们决不会退缩！"

1944年5月15日，陆战队第一支参加太平洋作战的VMB-413中队被VMB-423中队轮换下来，VMB-413中队在悉尼和埃斯皮里图桑托岛休养2个月之后于7月重返战区。VMB-413轮换下来的时候，由约翰·温斯顿（John L.Winston）中校领导的VMB-423中队开始执行作战任务。VMB-423在到达两周之后执行了一次颇为特殊的任务，5月27日，一架PBJ的机组人员在拉包尔上空投下一个19.8米长的条幅，这个条幅由俄克拉荷马州35000名中学生签名制成（他们购买的战争债券足够买一架新轰炸机）。经过目标上空时，条幅扔出去之后，缓缓地落下去，投弹手紧接着投下一串炸弹，命中了下方的铁路。1944年6月，VMB-423中

这个19.8米长的条幅由俄克拉荷马州35000名中学生签名制成，他们所购买的战争债券足以买一架新PBJ轰炸机，VMB-423的将士们把这个条幅和炸弹一同扔到日本鬼子的头上，这是纪念孩子们支持国家的最好方式了。

左右两图分别是两架VMB-443中队的PBJ从埃米劳岛出发执行任务以及执行任务归来返回埃米劳岛，右图可以看出此时VMB-443中队装备的还是老旧的PBJ-1C/D型轰炸机。

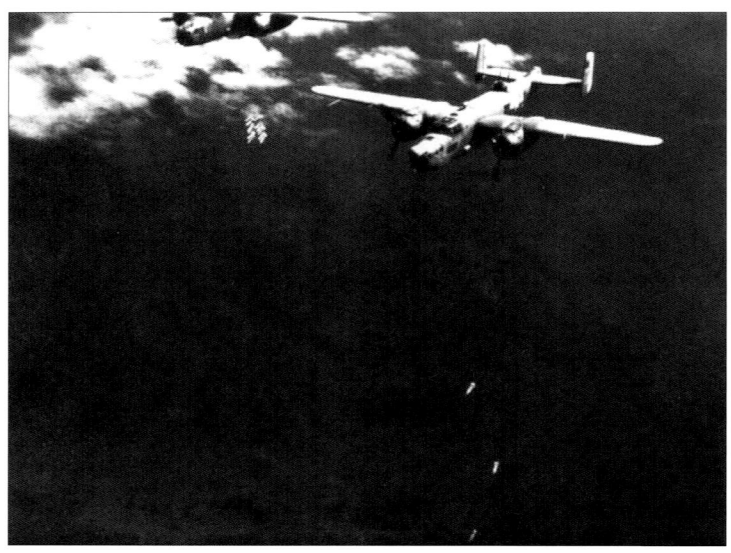

VMB-443中队PBJ-1C/D双机编队正在投弹轰炸日军目标。

队开拔前往位于布卡岛东北方向64.37公里和新爱尔兰岛以东96.56公里的绿岛，在这里的两周时间里，VMB-423中队共损失2架PBJ以及机组人员。1944年7月，陆战队PBJ机群在绿岛的规模已经是约翰·亚当斯（John G.Adams）少校领导的VMB-433中队规模的两倍。

当VMB-433开始执行作战任务时，VMB-413中队已经部署在新乔治亚蒙达岛。

7月29日，第2次部署的VMB-413在小加拉太中校的带领下开始执行白昼轰炸任务。中队最后一次白昼轰炸任务发生在1945年5月5日，轰炸的目标是凯拉瓦特（Keravat）附近的一处补给点。当时PBJ在接近目标的过程中，经过短暂的爬升然后降至45.72米高度，飞行速度370公里/小时。第一梯队飞过斯帕塞岛（Sipasai Island），在岛中部投下8枚45公斤炸弹，然后对着岛东南沿岸的一艘辅助船只进行扫射。小加拉太中校之前曾执行过5到6次任务，每次都是毫发无损，但是这次他好运气到头了，隐藏在村庄里的日军对空火力将他座机的机鼻、发动机、整流罩和机翼击伤。罗伯特·米林顿上尉的座机也被日军20毫米高炮打伤，飞机不得不进行迫降（后文会有米林顿上尉的详细回忆）。7月中旬，VMB-413进驻拉包尔以南402公里的埃米劳岛，和德怀特·吉约特（Dwight M.Guillotte）中校领导的VMB-443中队一起在俾斯麦海执行任务。

VMB-443中队的杜安·耶尔卡（Duane M.Yirka）中士（右图）在他执行第24次任务时所拍下的照片，旁边那架PBJ-1J此时正在3048米高空轰炸拉包尔，不过需要注意的是，这架PBJ-1J的右侧翼尖安装的是雷达罩，里面装有AN/APS-3雷达。

VMB-443中队新接收的J型机,用来替换老旧的C/D型机,机翼两侧都安装有挂架,可以挂载炸弹和火箭弹。

VMB-611中队从美国本土出发前往夏威夷岛,停留一段时间之后出发跨海前往埃米劳岛,在新赫布里底群岛圣埃斯皮里图(Espiritu Santo)岛的卢甘维尔(Luganville)港停留了3天。10月26日,VMB-611中队的PBJ准备离开圣埃斯皮里图岛飞往新乔治亚(New Georgia)的蒙达机场(Munda Airfield),但是在起飞45分钟后一架PBJ-1D报告飞机出现故障,这架PBJ机头刷有"MB-13",飞机真实编号为35152,驾驶员为罗伯特·克拉克(Robert P. Clarke)中尉。克拉克中尉报告一台发动机熄火,不能返回圣埃斯皮里图岛。

克拉克中尉操纵座机依靠一台发动机返回卢甘维尔港的轰炸机基地,但是地面回复的消息却是拒绝让其降落!地面塔台让克拉克中尉驾机穿过整个岛屿飞往海龟湾(Turtle Bay),那里有一条可供战斗机降落的临时跑道。地面塔台想当然地做出了草率决定,却没有考虑到那条跑道还不足900米长,跑道尽头仅仅只有6米长的缓冲区,再往外就是一条河流。

克拉克中尉驾机飞过海面缓缓靠近海龟湾,看到远处的跑道之后,开始慢慢下降高度准备进场,正在此时,海面上的冷空气和珊瑚沙跑道上空的热空气相互作用,气流突然变得非常不稳定,使得飞机上

1944年8月24日,VMB-611中队的14架PBJ吊装在"马尼拉湾"号护航航母(CVE-61)上前往夏威夷,下图航母甲板后方还有3架马丁JM-1型飞机。

"马尼拉湾"号护航航母甲板上的PBJ-1D轰炸机,飞机编号MB1,机鼻安装AN/APS-3雷达。PBJ安装的是三叶螺旋桨,后面那架安装四叶螺旋桨的飞机一定是马丁JM-1型飞机。

在1944年10月26日事故中报废的克拉克中尉座机残骸,右图为海龟湾地图,跑道尽头标注的就是克拉克中尉座机残骸方位。

下颠簸，完全不能正常飞行。在这个关键时刻，克拉克中尉毫不犹豫一把将节流阀推到最大，剩余的那台发动机立刻开始咆哮，燃油注入到汽缸内开始输出最大功率，借助单台发动机，飞机开始慢慢恢复高度。克拉克中尉开始尝试第二次进场，但是他不得不进行急转以躲避机场跑道另一侧的山峰，以至于飞机都快要失速了。

绕了一圈之后，克拉克中尉再次下降高度，飞机终于在跑道上降落，只是着陆点位于跑道的三分之一处。克拉克中尉知道，剩余跑道长度根本满足不了这架PBJ，飞机接触跑道之后，克拉克中尉立即启动紧急制动装置，机轮被锁得死死的，强大的摩擦力使得机轮轮胎全部爆掉，即使这样，飞机还是一头冲向跑道尽头，两台发动机全部从机翼上撕扯下来，直到冲进河里才完全停下来，此时河水已经没过机身中部的机枪位置。全体机组成员毫发无损地安全离开飞机，除了理查德·邦德（Richard S. Bond）中尉下巴脱白，还好问题不大，不久之后这架PBJ的机组成员乘坐R4D运输机前往埃米劳岛，这架PBJ算是彻底报废了。

11月，乔治·萨尔斯（George A.Sarles）中校率领VMB-611中队来到埃米劳岛，11月18日，投入到卡维恩（Kavieng）的夜间袭扰任务中，接下来的几个星期中，VMB-611跟着兄弟中队的节奏日复一日地对卡维恩和拉包尔进行打击。1945年2月，萨尔斯中校收到命令，要求VMB-611中队前往菲律宾棉兰老岛，支援美军地面作战，在接下来的4个月中，萨尔斯的小伙子们参加了几次重要的陆地和海上战役，将那里的小日本彻底赶入大海。1945年3月，盟军开始反攻菲律宾时，上述各中队除了VMB-611外，其他中队并没有北上参加战斗，依旧活跃在所罗门群岛。

1945年4月至5月，VMB-611共出动173架次，投弹245吨，发射800余枚火箭弹和大量机枪弹，给日本人造成重大杀伤。该中队损失4架飞机，机组人员9死9伤。5月30日清晨，萨尔斯率领7架PBJ前去"清扫"棉兰老岛达沃市附近的基包威（Kibawe Trail），这7架PBJ共分成3个攻击波，每个攻击波由2架PBJ组成，萨尔斯的座机"MB-7"位于第2

左图中VMB-611的PBJ正在轰炸拉包尔的日军目标，可以看见炸弹爆炸冒出的滚滚浓烟。右图是1945年2月17日，VMB-611中队的一架PBJ（飞机编号35178）在新爱尔兰岛对日军目标进行低空扫射时，意外撞上果蝠，尽管没有人员伤亡，但是这次意外撞坏了雷达天线和整流罩，随后这架飞机返回基地并修理完好。

攻击波。当时萨尔斯驾驶飞机搜寻日军炮兵阵地，日本人也不傻，他们将炮兵阵地做了适当的伪装，萨尔斯第一次飞过该区域时，瞥到了日本人的阵地，萨尔斯立即折返回来，贴着树梢准备进行投弹，不幸的是，他的座机一侧发动机被高炮击中。萨尔斯尝试将飞机拉高，但由于发动机输出功率不足，一侧机翼直接撞在树上，轰炸机当即坠毁。飞机由于巨大的冲击力被撕成碎片，萨尔斯中校和其他3名机组人员当即身亡。幸存的机组成员爬出飞机残骸，穿过日军封锁线，这才逃出生天。1945年6月至7月，已被白昼轰炸累垮的VMB-611转而执行夜间袭扰任务，偶尔也会向菲律宾负隅顽抗的残余日军空投传单劝其投降。

1945年8月，一位身份特殊的人登上了VMB-611中队的PBJ轰炸机，说这个人身份特殊并不是指他的官职有多大，身份有多特殊，而是指他是一名日本陆军军官，此人带领VMB-611中队一举摧毁他的"老东家"——日本陆军第100师团司令部。在美海军陆战队史上，甚至是美国历史上第一次也是唯一一次一名现役日本军官帮助美军成功摧毁日军司令部，这其中究竟发生了什么？

这名日本陆军军官名叫和田稔，他并不是一名土生土长的日本人，此人在美国出生，算是移居美国的第二代日本人，后因求学返回日本，在东京帝国大学（现东京大学）和熊本预备士官学校求学，结束学业之后，和田稔尝试返回美国，但令他没想到的是，太平洋战争此时爆发了，在当时日本国内的环境下，他只能迫于压力加入日本陆军，成为一名日本陆军运输部队的初级军官。1945年，和田稔加入到陆军第100师团（由在棉兰老岛、菲律宾的独立混成第30旅团以及日本本土补充军组成，编入第35军，师团长为原田次郎）并成为该师团的一名少尉，随师团驻扎在棉兰老岛。

随着战事的进行，和田稔对无尽的杀戮感到憎恶，对这场战争的意义也充满怀疑，对于战争已经不报任何幻想和希望，对日本陆军中流传的"武士道"和"忠君体国"的精神嗤之以鼻。时间到了1945年8月，战争已经接近结束，和田稔虽然是个小人物，但是也能感觉到日本马上就快支撑不住

左图中美国喜剧演员乔·布朗（Joe E. Brown）乘坐萨尔斯中校驾驶的飞机来到VMB-611中队进行慰问，前排左二为乔·布朗，布朗左侧为萨尔斯中校（带深色鸭舌帽）。右图为2008年圣诞节前一周，萨尔斯中校的女儿桑德拉·萨尔斯前往阿灵顿国家公墓，将一束花环放在父亲的墓碑前，墓碑上另外三人为当时一同丧生的其他3名机组成员。

了，他只希望自己能平平安安地回到日本，日本人民可以享受到和平的生活。

太平洋战争的战火已经烧过菲律宾和硫黄岛，美军已经占领冲绳岛，日本本土此时已经无险可守，和田稔的反战情绪让他觉得死在这里是毫无意义的，完全是战争的炮灰。1945年8月的第一周，和田稔被美国军队俘虏，也有消息来源说是和田稔主动投奔美军，不过不管怎么说，和田稔确实落入美军手里，变成一名战俘。

按照惯例，美军情报人员逐一对这些战俘进行询问，但是令情报人员吃惊的是，和田稔和其他日本军人完全不同，他将对这场战争的想法分享给美情报人员，并且表达了结束这场战争的强烈愿望，按照他的说法"他根本没想到他的祖国能挑起这场战争……他愿意做任何事，哪怕是失去自己的生命，他也想结束这场毫无意义的战争，将最终的和平带给日本人民"。美情报人员实现了他的愿望，给了他一次机会，希望他帮助美国人结束棉兰老岛地区的战斗，但是和田稔拒绝了。过了一段时间之后，和田稔重新思考自己的想法，此时他的想法和时任美国总统杜鲁门的想法不谋而合——牺牲小部分人总比死大

和田稔作为第100师团的一名少尉对本师团的司令部方位十分熟悉，图中他正在帮助美国人确定原田次郎司令部的准确位置。

和田稔在美军作战室为参加此次轰炸行动的人员讲解日军司令部的一些情况，左侧为翻译官查尔斯·今井（Charles Imai）中士，右侧为地面部队联络官莫蒂默·乔丹（Mortimer Jordan）少校，乔丹中校主要任务是核查和田稔提供的信息是否准确。

部分人强。对于杜鲁门来说,美国进攻日本本土可能要伤亡100万人,而原子弹则解决了这个问题,按照这个思路,和田稔最终同意了美国人的请求——帮助美军炸毁原田次郎的司令部,尽快结束棉兰老岛的战斗,从毫无意义的战争中拯救更多的生命。

经过深思熟虑之后,和田稔走进了VMB-611指挥部,在地图上指出了原田次郎司令部的准确位置,但是棉兰老岛植被茂密,地势崎岖,即使轰炸机中队按照地图前去轰炸目标也很难保证百分之百摧毁,最好的办法就是让和田稔乘坐轰炸机一同前往,充当VMB-611中队的眼睛和活地图。从和田稔踏上PBJ轰炸机的那一刻开始就注定了这次轰炸行动要永载史册。

1945年8月9日这一天美国将第2颗原子弹投向了日本长崎,8月10日,VMB-611轰炸机中队的PBJ-1D轰炸机和VMF-115战斗机中队的F4U"海盗"战斗机在三宝颜(Zamboanga)的莫雷特机场准备起飞,前去轰炸原田次郎的司令部。和田稔和另外两个人一同乘坐VMB-611中队的领航机,另外两人分别为翻译官查尔斯·今井中士和地面部队联络官莫蒂默·乔丹少校,这里多

上图是轰炸机起飞前,领航机驾驶员西德尼·格罗夫(Sidney Groff)少校(右侧)正在核对机组成员名单,左二为翻译官查尔斯·今井,右二为和田稔。下图是海军陆战队通讯作者戈登·格柔登(Gordon Growden)少尉在起飞前采访和田稔,当问及美军对待战俘如何时,和田稔说战俘的伙食很不错,对待他们也比较人道,即使大门敞开,没有美军看守,战俘也不会试图逃跑。

和田稔通过查尔斯·今井将信息告知联络官莫蒂默·乔丹，乔丹则引导飞机编队直奔原田次郎的司令部。

说一句，和田稔虽然在美国出生，但他根本不会说英语，会的几个单词说出来也带着浓浓的日本口音。和田稔坐上领航机时，身上依旧穿着日本陆军军服，所坐的位置就是无线电操作员/机枪手的位置，他看着窗外，搜寻着熟悉的地标带领编队直奔目标。

和田稔找到原田次郎的司令部之后，通过查尔斯·今井的翻译将位置准备报告给投弹手，引导轰炸机编队飞到目标上空开始投弹，此役中美军共投下约10吨炸弹，包括高爆炸弹和凝固汽油弹，发射了大量HVAR火箭弹和机枪弹。事后在乔丹少校的任务简报中提到此次轰炸行动非常成功，第100师团的司令部被彻底摧毁，按照他的话说，"那名日本少尉将我们带到目标上空，后面的事情由我们完成——我们干得棒极了！"果不其然，

第二天，也就是8月11日，日军针对美第八军有计划有组织的抵抗就完全停止了。对于帮助美军摧毁原田次郎的司令部，和田稔表现得有些忧郁，但是他根本不后悔，按照他的想法他确实是挽救了不少人的生命，不管这些人是日本人还是美国人。对于VMB-611中队，他则表示："You clazy six er-reven malines pletty good fryers"。（和田稔的口音很重，其实美国人也不知道他说的是什么，笔者按照字面意思只能猜测说的是美海军陆战队VMB-611中队的战斗力非常高，是轰炸好手。）

摧毁第100师团司令部之后不到一周，日本宣布无条件

和田稔坐在PBJ座舱内，向下观察地形和地表，以确定第100师团司令部的准确位置。乔丹此时已经钻进机鼻投弹手舱，一旦听到查尔斯·今井的消息，立即指引投弹手投弹。远处可看到VMF-115战斗机中队的F4U"海盗"战斗机。

VMB-611中队的PBJ正在对目标进行投弹,和田稔此刻的心情也只有他自己能体会了。

投降,而和田稔则换了一个新身份,从此再也没有他的消息,不知道战争结束之后他去了什么地方,后半生的生活究竟过得如何。对于他的详细信息,现在依然没有解密,和田稔这个人以后再也没有被任何海军陆战队官方文件或是其他资料提及,完完全全地消失了。笔者曾看到其他资料提到这次行动发生在8月9日,VMB-611和VMF-115这两个中队的官方作战日志也记载此次行动确实发生在1945年8月9日,但是根据笔者考证,现在绝大部分资料都说这次战斗发生在10日,笔者猜测可能是国际日期变更线的问题,因为菲律宾如果是8月10日的话,那么美国本土记录此次行动就是8月9日。

在中太平洋战区,陆战队轰炸机中队投入对日作战是在1944年11月,第一支在中太平洋投入对日作战的是杰克·克拉姆(Jack R.Cram)中校率领的VMB-612中队,他在美国受训期间就赢得了一个绰号——"疯狂的杰克",当时他领导的是装备夜间搜索雷达的3支飞行中队中的1支。VMB-612在夜间攻击敌人舰船时,通常利用搜索雷达定位和攻击目标,除了采用传统炸弹和鱼雷,新型HVAR火箭弹也开始投入使用,火箭弹攻击目标时精确度和效率大大提高,PBJ的飞行高度大致在水面以上91米左右,发射之前要判断好风向,VMB-612中队的飞行员已经能正确判断好火箭弹的射程了,在一次训练中,VMB-612中队对着一个61米长,30米宽的小岛发射了250枚HVAR火箭弹,命中率达到了56%。克拉姆在实战中发现,8枚HVAR的威力和命中率远远超过2枚227公斤炸弹。1943年,VMB-612中队在中国湖(China Lake)的海军军械试验站的实验表明,HVAR是一种非常高效的武器。加州理工学院的科学家与海军军械试验站合作,将原有HVAR进行发展,研制了一种新型火箭弹——"小提姆",但是它一点都不小,口径达到了298毫米,威力能掀翻敌人的碉堡和其他目标。VMB-612中队是使用火箭弹的专家,PBJ-1J共安装2枚"小提姆",每侧机身一个,安装在炸弹舱门旁边。1944年10月28日,VMB-612中队的第一架PBJ降落在塞班岛,11月13日,克拉姆中校第一次派出机群前往小笠原群岛执行对海反舰作战任务,在这次任务中,克拉姆中校声称击沉一艘日军潜艇和一艘中等大小的货船,两天之后,在另外一次任务中,克拉姆中校再次声称,击沉3艘中等大小货船和一艘大型军舰。11月剩下的日子对VMB-612中队来说简直就是噩梦,中队损失2架PBJ和13名机组人员,但是打仗就要死人,这些损失对于一个中队来说相当于交了学费。

1945年1月至2月,VMB-612在日本本土至小笠原群岛之间的海面上取得了几次胜

1944年8月，VMB-612吊装到美海军护航航母"纳托马湾"号（Natoma Bay, CVE-62）上，移防前往塞班岛。仔细观察VMB-612装备的PBJ，机背炮塔还在机身后方，机身也已经加装机枪吊舱，应该还是老旧的PBJ-1C/D型轰炸机，最关键的是绝大部分PBJ机鼻都安装了AN/APS-3雷达，机身涂装也已经变成海蓝色。

利，在塞班岛作战的这段时期，VMB-612共执行334次任务，其中有49次是针对水面船只的。1945年4月6日，VMB-612中队派出6架PBJ及其机组人员从塞班岛飞往硫黄岛，这时VMB-612中队的触手已经开始接触日本本土了，该中队第一次攻击日本本土是在4月10日，当时PBJ利用火箭弹攻击了神户港，击毁了一艘小型商船。整个4月份，VMB-612共损失4架PBJ和6名机组人员，其中3架由事故引起，另1架是被己方战斗机击落的。从4月10日到7月28日这段时间里，在硫黄岛VMB-612中队共出动251架次，对83个目标进行打击，击毁或击沉53艘舰船。

到了1945年中期，驻扎在硫黄岛的VMB-612中队开始装备"小提姆"火箭弹，7月份在冲绳岛金武机场进行飞行训练之后，该中队携带这种新式武器准备在夜间对日本南部进行空中打击。在整个7月份，VMB-612中队使用的都是其他常规武器，直到8月11日，PBJ才第一次挂载"小提姆"火箭

上图中VMB-612的8架PBJ驻防在塞班岛的卡格曼机场（Kagman Field），下图中地勤人员正在为PBJ更换发动机。

弹袭击了日本的补给线。美国在8月9日向长崎投下了一颗原子弹，日本随后在8月15日宣布无条件投降，在此之间，VMB-612中队的PBJ在对马海峡完成了两次搜索任务，第一次发生在8月11日，两架PBJ每架翼下挂载8枚HVAR和2枚"小提姆"，在朝鲜、九州和本州之间的海峡上执行搜索任务，搜索区域已经覆盖了朝鲜半岛最南端，第二次发生在8月13日，三架PBJ返回该海峡执行搜索任务，共遭遇23架日军飞机，其中一些通过目视发现，另一些通过雷达发现，随即PBJ对这些日军飞机进行射击，由于是黑天，所以射击并不精准，双方都没有伤亡，其间PBJ曾发现一些小船，但目标太小并不适合用火箭弹进行攻击，只得罢手。此时战争都快结束了，日本海军已是穷途末路，连个像样的军舰都没有了。

VMB-612中队执行夜间搜索任务时，往返距离超过2400公里，由于在夜间飞行，因此机组人员的精力需要高度集中，因此一趟任务下来，往往疲惫不堪。该中队共执行任务630次，发起攻击164次，击沉击伤敌舰107艘（其中击沉8艘），总吨位达19.516万吨，自身损失12架飞机，39人阵亡或失踪，3人受伤。

另一支在中太平洋战区作战的中队是由乔治·内维尔（George W.Nevils）少校率领的VMB-613中队，1944年12月23日，该中队抵达马绍尔群岛的夸贾林环礁（Kwajalein）开始执行作战任务，1945年2月6日，该中队开始对波纳佩岛（Ponape Island）进行轰炸，轰炸期间遭到日军高炮激烈反抗，VMB-613派出的第3波PBJ中，领航机刚刚投完炸弹，就被高炮击中机腹，领航

上图的航空照片拍摄于1945年5月26日。照片中的机场为硫黄岛南部机场（即元山机场），远处的山就是大名鼎鼎的折钵山，VMB-612中队以此处机场为基地执行巡逻和反舰任务。下图为VMB-612中队指挥官杰克·克拉姆（图片右侧飞行员），他准备和副驾驶员前往硫黄岛北部海域执行作战任务。

PBJ翼下可安装8枚HAVR高速火箭弹用于攻击地面目标，下图为VMB-612中队的PBJ（编号MB-9）翼下挂载HAVR正在飞往日本神户，准备攻击工业中心，照片拍摄于1945年6月。

员身亡。最后一架PBJ也被高炮击中，右侧机翼被击伤，这架PBJ在返回基地降落时，在跑道尽头坠毁，顷刻之间化成一团火球。空袭波纳佩岛对VMB-613来说损失较大，该中队只好继续执行反舰任务，重点打击日军运输船，此时的日军联合舰队已是江河日下，空荡荡的洋面上哪里还有日本船只的影子，日军此刻只能依靠大型潜艇为占领的岛屿运输补给。

美国海军陆战队里第一位驾驶PBJ参加作战行动的飞行员是VMB-413中队的罗伯特·米林顿。1995年，他曾为美国一所高中的高中生做了一次演讲，当时刚好是美国对日作战胜利50周年，因此演讲的主题是关于B-29对日投掷原子弹以及牺牲如此多的生命只为捍卫和平与自由。在这里我们选取其中一部分，方便读者了解PBJ以及VMB-413的光荣历史：

让我先为你们讲一个故事。1944年7月29日，当时我们机组共有6名成员，在布干维尔岛附近的舒瓦瑟尔湾（Choiseul Bay）低空扫射和轰炸日军地面部队。通常情况下，我们只需要攻击一次即可飞离，但是当时我们被告知日军没有自动武器，所以我们机组打算反复攻击来扩大战果。座机以树梢高度来来回回攻击了8次，我们丝毫没注意日军正在对我们进行射击。第3次飞过日军上方时，我们机组内的一名负责照相的兄弟将脑袋从机腹舱门伸出机外，日军的火力将他的照相机直接打飞，第4次飞过日军上方时，机尾机枪手被打成重伤，无线电操作手山姆·基斯（Sam Keith）报告右侧机翼的燃料箱已经被打穿，燃料发生泄漏。但是我们还是要继续做下去，到第7次飞过日军上方时，机鼻投弹手舱室的所有有机玻璃全部被打碎，投弹手乔·德瑟斯特（Joe Deceuster）居然活了下来。副驾驶员指了指仪表，我发现右侧发动机转数已经为零并且已经没有油压。第8次飞过日军头顶之后，我尝试将飞机拉起至457米高度并将右侧螺旋桨顺桨，但是螺旋桨顺桨失败，很显然我们失去了所有的燃油，我只好将左侧发动机节流阀推到最大，但是发动机

PBJ装备的最大最重的武器可能就是"小提姆"火箭弹了,但凡安装此型火箭弹的PBJ一定装备了AN/APS-3搜索雷达,每架PBJ可在机身下方安装两枚"小提姆"火箭弹,下图就是杰克·克拉姆的座机。这是他第一次驾驶挂载"小提姆"火箭弹的PBJ执行作战任务。

1945年,驻扎在冲绳岛金武机场的VMB-612中队的一架PBJ-1J轰炸机,可以看见翼下安装HVAR火箭弹的4个小型挂点和机鼻AN/APS-3搜索雷达。

路，飞机高度开始下降，在这种条件下飞了5分钟之后，速度已经下降到194公里/小时，飞机开始失速，我开始失去对飞机的控制，我拼命地将副翼和尾翼反转，右侧机翼开始向下掉，已经开始失去升力。维拉拉维拉岛还有40公里远，看来我只能在水面进行迫降了，我以前没有在水面迫降的经历，现在整个机组都处于危险中。我现在只能默默地开始祈祷。

座机副驾驶员吉姆·梅尔曼（Jim Merriman）开始缓缓地将节流阀向后拉，他十分冷静地说，"我们是时候该降落了"，座机稳稳地迫降在水面上。上帝保佑，我们都平安无事，全部安全地爬出机舱，机尾机枪手梅尔特·沃德（Mert Ward）和炮塔机枪射手汤米·托马斯（Tommy Thomas）各自荣获一枚紫心勋章。

他们6个人乘坐在一个只能容纳4人的救生皮筏上，而我则乘坐的是一个单人救生皮筏，在海上漂流80分钟后，我们被海军的一架PBY水上飞机救走。

米林顿现在已经去世了，他的故事也结束了。副驾驶员吉姆·梅尔曼现在还健在，居

1944年5月5日，VMB-413中队的一架PBJ-1C/D型轰炸机（飞机编号35143）在新不列颠凯拉瓦特上空被日军防空炮火击中，左侧发动机完全被摧毁，飞机随后坠毁。包括机上驾驶员葛兰·史密斯（Glenn W. Smith）中尉在内的7名机组人员全部阵亡。飞机残骸直到1949年才被找到，至少找到一具美军遗骸，后安葬在阿灵顿国家公墓。20世纪90年代又找到其他机组成员遗骸，后送回美国安葬。下图即是阿灵顿国家公墓35143号机组成员墓碑。

始终达不到1700马力。飞机缓慢地失去速度，我尝试将右侧发动机恢复，飞机慢慢爬升到213米高度，右侧发动机开始振动，排气管开始喷出白色浓烟。

由于害怕右侧发动机起火，我只好再次切断发动机油

上图为VMB-413装备的PBJ-1J型轰炸机,由于J型机机鼻已经安装8挺机枪,所以没有空间安装AN/APS-3型搜索雷达,只能将雷达连同整流罩安装在右侧翼尖。下图为VMB-611中队诺曼·尼克森(Major Norman R. Nickerson)少校驾机返航,由于挂弹架故障,有一枚炸弹未能正常投放,尼克森只能冒险带弹返回,降落过程中,一旦炸弹因为震动而爆炸,后果不堪设想。这张照片反映的是飞机停稳后,地面人员一窝蜂围住炸弹舱,正在排除隐患。

住在得克萨斯州中部,依旧活跃于美国空军历史博物馆口述历史项目中,他曾在1997年回忆:

我的姓名是詹姆斯·梅尔曼(James P.Merriman),前美国海军陆战队飞行员,我想告诉你们关于海军陆战队第一个轰炸机中队VMB-413的故事,首先我告诉你,为什么我会对VMB-413中队这么了解。珍珠港事件后的7个月,也就是1942年6月,我和另外24个小伙子参与了海军飞行候补军官项目,为打败德国纳粹和日本法西斯贡献自己的力量。我们当时的报纸——《拉伯克雪崩日报》(Lubbock Avalanche Journal)称赞我们是——得克萨斯州拉伯克市的乱世英杰。

在希腊雅典,我完成了飞行训练之前的训练工作。在得克萨斯州大草原城(Grand Prairie)度过了整个冬天,这那里完成了初级飞行训练。在得克萨斯州科珀斯克里斯蒂(Corpus Christi)海军航空站完成基础和高级飞行训练。

我的飞行训练持续了将近一年,1943年6月,我得到了飞行徽章并以少尉军衔加入美国海军陆战队预备役。随后在1943年7月,加入驻扎在北卡罗来纳州切里波因特的VMB-413轰炸机中队,该中队装备PBJ,就是B-25的海军陆战队版本。如果你想了解VMB-413的历史,埃德·马洛伊(Ed Malloy)少校和唐·哈奇(Don Hatch)上尉在战后专门出版了一本介绍该中队的著作。两位作者写这本著作的最大愿望是献给在1944年失去宝贵生命的VMB-413中队的33名队员,他们是为了我们的国家而献出了自己的生命,就好像该书中所引用的由英国诗人劳伦斯·比尼恩(Lawrence Binyon)写的

VMB-413中队的PBJ正在投掷227公斤炸弹轰炸日军目标。

鱼雷通过一个特殊的挂架挂在PBJ炸弹舱中，我们尝试在马萨诸塞州的一个海湾试验发射了几枚空投鱼雷，随后我们乘船到达北岛航空站，在这里我们完成最后的训练。1944年1月，VMB-413中队的15架PBJ吊装到卡萨布兰卡级"加里宁湾"号护航航母上，驶往夏威夷，这段航程花了我们三周的时间，就这样我们开赴太平洋战场。从夏威夷瓦胡岛飞向新赫布里底群岛的时候我们故意向南绕道飞行，因为在当时，赤道以北的大部分岛屿均被日军占领。从坎顿飞往萨摩亚途中，PBJ编队遇到了强暴风雨，这场暴风雨覆盖面积很广，我们想尝试绕过去已经不可能，编队只好分散，各自穿过暴风雨以免发生碰撞，其中一架PBJ没能挺过去，后来我们搜救长达一星期时间，但依旧没有找到它的踪迹或遗骸。

我们从萨摩亚飞往位于新赫布里底群岛的圣埃斯皮里图岛时，飞行距离达到了2575公里。半路上编队中的一架PBJ其中一侧发动机发生故障，只依靠一台发动机完成后半段飞行，比我们晚到达一个半小时，着实捏了一把汗。

我们在圣埃斯皮里图岛的海龟湾（Turtle Bay）待了一个月，每天夜幕来临的时候，就

那首诗：
　　致倒下的战士
　　他们永远不会变老，
　　当我们活着的人们都已老朽；
　　年华不能使他们厌倦，
　　岁月也不会让他们愧疚；
　　日落日出，
　　我们缅怀他们直到永久。
　　在切里波因特的时候，

我们主要按照教学大纲熟悉自己的座机，随后我们移防至北卡罗来纳州伊登顿市（Edenton），我们在伊登顿市驻防时间不长，其间我们练习编队飞行和"跳弹"轰炸战术，最后去了马萨诸塞州，尝试PBJ可否空投鱼雷，实验结果是可行的，但是后来在实战中并没有实用化。

1943年夏天，在美国马里兰州帕图森河海军航空站准备进行飞行测试的PBJ-1D，图中这架PBJ-1D机身下方已经挂装鱼雷，鱼雷后方安装了AN/APS-3雷达。根据资料和照片可以推断，AN/APS-3雷达安装的位置基本位于机鼻、右侧翼尖或机腹（机腹炮塔已经拆除）。

会有大批飞机和军舰前来运送物资，吵得我们没办法睡觉，所有物资就位之后，我们开拔前往所罗门群岛的斯特灵岛，在那里我们待了三个月，因此所罗门群岛也是VMB-413活动的主要区域，中队的绝大部分战斗都在那里发生。我们中队的首要目标是新不列颠（New Britain）岛最北端的拉包尔，日军在这里盘踞多年，已经建有海军基地。在这里我们的主要任务就是防止日军坐大，想尽一些办法持续给他们制造各种麻烦，让日本鬼子不得安宁。针对拉包尔的作战行动共分为两类——一种是集中所有飞机，以9机为一个编队，对拉包尔进行白昼高空轰炸，另一种是夜间单机袭扰轰炸。

自从乔·德瑟斯特作为投弹手以来，我们机组的座机经常作为编队的领航机，不得不说乔·德瑟斯特是中队里最优秀的投弹手，后面的PBJ会跟着我们一起投弹。直到现在，每年VMB-413的战友聚会上，我都能见到乔·德瑟斯特（2008年11月17日，乔·德瑟斯特曾在VMB-413中队的网站留言板上留言，称詹姆斯·梅尔曼和罗伯特·米林顿是他最好的朋友）。

在执行夜间单机袭扰轰炸时，炸弹舱尽可能塞满45公斤炸弹，然后我们就绕着拉包尔兜圈子，每隔5到10分钟就扔下去一枚，寂静的深夜中突然有一颗炸弹爆炸，自然吵得日本人没办法睡觉，就是这样，我们就是要吵得他们没办法睡觉，让他们抓狂，直到所有炸弹投完，我们才返航。夜间任务有时也是充满危险，那段时间天气很糟糕，返航时要挑选路线，以免遇上暴风雨。

我的座机共损失过4架，其中3架是在夜间袭扰轰炸中损失的，另1架则是在白昼轰炸损失的，当时是由于敌方高炮击中了右侧发动机导致座机坠毁，我们没有降落伞，所以我们这个机组被认定为失踪。那段时间我们中队损失了很多飞机，作战效率大大下降，只好从VMB-423中队抽调新飞机和新机组进行补充。

VMB-413中队短暂调离至澳大利亚进行休养和恢复，然后前往布干维尔岛东南160公里处的蒙达岛，我们在蒙达岛驻防了约3个月，在这里我们对舒瓦瑟尔（Choiseul）岛和布干维尔岛进行低强度轰炸。在一次轰炸舒瓦瑟尔岛的任务中，座机被日军击中，失去右侧发动机油压，不得不进行迫降，在迫降的时候发现液压系统也失灵，右侧桨叶无法顺桨。在距离海岸线80公里的地方，座机冲入大海。幸运的是，我们7个人全部生还逃到救生筏上（就是前文罗伯特·米林顿回忆的那段经历）。落水之后两个小时，斯特灵岛派出一架PBY水上飞机将我们接走，我们在斯特灵岛过夜，第二天返回蒙达岛继续作战任务。

下一次轰炸目标是布干维尔岛最南端的一处海滩，这里有一艘搁浅的船只被日军当做指挥部。执行任务的那天早上我们起得很早，当初阳刺穿黑夜时，当我们飞过布干维尔岛的高山时就看见了那艘搁浅的船。PBJ以低空接近，投下了3枚227公斤炸弹，其中2枚命中该船并引发了大爆炸。我现在还能记得船上高炮对空射击的火光。万幸的是，这些高炮并没有击中我们。

我们对着它轰炸和扫射了2到3轮，随后返回新爱尔兰岛的埃米劳（Emirau）岛。在这里我组成了自己的机组，并作为驾驶员执行了12次作战任务，1944年末返回美国。VMB-413中队后来由VMB-423中队轮换，之后差不多每隔3个月，就有一个轰炸机中队轮换回国，到了战争结束时，美国海军陆战队在太平洋战区一共部署了8支轰炸机中队，其中3支中队在所罗门群岛附近活动，另外5支中队则一路北上，在菲律宾及其以北活动。

当我们从斯特灵岛轰炸拉包尔时，有一天晚上座机机尾机枪手梅尔特·沃德报告机尾被一架战斗机盯上了，有时候日军战斗机偶尔会在夜间出动对我们这些执行夜间袭扰的轰炸机进行攻击，我看到旁边有云朵，一头扎进去摆脱日军战斗机尾随。根据我的判断，至少有2架PBJ在夜间被日军战斗机击落。另一次夜间袭扰任务中我们过得很无聊，那天夜里星光很亮，借着月光我们看见机身下方的敌方机场跑道，决定干他一票。我们以超低空掠过，机上14挺机枪全部开火，我想一定击中日本人的燃油仓库了，因为我们看到那里燃起熊熊大火，就像黑夜中的火炬那样明显。

总之，我们VMB-413中队的故事很多，要花很长很长的时间来讲述。铁打的营盘流水的兵，VMB-413中队一共有550余位官兵，战争结束之后他们过得怎么样呢？从1983年开始，我们就与美国海军陆战队航空协会合作，每年都会将VMB-413的老兵聚集在一起，去年（笔者注：指的是1996年，另外根据VMB-413中队的网站最新更新，2011年9月26日至28日，VMB-413中队的老兵及其家人已在密西西比州比洛克西市的赌场岛酒店中举办聚会，这已经是他们第30次聚会了）我们在田纳西州那什维尔举办了聚会，今年（指1997年）将在科罗拉多州斯普林斯举办。

我执行的大部分飞行作战任务都是和他们一起完成的：来自加利福尼亚州格里德利（Gridley）的驾驶员罗伯特·米林顿，来自俄亥俄州多佛（Dover）的领航员兼投弹手的乔·德瑟斯特，来自南卡罗来纳州亨德森（Henderson）市的无线电操作员兼机枪手山姆·基斯，来自佛罗里达州巴拿马（Panamy）城的机身中部机枪手汤米·托马斯以及来自马萨诸塞州贝芙丽（Beverly）的机尾机枪手梅尔特·沃德。我们机组中的两人最近已经去世了，一人是汤米·托马斯，

1945年3月，VMB-413中队的PBJ轰炸了位于新英格兰瓦纳坎努的日军工厂。

他在战后一直忙活着想把我们聚在一起，另一人是罗伯特·米林顿，他是我们的飞行员，战后他成为一名律师，平时研究VMB-413中队的战史，很不幸他在1997年2月13日去世了。

由于VMB-413在1944年对日作战的优秀表现，VMB-413全体将士在去年收到了优异飞行十字勋章。令人悲伤的是，汤米·托马斯已经在那时去世了，不过在汤米·托马斯的葬礼上，前海军陆战队司令约翰·弗朗西斯·凯利（John F. Kelly）上将将这枚勋章带给了他。1996年11月30日，在得克萨斯州拉伯克市我收到了这枚优异飞行十字勋章。尽管陆战队花了几年向VMB-413中队的官兵发放这枚勋章，但我可以明确地说，陆战队一直践行自己的诺言，那就是"永远忠诚"（semper fidelis）。

整个战争期间，VMB-423共有500余名官兵服役，时至今日，还在世的不足40位，年纪最小的也超过90岁了。91岁高龄的理查德·希普利（Richard Shipley）现居住在加利福尼亚州卡马里奥市，当时他在VMB-423中队担任无线电操作员和机身机枪手，另外也担任中队报纸的编辑。

B-25很坚固，就像是一个飞行的银行金库，低空飞过敌人目标上空时，机身经常布满弹孔，但是这很有意思，当爬升至3000米高空时，一切变得都那么无聊了，因为没有任何一款日军高炮能够得着我们……在营地的消遣就是喝啤酒，起飞之前我们也喝上几瓶，所以营地里面攒下了很多啤酒瓶，每次执行轰炸任务，我们都把啤酒瓶搬上飞机，投弹的时候顺带把瓶子也扔下去，炸弹不够，瓶子来凑。我不知道怎么回事，瓶子投下去的声音居然和45公斤炸弹是一样的。

当时我们采取的策略是先投大量空啤酒瓶和少量炸弹，然后飞走。日本鬼子通常计算呼啸声的数量，却忽略了爆炸声，当他们认为轰炸结束后就会把营地的灯打开，这时我们再折返回来，对着他们的营地一顿狂轰滥炸。你知道，美国兵是最聪明的。

尼克·韦尼克（Nick Wernick）现居住在佛罗里达州彭萨科拉（Pensacola），在VMB-423中队中担任机背炮塔机枪射手，在老兵聚会上，他经常向战友的子孙谈论那些往事：

2011年9月21日至25日，VMB-423中队老兵在芝加哥举行第25次聚会，他们已经年过古稀了。

我们有18挺机枪，机鼻安装8挺，机身安装4挺，机身中部两侧各1挺，机背炮塔2挺，机尾2挺，总共18挺，我觉得B-17空中堡垒只有17挺，比B-25要少。

约翰·麦吉是VMB-423中队的一名机尾机枪手，曾在新爱尔兰岛和布干维尔岛上空执行白昼轰炸任务，他说低空飞行穿过山涧峡谷或执行"跳

VMB-423中队的PBJ机群在西南太平洋上空执行任务，最前面的一架PBJ为J型机，右翼尖装有雷达罩，后侧飞行的为D型机。

弹"轰炸战术十分考验飞行员的技术水平，他坐在机尾座舱，感觉机尾基本就是擦着树梢在飞行，希普利则有更恰当的形容，他觉得B-25就好像一只松鼠，从一棵树上跳到另一棵树上。

拉尔夫·加德纳（Ralph Gardner）现在已经95岁，他是VMB-423的"保姆"，从事地勤和维修工作：

> 有的B-25回到绿岛基地，发动机和桨叶上经常带着棕榈叶，机翼和翼尖也常被树木刮伤，我曾经看见PBJ的机身上布满几百个弹孔，我们把蒙皮修补好，更换零件，让他们重返战场。

查尔斯·米洛内（Charles Milone）是VMB-423的一名飞行员，现居住在北卡罗来纳州教堂山镇，他说有一次返航途中让副驾驶员操作轰炸机进行降落，但是他的动作过猛，轰炸机降落时反弹至15米高度，他立即命令副驾驶员停止操作轰炸机，自己亲自驾驶轰炸机完成后面的降落，这架飞机结构损坏，机轮轮胎都瘪了，已经失去修复可能，只好将机上有用的零件设备全部拆下，以备后用。还有一次是米洛内驾机返航时，突然听见耳机里机尾机枪手报告，有一架零式战斗机在跟踪我们，米洛内命令他击落这架战斗机，但是这架零式战斗机借助云层掩护时而出现时而消失，无法对其瞄准，当轰炸机请求要在绿岛降落时，地面人员却拒绝了降落请求，原因是因为他们正在被日军跟踪，米洛内笑着说道："我真的没发现那架幽灵一般的日本战斗机。"

美国战俘及失踪人员办公室（DPMO）在2012年5月21日宣布，找到了二战期间曾在VMB-423服役并失踪的韦恩·埃里克森（Wayne R.

韦恩·埃里克森机组其他成员为：拉维恩·莱拉森（Laverne A. Lallathin）中尉、德怀特·埃克斯拉姆（Dwight D. Ekstam）少尉、沃尔特·小文森特（Walter B. Vincent Jr.）少尉、詹姆斯·希毛伊（James A. Sismay）技术中士、约翰·耶格尔（John D. Yeager）、约翰·多诺万（John A. Donovan）一等兵。上图为2012年5月24日在明尼阿波利斯市安葬韦恩·埃里克森机组的仪式，下图右下角为约翰·多诺万，夜间训练阵亡时只有20岁。

Erickson）机组残骸，5月24日将运回美国明尼阿波利斯市安葬。1944年6月6日夜间，埃里克森机组在圣埃斯皮里图（今天的瓦努阿图）执行夜间训练时没有返回基地，后被官方宣布为失踪，直至1994年当地人才发现这架PBJ的残骸，所有机组成员遗体均保持死前的姿势。整个VMB-423中队在战争中共损失9架PBJ和41名机组成员。

整个战争时期，有超过700架PBJ装备海军陆战队，其中有50架PBJ-1C、152架PBJ-1D、1或者2架PBJ-1G、248架PBJ-1H、255架PBJ-1J。因各种原因共损失45架PBJ，173名陆战队员阵亡，陆战队之所以选择北美航空公司的B-25，恐怕也是因为没有哪一款双发中型轰炸机能比B-25更受欢迎了。

2. 西南太平洋

B-25闻名于世，很大程度归功于杜立特，东京上空的30秒成就了B-25的威名，此次行动的政治意义远远大于军事意义，给当时还没从珍珠港事件的阴影中走出来的美国人打了一针强心剂，笼罩在美国人头上的阴霾被一扫而光。鉴于国内外关于杜立特空袭东京资料甚多，在这里就不赘述了，我们要讲讲B-25在太平洋战场上的其他故事。

翻开西南太平洋地图，可以看到斐济、荷属东印度群岛的雅加达和日本最北端刚好构成一个近似的等边三角形，在这个三角形中包含了数目众多的岛屿，海洋和陆地面积足有1000多万平方公里。在1942年年初时，盟军的军事力量也仅仅触及到这个三角形的最南端。1941年12月，日军偷袭珍珠港，美国太平洋舰队损失惨重，大部分作战飞机被击毁，夏威夷岛面临被日本占领的危险，此时的菲律宾也即将沦陷，澳大利亚则变成了盟军的避难所，收容了大部分撤退人员，成为西南太平洋盟军反攻的前进基地。在这里共有四股军事力量，分别为美国、英

在美国好莱坞大片《珍珠港》中，杜立特曾在空袭日本前集中队员进行短距起飞训练，但是电影制作方在选择B-25机型时却出现纰漏，图中的B-25机背炮塔位于驾驶员舱后方，机鼻为透明有机玻璃构成，这明显就是B-25J型轰炸机，而历史上杜立特选用的是B-25B型轰炸机，不过这架J型机的飞机编号（2261）却属于B型机。制作方用J型机的原因可能是因为现存于世的J型机数量较多，比较容易获得。

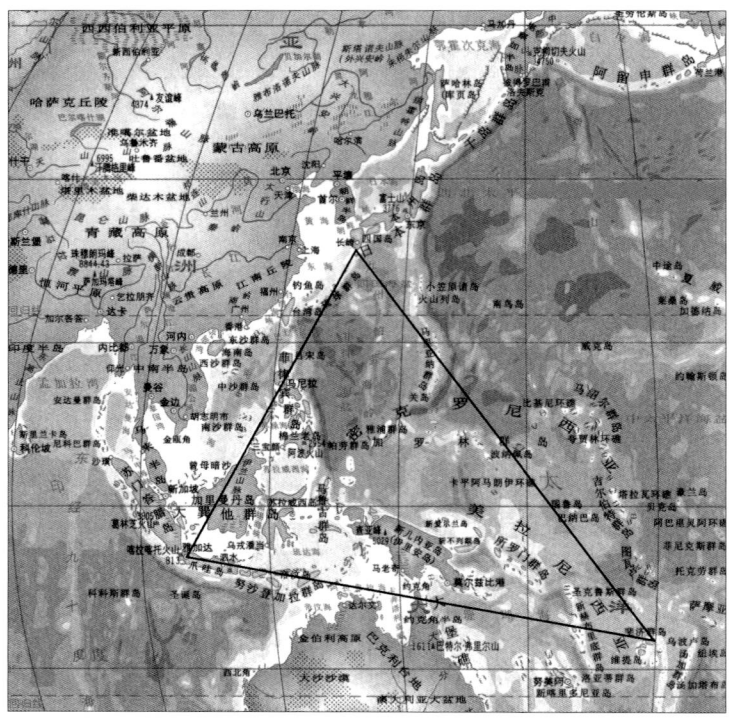

西南太平洋战区是太平洋战争中重要的一环,这里的岛屿星罗棋布,自然资源非常丰富,日本自一战之后便将触手伸向这里,太平洋战争爆发后,盟军便将这里作为进攻日本的前沿阵地,投入了大量作战兵力。美国及其盟友在这里集结了大量的空中作战力量,上演了一场场海空大战。

国、荷兰和澳大利亚。撤退到澳大利亚的这四国作战力量组成了一个临时机构,该机构为ABDA,四个字母代表这四个国家,ABDA的总职责就是将这四股军事力量拧成一股绳,一起对付日本人。美国负责出谋划策和提供后勤支持,澳大利亚在荷兰的支持下主要负责荷属东印度群岛的防空作战,但是他们缺乏作战飞机,英国则负责缅甸、马来半岛和新加坡之间的海上交通线。

1941年12月,少量B-17从菲律宾飞到澳大利亚,另有一小部分战斗机通过海运到达澳大利亚,只不过这些飞机实在是太少了,对于防卫荷属东印度群岛来说无疑是杯水车薪。1942年1月,马来半岛和新加坡相继沦陷,更多的B-17和LB-30通过太平洋航线来到澳大利亚,更多的战斗机也通过海运来到澳大利亚。在运送人员和物资的过程中,最重要的是安全,为了保证从夏威夷南部到斐济再到布里斯班的这条运输线的安全,B-25第一次投入实战。

杰克·福克斯是北美航空公司的技术代表,第一批从布里斯班飞往荷属东印度群岛的4架B-25就是他护送的,为了增加B-25的航程以便于跨海飞行,所有的飞机都增加了副油箱。这一批4架飞机由联合飞机公司的飞行员负责转场,先从圣迭戈飞往旧金山汉密尔顿机场,再飞往长滩,最后在3月2日通过海运到达布里斯班。

飞机到达布里斯班之后,福克斯见到了NEIAF的布特上尉,此时的布特对B-25望眼欲穿,终于盼来了第一批B-25。这是B-25第一次出现在太平洋战区,引来了众人的关注,而且福克斯惊奇地发现,这里居然有很多第17轰炸机大队的老朋友。随后更多的B-25开始到达布里斯班,在福克斯的安排下,飞行员和地勤人员开始了有计划的训练和培训。第3轰炸机大队(也有资料称之为第3攻击机大队)约翰·戴维斯(John H.Davies)中校的到访中断了训练和培训计划,戴维斯中校和荷兰方面进行谈判,希望可以获得他们手中的10架崭新B-25,并且把福克斯调走,荷兰方面同意了戴维斯中校的请求,于是福克斯被调到了查特斯堡。福克斯是北美航

北美航空公司技术代表杰克·福克斯在派往西南太平洋战区之前,站在英格尔伍德工厂的停机坪上,手里拿着一发75毫米炮弹,他背后是一架以他名字命名的B-25G型轰炸机。

空公司在澳大利亚唯一的后勤代表,技术问题都需要他帮忙解决,戴维斯中校的突然造访,以及从荷兰方面手里要走10架B-25,再加上将他调走,这里一定有不为人知的重要计划,所以福克斯什么也没说,什么也没问,服从命令就是了。

福克斯在查特斯堡发现,这里的机组人员清一色都是美国人,一个机组均由一名上尉和一名中士组成。另外他还注意到,这里的人对飞机从不保养,也不对飞机进行例行检查,就好像这些飞机就不是他们驾驶一样。福克斯抓住一名上尉,想问问他关于B-25的保养情况和驾驶经验,这家伙瞪着福克斯说:"谁要检查这些,这破玩意就不是一根操作杆和一个节流阀嘛,难道不是吗?"虽然这次谈话并不怎么友好,但随着一个人的到来,福克斯和这帮机组人员的关系愈发亲密,这个人就是保罗·甘(Paul Gunn)上尉(朋友称呼他为"老爹")。

"老爹"(生于1899年10月18日,卒于1957年10月11日),出生在阿肯色州奎特曼。"老爹"第一次看见飞机是在他10岁的时候,从此他就一发不可收拾地爱上了飞行。"老爹"的学习成绩十分糟糕,读完6年级之后,他便离开学校。在他17岁时,"老爹"加入了美国海军,他最初希望能成为一名海军飞行员,但是由于他所受教育有限,只能成为一名地勤助手,在业余时间才能学习飞行技术,他在这段时间里遇到了他妻子——克拉拉·露易丝·克罗斯比(Clara Louise Crosby)。

"老爹"用平时省下的津贴为自己买了一架水上飞机,尝试着自学飞行。在他第一次退役之后,美国海军出台了一项政策,就是允许海军士兵受训成为一名飞行员,"老爹"听到这项政策之后,立即再次加入美国海军,后被送入海军飞行学校,后于1925年春天毕业,他终于实现了小时候的梦想,成为一名飞行员。

接下来的12年中,"老爹"一直在彭萨科拉海军航空站担任飞行教官,后成为战斗机和水上飞机飞行员,最后成为华盛顿安那卡斯提亚海军基

第3轰炸机大队约翰·戴维斯（John H.Davies，外号叫"大吉姆"）中校，他后来驾驶41-12483号B-25参加了"罗伊斯"行动，在此次行动中主要负责指挥B-25C，另外3架B-17E由弗兰克·博斯特罗姆（Frank P.Bostrom）上尉指挥。

这位就是大名鼎鼎的保罗·甘，他与第五航空队司令肯尼将军、陆航司令阿诺德上将以及北美航空公司高层私交甚好，甚至肯尼上将都写了一本关于他的书。在B-25家族发展史上，保罗·甘占有重要位置，他的许多想法和改进方案均被北美航空公司采用，虽然他军衔不高，但是他在第五航空队中享有极大声誉，大家亲切地称他为"老爹"。

地最著名的飞行员。1937年，"老爹"第二次从美国海军退役，退役之后前往夏威夷为一位名叫鲍勃·蒂斯（Bob Tyce）的商人工作，不过很可惜，鲍勃·蒂斯后来成为日本偷袭珍珠港第一位丧生的美国人。

1939年，"老爹"来到菲律宾，为一位富甲一方的菲律宾人驾驶双发动机比奇飞机，其实他的工作就是私人飞机驾驶员。"老爹"后来鼓励这位菲律宾人开了一家航空公司，名字叫作菲律宾航空公司（Philippines Air Lines，PAL）。说来也巧，自从日本挑起太平洋战争之后，远东陆航（FEAF）司令刘易斯·布里尔顿（Lewis H. Brereton）上将将菲律宾航空公司的所有飞机和人员全部征用，"老爹"和他的朋友丹·斯蒂克尔（Dan Stickle）立即加入到陆航，两人军衔分别为上尉和中尉。1941年12月8日，第一颗炸弹在马尼拉炸响之后，保罗·甘立即加入当地的美国陆航。鉴于"老爹"对当地的地情地貌相当熟悉，再加上他自己本身飞行经验丰富，所以他的第一次任务就是将人员和物资途经棉兰老岛运往达尔文港。截至1941年圣诞节，保罗·甘已经执行多次飞行任务，主要是运送信件、包裹、药品和人员。他到布里斯班时，就听说马尼拉已经被日军占领，他的所有家人都被日军关押。保罗·甘执行任务初期隶属于第27轰炸机大队,在大队里其他人送给保罗·甘一个外号——"疯狂收割机"(Grim Reapers),同时他的作战经历和飞行能力得到了肯尼上将的注意,肯尼上将觉得不能就这么埋没他的能力,于是任命他为非官方首席试飞员。肯尼上将是这么评价他的,"他不是一个引人注目的人,但是他做的事情是非常辉煌的,这些事情让他变得与众不同"。"老爹"的战斗生涯就这样开始了,在接下来的岁月中,他做了他所能做的任何事,为后世留下了丰富多彩的战斗篇章。

左侧为温莱特,右侧为麦克阿瑟。温莱特将军投降之后被关押在中国东北的四平监狱,受尽折磨和屈辱,后被美国特种部队解救,在密苏里号战列舰上见证了日本签订无条件投降书的全过程,战后被奉为美国的英雄。1947年8月退役,1953年9月2日在得克萨斯州的圣安东尼奥逝世。

1942年4月18日,杜立特中校率领16架B-25B成功空袭日本本土,由于这16架B-25B是从"大黄蜂"号航母上起飞的,执行的是有去无回的任务,所以无论得到多少赞誉都不为过,因为每一个机组成员都是英雄。其实早在杜立特空袭日本本土前6天,西南太平洋战区就曾派出B-25轰炸了日军位于菲律宾的目标,这是B-25在整个二战对日作战中最早的一次轰炸行动了,此次轰炸行动根植于巴丹战役,称之为"罗伊斯行动"(Royce Mission)。

自从1942年3月麦克阿瑟撤往澳大利亚以后,负责守卫菲律宾的重担就交给了麦克阿瑟的副官——乔纳森·温莱特(Jonathan Wainwright)将军。温莱特对菲律宾巴丹半岛目前所处的局势十分清楚,他迫切需要打破日军对菲律宾的封锁,以便于运输船将补给物资输送至巴丹,所以在1942年3月,他给麦克阿瑟位于澳大利亚的司令部发报,希望后者能派出一支空中力量配合地面部队,一举突破日军的包围。

远在澳大利亚的麦克阿瑟收到了温莱特的电报,看过之后将这份电报转交给他的新任航空兵司令乔治·布雷特(George H. Brett)中将,布雷特看过这份电报之后,心里暗暗着急,因为他手头现在十分缺乏轰炸机。自从菲律宾战役打响以来,荷属东印度群岛的陆航将士们面对势如破竹的日军,竭尽全力守住马来半岛的防线,整个部队急需补充,将士们也早已人困马乏。布雷特手里只有6架B-17重型轰炸机,如果要支援温莱特在菲律宾的行动,仅仅能拿出3架。

1942年2月25日,美国军舰"安孔"号驶向澳大利亚布里斯班,运来了少量B-26、A-20、A-24和B-17以及第3轰炸机大队(中型)的机组人员,另外从第8轰炸机中队、第13轰炸机中队、第90轰炸机

拉尔夫·罗伊斯准将在1942年4月指挥轰炸菲律宾的日军目标之前，曾短暂在澳大利亚停留，拍下了这张照片，照片中的飞机是美国陆航P-39"空中飞蛇"战斗机。

1941年4月，荷兰方面就与美国签订了购买162架B-25C-5的合同，太平洋战争爆发之后，根据《租借法案》，荷属东印度群岛还会另外获得60架B-25C。没过多久，北美航空公司技术代表杰克·福克斯带着一批B-25来到澳大利亚。

1942年3月，荷属东印度群岛沦陷，美国将太平洋战区飞机供应优先级提高，对于荷兰方面的影响就是飞机要首先保证供应美军，荷兰人就先靠边站吧。1942年3月23日，布雷特和荷兰少将范·奥恩达成"谅解"，从荷兰人手中抽调12架B-25C供美国陆航使用。哈尔·乔治准将（Hal George）一直想指挥这次行动，但是此次行动被"交给"拉尔夫·罗伊斯（Ralph Royce）负责，虽然罗伊斯却对此持反对态度。

当时陆航空袭的主要目标集中在新几内亚的加斯马塔（Gasmata），第13轰炸机中队的力量还很弱小，只能派出5架B-25投入轰炸，日军的抵抗非常轻微，基本是轰炸完毕

中队、第89侦察中队以及第27轰炸机大队抽调飞行员，划归到约翰·戴维斯上校麾下。第13轰炸机中队和第90轰炸机中队在布里斯班接收到15架全新的B-25C，但是后来要求移交给NEIAF第18轰炸机中队使用，约翰·戴维斯上校看着到嘴的鸭子就这么飞了，心里当然不舒服，因此他向华盛顿方面抗议，说荷兰单方面违反《租借法案》，这哪里是调拨，简直就是盗窃！约翰·戴维斯上校提出了严重的抗议，再加上其麾下的轰炸机中队在爪哇遭受严重损失，若想重组作战力量，没有飞机肯定是不行的，荷兰人只好将这批飞机和相应的物资设备返还给美国人，荷兰人对于B-25并不陌生，早在

第13轰炸机中队少尉詹姆斯·曼甘，他曾作为41-12472号B-25C的副驾驶员参加了"罗伊斯行动"。

后,日军高炮才开始零星地对空射击。詹姆斯·曼甘(James H.Mangan)少尉曾是第13轰炸机中队的一名飞行员,他在1942年4月7日的日记中写道:

这几天任务排得很满,实际上第13轰炸机中队在二战中的作战任务才刚刚开始。4月5日,我们从澳大利亚查特斯堡起飞,准备飞往莫尔兹比港。那天天气很好,只是在途中偶尔会遇到阵雨。晚上6:30,莫尔兹比港映入我们的眼帘,降落之后,我们赶紧去找床铺和食物,我们太累了,在这里我惊奇地找到了第22轰炸机大队的B-26和第19轰炸机大队的B-17。

4月6日早上4点钟我们准备飞往新几内亚的加斯马塔,对这里实施轰炸。欧文斯坦利山脉的天气还算良好,轰炸完毕之后,于8:36开始返航。这一次日军的防空炮火非常猛烈,落地之后我仔细地检查飞机,发现机背炮塔被直接洞穿,机尾已经被弹片划开,机枪射手也被弹片打伤。

我们共有5架B-25参与这次行动,轰炸编队为V字形,采用"诺顿"轰炸瞄准具。V字编队可以最大限度地保护我们,同时最大程度地发挥自卫火力。机背炮塔的双联装12.7毫米机枪性能十分出色,但是机鼻的7.62机枪威力稍显不足。不管怎么说,这次任务我们活下来了。

正当所有的B-25在澳大利亚达尔文港组装完毕准备行动时,此时却传来巴丹被日本人占领的消息。既然巴丹已经沦陷,那么此次行动方案也必须更改,改为空袭日军机场、港口和运输船,希望能给西南太平洋饱受悲观情绪笼罩的盟军打上一针强心剂。

在"罗伊斯行动"中,隶属于第3轰炸机大队的第13轰炸机中队派出8架B-25C,第90轰炸机中队派出3架B-25。根据第13轰炸机中队官方战史介绍,该中队9架B-25C在4月8日飞向布里斯班,安装执行任务所需的副油箱,于4月10日凌晨1点冒着毛毛细雨从查特斯堡起飞返回达尔文港,共耗时7小时。第90轰炸机中队有一架B-25C(飞机编号为41-12496)的机轮出现问题,由于没有备用零件,因此不能参

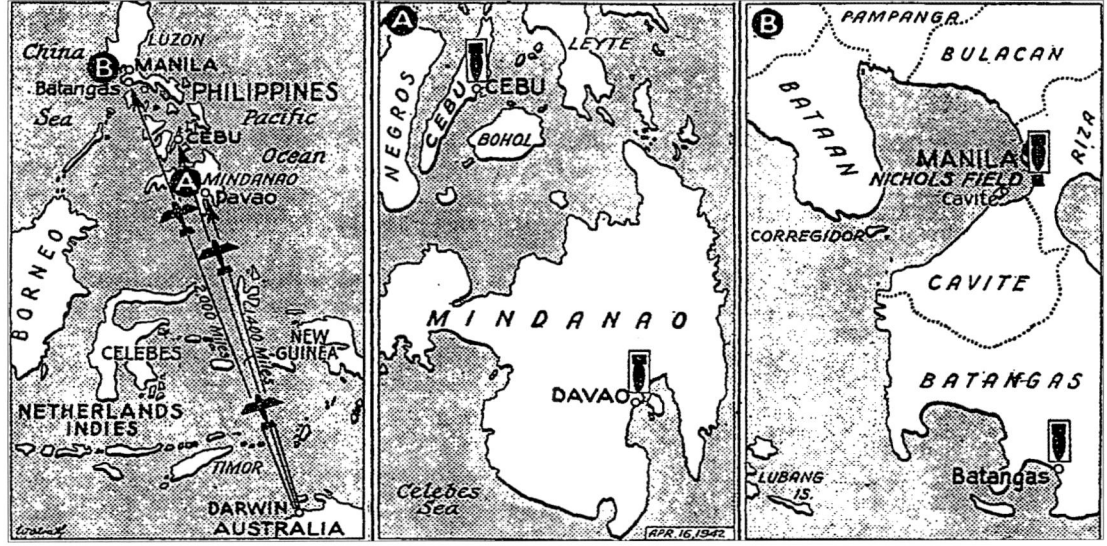

1942年4月"罗伊斯行动"示意图,图片来自于第3轰炸机大队官网,该图曾刊登在《纽约时报》上。

机型	飞机编号	所属中队	说明
重型轰炸机 B-17E	41-2421	第435轰炸机中队	绰号"美国军人的问题"（G. I. Issue）
	41-2447	第435轰炸机中队	绰号"圣安东尼奥的玫瑰Ⅱ"（San Antonio Rose Ⅱ）
	41-2486	第30轰炸机中队	1942年11月返回美国，最终命运不得而知。
中型轰炸机 B-25C	41-12441	第13轰炸机中队	
	41-12442	第13轰炸机中队	绰号为"羽毛商人"（Feather Merchant）
	41-12443	第13轰炸机中队	绰号为"莫蒂默"（Mortimer）
	41-12455	第90轰炸机中队	
	41-12466	第13轰炸机中队	
	41-12472	第13轰炸机中队	绰号为"皇后"（The Queen）
	41-12480	第13轰炸机中队	
	41-12483	第13轰炸机中队	
	41-12485	第90轰炸机中队	在德尔蒙特（Del Monte）停留时，炸弹舱油箱损坏，因而推迟了返回澳大利亚的日期。
	41-12511	第13轰炸机中队	

飞机编号	机长	飞机编号	机长
41-12441	赫尔曼·洛维利（Herman F. Lowery）上尉	41-12472	马尔科姆·彼得森（Malcolm E. Peterson）少尉
41-12442	古斯塔夫·海斯（Gustave M. Heiss）上尉	41-12480	罗伯特·斯特里克兰（Robert F. Strickland）少尉
41-12443	詹姆斯·史密斯（James R. Smith）少尉	41-12483	约翰·戴维斯（John H. Davies）中校
41-12455	贝奈特·威尔逊（Bennett G. Wilson）少尉	41-12485	保罗·甘（Paul I. Gunn）上尉
41-12466	约翰·费尔森（John D. Feltham）少尉	41-12511	哈罗德·毛尔（Harold V. Maull）少尉

加后续行动，这样的话，原本11架B-25还剩下10架。

参加"罗伊斯任务"的13架轰炸机飞机信息如下表所示：

1942年4月11日上午10点整，第一架轰炸机B-17E（飞机编号41-2421）从澳大利亚达尔文港起飞，飞行距离达到了2414公里，直到黄昏时分才抵达棉兰老岛。这架B-17E的领航员罗伯特·琼斯中尉曾回忆：

这确实是一段难忘的经历，所谓的机场不过是整理平整的大片草地，相当粗糙。飞机在机场上分散得到处都是，机组成员走出飞机后就遇到从

第3轰炸机大队参加"罗伊斯行动"的人员合影。

草丛里冲出的美国士兵,我们将给养送给这些伤痕累累的人。这里的守军从上校到士兵,满含热泪围在飞机旁,这里的守军把我们当成了救世主和英雄。我们告诉守军,这次来的飞机并不多,而且不是为他们运送给养的,此次行动只是向他们说明麦克阿瑟并没有忘记在菲律宾和巴丹战斗的部下。有少部分人从巴丹撤出来,这些人满脸憔悴,眼神无光,在人群中一眼就能认得出来。这里发生的一切让我们每一个人都燃起了复仇的火焰。

B-25在西南太平洋战区还是个新机型,它可以快速在炸弹舱安装副油箱,以延长

41-12441号副驾驶员利兰·沃克(Leland A.Walker)少尉,机长赫尔曼·洛维利的照片没有找到,其他机组成员为:领航员约瑟夫·贝恩(Joseph M.Bean)中尉,投弹手威廉·惠里(William B.Wherry)技术中士,飞行工程师霍奇斯·里根(Hodges K.Rigdon),两名机枪手诺亚·福瑞奎斯(Noah Fresquez)和大卫·伦阿格尔(David H. Runnager)。

飞机飞行距离。B-25在抵达德尔蒙特之后,有5架B-25分散到周围其他机场,这些机场位于马拉马格(Maramag)和64公里之外的瓦伦西亚(Valencia),而B-17依旧停

41-12442号机组成员,左上为机长古斯塔夫·海斯(Gustave M.Heiss)上尉,右上为副驾驶员埃德温·汤森(Edwin C.Townsend)少尉,下图右一为机枪手莱昂内尔·杨(Lionel G.Young)中士。其他机组成员为领航员约翰·贝文(John Bevan)中尉、投弹手马龙·史密斯(Marlon K.Smith)中士,飞行工程师亨利·斯奈普(Henry J.Snipers)技术中士,机枪手詹姆斯·米勒(James W.Miller)中士。

Thomas P. Talley

左侧为41-12443号B-25C副驾驶员托马斯·塔利（Thomas P.Talley）少尉，机长詹姆斯·史密斯中尉照片没有找到。右侧为41-12472号B-25C投弹手约翰·巴特勒（John P.Butler）中士，机长马尔科姆·皮得森少尉照片没有找到。

左侧为41-124555号B-25C副驾驶员约翰·基特（John J.Keeter）少尉，右侧为领航员提索恩亚（E.T.Tisonyai）。

留在德尔蒙特。

不知道什么原因，罗伊斯上将并没有将B-17E分散至其他机场，他估计不知道德尔蒙特机场已经是日军重点"照顾"的盟军机场，也不知道鸡蛋决不能放在一个篮子里的道理，他将为他的决策失误付出代价。

1942年4月12日是星期日，清晨6:05，5架B-25从德尔蒙特出发，每架挂载5枚227公斤炸弹前往菲律宾宿务岛（Cebu）附近海面搜索日军运输船。上午8:47，这5架B-25呈V字编队，在1067米高度轰炸了宿务岛港口，日军起飞两架水上飞机前来迎战——其中一架被B-25机尾机枪手击落，这5架B-25于9:09返回马拉马格。

另外一些B-25从德尔蒙特起飞，在8:15轰炸了宿务岛港口，随后前往布基农巴伦西亚的隐蔽机场，在飞过目标上空时，遇到4架日军单发水上飞机，2架日机被B-25击落。

2架B-17在7:30起飞，航向向北执行轰炸任务，1架B-17的驾驶员是此次行动指挥官弗兰克·波斯特洛姆上尉，他驾驶飞机在民都洛岛附近海面搜索日军舰船，但是毫无收获，继续北上搜寻马尼拉湾，他们可能是在科雷吉多尔岛陷落之前最后看见该岛的美国人。波斯特洛姆上尉驾机返回棉兰老岛途中在8839米高空轰炸了尼科尔斯机场，当时这个机场上停着一排排日军飞机，爆炸引起的大火在64公里之外都看得见。另1架B-17由泰特上尉驾驶，他们在巴坦加斯港（Batangas Harbor）附近攻击了一艘运输船，1枚227公斤炸弹直接命中运输船船尾，该机返回德尔蒙特机场时遭到2架日军飞机的跟踪，受损严重（另有一种说法是这架B-17在

左图为41-12511号B-25C驾驶员哈罗德·毛尔少尉，右图为副驾驶员霍华德·韦斯特（Howard B. West）少尉。

此次任务中并没有被击伤,经过笔者多方查证,该说法可信度不高)。这2架B-17在13:00到14:00之间降落在德尔蒙特机场,日军的巡逻队发现了B-17,正当他们为下次任务做准备的时候,德尔蒙特机场遭到了日军轰炸,波斯特洛姆上尉的座机41-2447号被一架三菱F1M2水上飞机投下的60公斤炸弹完全炸毁。另一架B-17由于被草地燃烧产生的浓烟笼罩,因而逃过一劫。第3架B-17(41-2421)从澳大利亚起飞,但是在最后644公里处时,有1台发动机出现故障,41-2421依靠3台发动机完成剩余航程。地勤人员在经过15个小时的紧张工作之后,终于修复好这架受损飞机,随后他们就返回澳大利亚了。在"罗伊斯行动"中,B-17的任务到这里也就戛然而止了。由于罗伊斯上将没有将B-17分散安置,才导致如此后果,倘若B-17能继续参加作战行动的话,会有更多人可以逃离菲律宾。

B-25在布基农巴伦西亚降落时,得到了2架P-40战斗机的护航,随后这5架B-25重新加油和装填弹药。根据第13轰炸机中队的官方战史,这5架B-25在13:30再次起飞,根据得到的情报,每架飞机挂载5枚227公斤炸弹前去轰炸保和岛(Bohol)北部海域的日军航母,起飞之后遇到日军2架水上飞机的攻击,但是没有造成任何损失。B-25编队飞到指定海域后,并没有发现日军航母,于是将轰炸目标改成宿务岛港东南24公里处的3艘船只。16:05,以马拉马格为基地的B-25轰炸了宿务岛港水道的2艘大型运输船。驻守在德尔蒙特机场的P-40E战斗机中,有3架P-40E参与到4月12日对达沃市的作战行动中,其中1架P-40E在返航时撞到了飞机棚顶部,一侧机翼严重扭曲,这架P-40E的驾驶员为约翰·普斯滕(John Posten),他可是巴丹的1名老兵,他的座机右侧机翼的翼尖以及大部分副翼完全被撞掉。

4月13日清晨6:15,9架B-25分别从马拉马格和布基农巴伦西亚起飞,前往达沃市轰炸日军目标。第90轰炸机中队的B-25重点轰炸达沃市机场和补给点,第13轰炸机中队的6架B-25,每架挂载12枚45公斤炸弹,沿着迪格斯(Digos)至达沃市的公路飞行,重点轰炸达沃市的船运、铁路和其他目标,并击落一架单发双翼飞机,B-25编队在返航时,遭到3架双翼机袭击,其中1架B-25被击伤,但是受损轻微。

16:45,第13轰炸机中队前往棉兰老岛再次搜寻日军航母,结果还是一无所获,他们只好将炸弹投在前一天已经轰炸过的那几艘大型运输船上。同一时间4架B-25从布基农巴伦西亚起飞,每架B-25挂载5枚227公斤炸弹轰炸达沃市,飞机编号为41-12442的B-25在落单的时候遭遇3架零战的攻

左图为41-12480号B-25C驾驶员罗伯特·斯特里克兰,右图为副驾驶员威廉·希普斯(William G.Hipps)少校。

41-12483号B-25C机组成员，由左至右为：副驾驶员詹姆斯·麦卡菲（James B.McAfee）中尉，机枪手罗伯特·纽曼（Robert M.Newman）下士，戴维斯中校，投弹手罗纳德·哈伯德（Ronald D. Hubbard）上尉，飞行工程师杨（Young）技术中士。

41-12485号B-25C轰炸机，机长为后来大名鼎鼎的"老爹"，另外也有资料表明，北美航空公司技术代表杰克·福克斯曾作为飞行工程师乘坐41-12485号一同参加"罗伊斯行动"。

击,驾驶员海斯上尉机智地将飞机飞入云层中,最后摆脱敌机的追击,其中一架B-25执行了一次秘密任务,该机飞到班乃岛的圣巴巴拉,接出了在科雷吉多尔岛沦陷之前逃出的4名重要军方成员以及远东美国陆军情报机构的大量机密文件。

1942年4月14日,"罗伊斯行动"结束,为了尽可能多地把人带走,所有B-25再次安装炸弹舱副油箱,加满油料之后每架B-25炸弹舱还可以再多装3个人,这9架B-25在0:45到4:00依次起飞离开德尔蒙特机场,飞行8个小时之后,于8:45到12:00飞抵达尔文港附近的巴彻勒机场(Batchelor Field),第10架B-25(41-12485)出发时间延迟到4月15日凌晨4:30,因为之前日军飞机曾轰炸过德尔蒙特机场,将41-12485号机的副油箱炸毁,这架B-25的驾驶员就是大名鼎鼎的"老爹",由于转场燃料箱数量不足,"老爹"和机组人员只好将B-18轰炸机的2个燃料箱拆下来硬是安装到41-12485号机的炸弹舱里,就这样飞回到澳大利亚。

麦克阿瑟的司令部在4月15日向美国战争部报告了"罗伊斯行动"的结果,麦克阿瑟总结如下:

此次在菲律宾尼科尔斯机场、巴坦加斯、宿务岛和达沃市对日作战战果如下:在尼科尔斯摧毁了日军机库和铁路;在达沃市炸毁日军轰炸机1架,击伤若干架,击中2艘运

从菲律宾安全返回澳大利亚的B-17E"圣安东尼奥的玫瑰Ⅱ"号,图中由左至右为投弹手厄尔·舍戈路德(Earl Sheggrud)、领航员罗伯·罗伊·卡拉瑟斯(Rob Roy Carruthers)、未知、弗兰克·博斯特罗姆、未知、副驾驶员威尔逊·库克(Wilson L.Cook),最右四人未知。这架B-17E属于早期型,领航员舱上方装有2挺机枪,机腹炮塔则采用本迪克斯炮塔。不过也有资料表明,比如澳大利亚航空作家史蒂夫·伯索尔(Steve Birdsall)认为这张照片是在1942年2月拍摄的,飞机刚刚从夏威夷飞到澳大利亚,此时"罗伊斯行动"还没开始,另外这架B-17E采用的是夏威夷机场的草绿色涂装,机徽也采用战前的样式:五星中间有一个红圈,机尾采用红白相间条纹,这种样式最后在1942年5月被取消。多提一句,领航员罗伯·罗伊·卡拉瑟斯根本没有参加"罗伊斯行动",取代他的人为哈罗德·施耐德(Harold E.Snider)。

弗兰克·博斯特罗姆（中间者）在"罗伊斯行动"中负责指挥3架B-17E。在日本偷袭珍珠港时，刚好有12架B-17从美国本土飞往夏威夷，而弗兰克·博斯特罗姆是其中一架B-17的驾驶员，由于此时B-17机群没有安装自卫火力，博斯特罗姆只能驾机避开日军战斗机，和前去轰炸瓦胡岛的日军战机兜起圈子，最后安全降落在高尔夫球场上。

输船，其中1艘可能沉没，击毁3架水上飞机；在宿务岛击沉3艘运输船，击落3架敌机，另有若干架日机在地面被击伤，该岛的码头被炸毁；在巴坦加斯，一艘货船被击沉，自身损失一架飞机（指的是上文的那架B-17），但是该机组成员全部幸存。

此次任务不仅己方人员无一损失，而且额外带回32人，其中16人为军官、2人为记者、3人为判读员、11人为士兵（4人为通信员），另外在最后一架返回的B-25机上发现了一名"偷渡者"（第33人，私自藏到飞机上），另有资料显示，之前飞回澳大利亚的B-17上也发现了"偷渡者"，此人名叫杰克·唐纳森（Jack Donalson），也是一名飞行员。

"罗伊斯行动"之后，同盟国各大报纸头版头条均进行了报道，这也是没办法的事，开战初期若想听到盟军的好消息实在是太难了，但是很快"罗伊斯行动"就被杜立特空袭日本的消息覆盖了。不管怎么说，我们还是应该记住他们，如果没有他们的浴血奋战，1942年4月盟军在中太平洋的局势可能会更加紧张。

曾参加过"罗伊斯行动"的B-25现在可考证的资料不多，10架B-25也只有区区3架能找到较为详细的资料。编号为41-12442的B-25C绰号为"羽毛商人"，该机是北美航空公司英格尔伍德工厂制造的第9架B-25C。1942年3月，该机交付给NEIAF，飞机编号为N5-124，4月初在墨尔本加入第五航空队第3轰炸机大队第13轰炸机中队，在参加"罗伊斯行动"时，该机驾驶员为古斯塔夫·海斯上尉，副驾驶员为埃德温·汤森，根据海斯上尉的侄子格斯·伯格曼（Gus Breymann）回忆，"罗伊斯行动"之后，海斯上尉由于表现出色，获得了一枚银星勋章。

起轰炸了莱城机场,其中6架来自于第13轰炸机中队,2架来自于第90轰炸机中队,率领这8架B-25C的指挥官是第13轰炸机中队的赫尔曼·洛厄里(Herman F.Lowery)上尉。这8架B-25C遇到了日本台南航空队的零式A6M3战斗机持续20分钟的攻击,当时驾驶这些日军战斗机的可都是在日军中声名显赫的飞行员——西泽广义、笃井醇一、坂井三郎,8架B-25C遭遇11架零战,结果自然是B-25C遭到了日机疯狂屠戮,虽然洛厄里上尉从西泽广义的枪口下死里逃生,但后者打爆了另外一架B-25C,太田敏夫和笃井醇一击落第2和第3架B-25C,坂井三郎击落第4和第5架B-25C,剩余的3架B-25C虽然逃过一劫,但也是九死一生,机身布满弹孔,其中一架B-25C在莫尔兹比港迫降时损毁,这是在本次行动中损失的第6架B-25C。此次任务中41-12442被击伤,由于此时缺乏轰炸机,这架B-25被修复,然后飞到查特斯堡,最后在布里斯班改装成扫射型轰炸机,于1943年1月返回战区之后分配到第90轰炸机中队。

1943年11月30日,41-12442号机加入到隶属于第345轰炸机大队的第499轰炸机中队,机身驾驶舱右侧写

1942年4月16日,美国《纽约时报》(左图)和悉尼《先驱晨报》(右图)的头版头条对"罗伊斯行动"进行大篇幅报道。

由于罗伊斯和戴维斯在此次行动中的优异表现,林肯上将(R.B. Lincoln)正在为其佩戴优异服务十字勋章。

1942年5月25日清晨(也有资料显示为5月24日),皮特·塔利驾驶41-12442号机从库克墩机场飞往莫尔兹比港附近的"7英里"机场(7-Mile Drome),和其他7架飞机一

地勤人员正在为第38轰炸机大队的一架B-25C更换发动机,这张照片拍摄于1942年11月11日,地点在澳大利亚汤斯维尔附近的加伯特机场(Garbutt Airfield)。

下了绰号"女士优先"(Miss Priority),机长为里奇韦(Ridgeway),41-12442号机的战斗生涯持续到1944年10月20日。从一线退下来之后,41-12442号机改装成一架"运输机",专门运输人员和物资,机上所有武器装备全部拆除,但是机身涂装依旧是橄榄绿,1944年7月,橄榄绿涂装被全部刮掉,已经恢复成金属铝色,机尾采用红白条纹,机鼻艺术画为"地狱骨仗"(Bat Outta Hell)。1944年10月,由于机体老旧,41-12442转交给后勤中队,待战争结束之后,41-12442号机被遗弃在巴布亚新几内亚北部的塔基机场(Tadji Airfield),机尾已经拆除。1974年,巴布亚新几内亚一个名叫查尔斯·达尔比(Charles Darby)的人将飞机机尾修复,罗伯特·派若(Robert Parer)提供拖车,将41-12442号机拖至塔基以西8公里处的艾塔佩(Aitape)高中以供展览。41-12442号机的机尾来自于另一架B-25D(飞机编号为41-30074)。

马尔科姆·皮得森少尉和曼甘驾驶的41-12472"皇后"号在参加完"罗伊斯行动"之后,该机于1942年9月4日16:00和其他5架B-25从"7英里"机场起飞,前往米尔恩湾轰炸日军船只,根据笔者查询的资料显示,在此次行动中,驾驶41-12472号机的并不是马尔科姆·皮得森少尉,而是上文提到的41-12442"羽毛商人"的驾驶员海斯上尉,此次行动中B-25编队并没有取得任

41-12442号现在还放在巴布亚新几内亚艾塔佩高中以供展览,由于平时日晒雨淋缺乏保养,现在机身早已破旧不堪,成了这副样子。

何战果,待B-25编队返航时,飞行高度大致在914米,此时天色已晚,天气情况愈加恶劣。编队中其他B-25看见41-12472"皇后"号打开了着陆灯,做了几次古怪的转向之后径直坠入大海,飞机变成一团火球,坠机地点大约在新几内亚南边胡德点(Hood Point)和凯珀尔点(Keppel Point)中间9.7公里的海面上,同时坠毁的还有一架编号为41-12480的B-25C。

第13轰炸机大队的霍华德·麦克唐纳曾在1984年8月30日的一封书信中写道:

当时我和海斯机组一同出发前往米尔恩湾搜寻日军巡洋舰和驱逐舰,但是毫无结果,只好在天黑的时候返航,由于B-25编队的无线电受到日军干扰,因此只能使用罗盘进行导航。B-25编队的飞行高度非常低,我甚至可以看见原住民点燃的篝火,飞机越过海岸线开始在海上飞行,由于没有找到目标,炸弹依旧在炸弹舱里挂载着。我回头看看莫尔兹比,发现我右侧B-25(海斯的座机)的着陆灯已经打开并且开始向右侧倾斜。不一会海斯的座机开始慢慢失去高度,最后扎入海中。我看见飞机化作一团火球,毫无疑问,机上的炸弹被引爆,燃料被点燃,应该没人能从这次事故中幸存下来。该机在坠毁之前并没用通过无线电发出呼叫信号,我们的无线电一直开着,没有接收到丝毫语音信号。我真搞不懂,当时海斯的座机上究竟发生了什么事,我并不认为该机的坠毁是由失速或是燃油耗尽造成的,坠机地点大致在莫尔兹比港以南200至240公里的海面。我现在依旧认为,那架飞机的残骸一定还在那里。

根据海斯上尉的侄子格斯·伯格曼分析,海斯上尉座机坠海很有可能是由于天气情况加上疲劳驾驶造成的,因为海斯上尉从1941年12月开始一直忙于执行任务,其中几次还身负重伤,唯一得到休息的机会就是上文提到的B-25机群遭到日军台南航空队虐杀的那几天，1942年9月4日那天莫尔兹比港上空天气状况十分糟糕，这两个因素可能是导致海斯上尉坠毁的原因。

至于41-12442"羽毛商人"的副驾驶员埃德温·汤森少尉不幸在1942年5月9日因为一场坠机事故而丧生。当时这架坠毁的B-25飞机编号为41-15811（不过很奇怪，笔者查阅资料发现41-15811这个编号应该不属于B-25轰炸机家族，可参考前文B-25的生产数量及编号），隶属于第3轰炸机大队麾下的第13轰炸机中队，在查特斯堡机场起飞时在跑道尽头坠毁，包括埃德温·汤森少尉在内的6人全部丧生，另有两名机组成员则从机尾爬出，最终逃出生天。

推测原因可能是因为当时这架B-25的驾驶员约翰·阿尔伯（John Albaugh）少尉想尝试使用B-25装备的自动驾驶仪完成飞机起飞，埃德温·汤森少尉被严重烧伤，最终在1942年5月12日伤重不治而丧生，在他死亡之前，由于伤口剧烈疼痛，埃德温·汤森少尉一直在大声哀嚎。

基思·杜德曼（Keith Dudman）是这次事故的目击者之一，他当时居住在查特斯堡安妮街道附近，年龄仅仅只有5岁半，他居住的地方刚好正对着查特斯堡机场9号跑道。事故发生时，他和他的哥哥正好坐在他父亲的道奇卡车里（他的父亲也曾参与修建查特斯堡机场），距离9号跑道东侧只有大约450米的距离，一眼就能看到破旧的控制塔。那天刚好是周六，时间大约是在上午十点钟，基思·杜德曼看见两个美国人走路歪歪扭扭的，之后钻进一辆吉普车，将车开到跑道另一侧尽头（应该是起飞线），然后和另一部分人钻进一架B-25。

随后这架B-25启动了发动机，飞机在滑跑过程中，速度越来越快，但是并不稳定，最后飞机开始尝试拉起，当时机场周围以及跑道附近至少有上百号人，他们大都已经习惯于飞机发动机的轰鸣声，因此并未在意这次飞机起飞。基思·杜德曼由于一直在盯着这架B-25，因此发现了苗头不对。这架飞机并没有像其他飞机一样，平缓地以一个优美的固定角度飞离地面，而是拉起之后立即以将近垂直角度爬升，在爬升到90至150米高度后，飞机开始失速，最后坠落在地面上。基思·杜德曼不能确定坠机的准确地点，据他回忆，应该是在9号跑道西边，和56号跑道连接处附近。基思·杜德曼赶紧从卡车里跑出来，告诉附近的两个人远离那个地方，话音刚落，这架B-25立刻变成了一团巨大的黄色火球。

这一幕深深地刻在基思·杜德曼的记忆里，直到多年之后，坠机场景依然历历在目。坠机现场并没有及时清理，没过多久，另一架B-25在没有得到批准的情况下，起飞时冲过了那片废墟，一片螺旋桨桨叶直接从车顶插入基思·杜德曼父亲的那辆道奇卡车里，美国人调查之后承认这次小事故是他们的错，所以赔了基思·杜德曼父亲一辆全新的道奇卡车。

41-12443号机绰号为"莫蒂默"，参加"罗伊斯行动"时，正副驾驶员分别为史密斯和塔利，后续该机改装成扫射型轰炸机重新加入第90轰炸机中队，参加了1943年3月初的俾斯麦海海战（后文有详述）。最终命运可能是返回美国，战争结束之后报废处理了。

麦克阿瑟对他麾下的空中力量规模非常失望，这种情绪很快发展成对上一次空袭行动十分不满。麦克阿瑟缺乏时间对第五航空队进行了解，所以将他最信任的乔治·肯尼少将派往第五航空队担任一把手。肯尼少将在7月末到达澳大利亚，8月4日担任第五航空队司

41-12443号B-25C型轰炸机可是第90轰炸机中队的"明星"战机,参加完"罗伊斯行动"之后,被"老爹"拖进机库,改装成扫射型轰炸机,在1943年3月参加俾斯麦海海战,大放异彩。41-12443号第一排站立的最右侧两人(身穿短裤)为英国皇家空军成员,其中右二名叫艾伦·佩奇(Allan R. Page),是一名英国皇家空军飞行员,不幸的是,海斯上尉驾驶41-12442号"羽毛商人"坠海时,他也在飞机上一同丧生。

令。麦克阿瑟觉得肯尼有优秀的组织能力,可以组织起太平洋战区所有对日作战的空中力量,使其发挥最大的效能。麦克阿瑟选择恩尼斯·怀特海德准将担任第五航空队副司令,最终第五航空队发展壮大成为太平洋战区最庞大的盟军空中作战力量。

1943年1月13日,第十三航空队在南太平洋的新喀里多尼亚成立。1942年2月5日,第七航空队在中太平洋的夏威夷成立,第十一航空队则在北太平洋的阿留申群岛成立。这三

来到西南太平洋战区的北美航空公司技术后勤人员在澳大利亚搭建了一个简易的房屋作为办公室,他们还颇具幽默感地将这个房屋称之为"南美航空公司"(SAA)(对应于老东家——北美航空公司),房屋上面挂着一块牌子,并且印有北美航空公司的商标,只不过上面的文字是:公司主席保罗·甘,业务经理杰克·福克斯,公关秘书杰克·埃文斯(Jack Evans)。

股力量分别从太平洋的北、中、南三个方向，向日本发起空中打击。

菲律宾和荷属东印度群岛陷落之后，各种各样的飞机撤退到澳大利亚，但是这些飞机种类较多，有教练机、运输机和老式轰炸机，唯独缺少先进的战斗机。美国通过各种途径向澳大利亚运输了足够数目的人员和装备，但是澳大利亚本地机场设施没有能力容纳这些飞机。维护这些飞机困难很大，最棘手的就是飞机组件和后勤人员严重不足。已经抵达澳大利亚的运输机和轰炸机居然还安装着除冰和冬季装备，要知道澳大利亚那时候可热着呢。由于肯尼上将对此事颇有微辞，1942年9月，107架B-25的所有冬季型装备均被拆下。

北美航空公司在制造B-25的过程中并没有预料到一线作战部队会遇到武器装备不够的问题。而且这类问题出现在各个战区，其中西南太平洋战区最严重。一线作战部队在综合考虑飞机重量、重心平衡和机体结构这些问题之后，尽可能在飞机上安装足够多的武器，以满足自身需求。随着对飞机进行大量维护、分解检查、大修和改进，1942年末，几个主要的航空仓库终于在布里斯班、查特斯堡、凯恩斯、汤斯维尔和莫尔兹比港建成，其中在汤斯维尔建成的航空仓库是除了美国本土之外规模最大、人员最多的仓库。1942年夏天，日本海军对所罗门群岛发动进攻，重点进攻俾斯麦群岛和新几内亚，并在芬什港、萨拉毛亚、米尔恩湾登陆，计划在5月份占领莫尔兹比港。1942年5月，日本海军在珊瑚海海战中并没有获得胜利，而新几内亚作为美军北上必不可少的跳板，麦克阿瑟决定不惜一切代价势在必得。以此为引子，美军决定在接下来的日子里空袭驻扎在胡昂半岛和俾斯麦群岛的日军。

由于美国在二战中制定的是"先欧后亚"的策略，所以欧洲的优先级远高于太平洋。华盛顿方面希望在太平洋地区的美军利用有限的资源尽可能地打击日本陆上和海上力量，于是建立起一条从西南太平洋澳大利亚一路向北直指日本的广阔战线。

3."跳弹"轰炸战术

1942年7月末，乔治·肯尼被任命为第五航空队司令，全权负责澳大利亚和新几内亚所有陆航部队的行动，由于管辖权的问题，荷属东印度群岛由澳大利亚皇家空军负责防御，新几内亚东部则由美国负责防御。肯尼手里有45架B-25，分别组成了第22轰炸机大队和第38轰炸机大队，另外还有40架B-26、39架A-20、70架重型轰炸机和250架战斗机，第五航空队的作战力量在太平洋战区已是翘楚，若想更换飞机、机组人员和飞机零部件，依靠12000公里长的后勤补给线确实有诸多困难，保卫澳大利亚和新几内亚的压力依然不小。

1942年1月，军械部和轰炸指挥中心合作，商讨在佛罗里达州埃格林机场测试一种新的轰炸方法——即后人所熟知的"跳弹"轰炸。"跳弹"轰炸战术有点像小时候我们用石子打水漂，具体来说就是轰炸机用炸弹"打水漂"，轰炸机低空高速飞向敌舰，然后投下炸弹，炸弹则像石子一样，在水面弹起，攻击敌舰侧舷，这种战法对付水面舰艇颇为有效。美军现有作战飞机中并没有专门执行"跳弹"轰炸战术的飞机，因此各个战区的作战部队只能发挥自己的想象力，在现有飞机上进行改装。由于西南太平洋幅员辽阔，人们更关心的是飞机的航程，而飞机其他性能则居于次位。肯尼上将由于指挥澳大利亚和新几内亚的作战行动，因此他首选

第五章 绞杀太平洋 **163**

图中这架B-25隶属于第38轰炸机大队第405轰炸机中队，第38轰炸机大队的B-25基本上都在机鼻画上一只绿色的龙头，因此又得名"Green Dragons"。这架B-25此时正在对日军舰艇实施"跳弹"轰炸，照片拍摄于1944年到1945年，图中可以看见炸弹在水面上向前跳跃。

A-20和B-25来执行"跳弹"轰炸战术，这两款机型在设计之初用途就大不相同，在执行作战任务时，虽然两者性能十分出色，但是缺乏火力这一缺点暴露无遗。

日军战斗机普遍喜欢从正面对B-25发起迎头攻击，B-25的早期型号机头只安装了一挺7.62毫米机枪，火力屡弱。杰克·福克斯用一挺12.7毫米机枪代替了原有的7.62毫米机枪，经过实战测试发现瓦解日军战斗机的迎头攻击颇为有效。到了后来，B-17、B-25和B-26机头均大量安装12.7毫米机枪用于自卫。对付日军舰船采用中低空高度轰炸较为有效，A-24采用鱼雷攻击或者俯冲轰炸时局限较多，由于A-24航程有限，从莫尔兹比港起飞穿越欧文斯坦利山岭时较为不便，飞机不得不采用低速飞行，而且一路上需要战斗机护航。肯尼上将认为，"跳弹"轰炸可以极大地提高炸弹命中概率，但是机组人员也有些不安，因为海上舰艇通常皮糙肉厚，防空火炮林立，如果以低空接近敌人舰艇，势必会增加机组人员受伤概率，另外对机组人员的士气问题也要考虑。

1942年10月，肯尼上将命令隶属于第43轰炸机大队第63轰炸机中队的威廉·本（William Benn）少校进行"跳弹"轰炸实验。实验要在B-17上投下45公斤炸弹用来确定飞行速度、飞行高度和目标距离。"跳弹"轰炸需要解决的技术问题不少，其中有一项是关于炸弹引信的选择，攻击舰船侧舷的炸弹引信要足够灵敏，否则延迟爆炸的炸弹容易伤害到轰炸机自身，1942年年中，第五航空队使用的45公斤炸弹安装的是5秒延迟引信，但是使用几个月之后觉得这种引信并不可靠，后来又改用澳大利亚生产的M106型11秒延迟引信，经过本少校的实验，每投下3枚炸弹便能命中1枚，这种杀伤概率已经很大了。飞机在采用"跳弹"轰炸战术时，飞行高度大致在76米，飞行速度为321公里/小时至354公里/小时，炸弹接触到水面时，已

左图为早期型B-25C/D型（C型：41-12434至41-13176，D型：41-29648至41-29797）机鼻部分武器配置，通常只安装一挺7.62毫米机枪，机枪旁边有弹壳回收袋，由投弹手负责操控。右图为B-25C/D-5的机鼻部分武器配置，此时已经换装成12.7毫米机枪，由驾驶员通过操纵盘上的按钮来控制机枪开火。

经向前飞行18至30米，然后从水面弹起，再向前飞行30米，然后再次接触水面，周而复始，最终击中船舷水线部分。A-20和B-25的机组成员在开始训练"跳弹"轰炸技巧时，偶尔在澳大利亚"英俊战士"战斗机的协同下执行有限的作战任务，而B-17则专注于高空水平轰炸。飞机在进行"跳弹"轰炸时，有一个关键点被忽视了，B-25低空接近敌舰时，需要强大的前向火力来压制敌人的防空火力，但是B-25的前向火力实在是太弱了。

1942年秋天，"老爹"和汤姆金斯（Tomkins）少尉决定对一架A-20进行改装，其目的是用来克服前向火力孱弱的缺点。贴着桅杆顶端进行轰炸其实是不需要投弹手的，所以"老爹"将投弹手的位置从机鼻部分拆除，这样多出来的空间可以安装武器。汤姆金斯少尉在机鼻安装1排共4挺12.7毫米机枪，另外在前机身每侧均安装一个水泡形机枪吊舱，里面有1挺12.7毫米机枪。由于缺乏必要的材料，如钢架、金属板、金属薄片和螺线管，这个改进尝试受到阻碍。为了增加这架A-20的航程，两人在炸弹舱安装了2个1703升的油箱，余下的空间挂载2枚伞投杀伤炸弹。伞投杀伤炸弹这个点子是由肯尼上将提出的，这种炸弹由一个10.5公斤重的杀伤炸弹和一个降落伞组成，炸弹头部安装有近炸引信。炸弹投下之后，在距离地面1米左右的高度爆炸，杀伤半径达到45米，对于杀伤步兵和地面的飞机来说效果极好。

经过改装的这架A-20在实战中被证明极具攻击力，但是由于在炸弹舱中安装了两个油箱，所以载弹量很小，看来A-20并不适合做轰炸机，于是装备A-20的作战部队都尝试将一定数量的A-20改装成扫射型攻击机，但这项计划由于A-20数量过少而遇到延误，具体原因为A-20根据《租借法案》优先提供给苏联。

美国人鬼点子真不少,他们在编号为41-12946的B-25C型轰炸机(绰号"玛格丽特")机身旁加装一个机枪吊舱,内含2挺12.7毫米机枪。

"老爹"和杰克·福克斯对如何改进B-25开了几次碰头会,两人都认为B-25更具有改装潜力,首先,B-25数量充足,北美航空公司正在马不停蹄地生产这款飞机。其次,B-25即使不加额外的油箱,航程也足够远,同时不影响载弹量。最后,B-25的机鼻部分空间足够大,安装机枪和其他武器装备不成问题。两人专门改装了一架B-25,并给肯尼上将做了展示,肯尼上将十分满意改装后的B-25,希望两人能将这项改装计划进行下去,并祝福他们取得最后的成功。

"老爹"和福克斯将B-25C-1和B-25D-1改进成扫射型轰炸机正好印证了那句老

1944年2月,B-25正在用伞投杀伤炸弹轰炸位于新几内亚达瓜的日军机场,图中的日军飞机最后被全部摧毁。

隶属于第90轰炸机中队的编号为41-12946的B-25C型轰炸机,绰号"玛格丽特"。"玛格丽特"是第90轰炸机中队第一架改装成扫射型轰炸机的B-25。最主要的特征就是机鼻安装4挺12.7毫米机枪。这张照片应该是拍摄于1942年11月4日,地点在加伯特机场。1943年8月7日,"玛格丽特"从莫尔兹比港起飞练习编队飞行时,由于飞行高度过低,最后在布纳机场(Buna Airfield)以东3.22公里处海面坠毁,5名机组成员全部丧生。

话——需求是发明之母。改装仓库对B-25的重大改进甚至直接影响到北美航空公司对B-25的设计方案。改进后的B-25被证明可以适应任何战场,其机体改进点比其他任何飞机都多得多,西南太平洋战区之外的某些改进仓库甚至成了"飞机屠宰场",他们为了满足自身作战需求,切掉飞机上多余的零件,焊上自己需要的零件,有的甚至将飞机大卸八块。从这里也能看出,B-25的改进空间很大。1942年12月,福克斯告知北美航空公司机场后勤分部关于要改装B-25以适应低空跳弹轰炸的必要性,全文如下:

致:北美航空公司机场后勤分部

第1243号命令

主题:关于B-25扫射型轰炸机的改装

B-25作为此次主题的主角十分合适,它拥有足够的活动半径、飞行速度和载弹量,如果可以拥有充足前向火力的话,那就更完美了。以下提出的几点都是根据一线作战部队最近对飞机的改进建议整理而来。

a. 投弹手及其相关设备必须移除,腾出的空间可以安装4挺12.7毫米机枪和大约2000发的子弹。通过投弹手仪表板安装机枪较为方便,拆除投弹手舱正上方的有机玻璃,这里可以安装弹药箱。投弹手安全舱口用螺栓封死。4挺机枪也可以换成4门20毫米机炮,但由于空间有限,可能无法容纳足够多的弹药。

b. 飞机机身中段两侧机身各安装1挺机枪,机背炮塔安装位置应靠近驾驶舱(像B-25J那样),机腹炮塔位置不变,这样错开安装可以减少机枪手之间因为空间狭小而产生的干扰。弹药箱可安装在炸弹舱中。

c. 一线作战部队在安装机枪的时候很少考虑飞机重心的问题,这一点让我颇为头痛,另外枪口焰也给驾驶员造成了麻烦。螺旋桨和飞机机体间隙较小,可能会造成扰流。我希望这些问题最后都不是问题。我也希望你们考虑一下,额外加装的机枪是否会对飞机重心造成影响。

d. 有人将无法修复的A-20A挂弹架(由道格拉斯制造)拆下安装在B-25的炸弹舱中,炸弹舱右侧可串联安装3个挂弹架,而左侧空出的空间可做其他用途,这种安装方式恐怕会对一次性投放炸弹造成影响。副驾驶员也应该能执行投放炸弹的操作。

e. 现在B-25主要执行低空轰炸任务,机腹炮塔使用起来颇有不便,应该拆除,这样可以节省机身重量。

我将来会带给你们一个有趣的项目,就是将B-25C改装成运输机,名字我都想好了,叫"无存货"号,在这架飞机上,凡是无用的装甲板、炮塔、无线电和其他装置都要被拆下来,主要用途为战区运输必要的物资。这架飞机性能一定十分出色,在2133米高度上,速度能达到386公里/小时。我上述内容绝大部分都来自于保罗·甘少校。

杰克·福克斯

"老爹"这个人是很看不上工程师和计算尺的,他对于飞机的理解和分析普遍被大家所接受。在这里需要澄清的是,"老爹"、福克斯和其他人尽管为B-25的改装付出了很多,但是布里斯班的工程师很早就为B-25安装8挺前向机枪进行了完整的设计和机体应力分析。早在1942年6月1日,也就是"扫射型轰炸机"这一概

右侧是"老爹",左侧是第81陆航仓库大队指挥官弗里(R.L.Fry)中校。

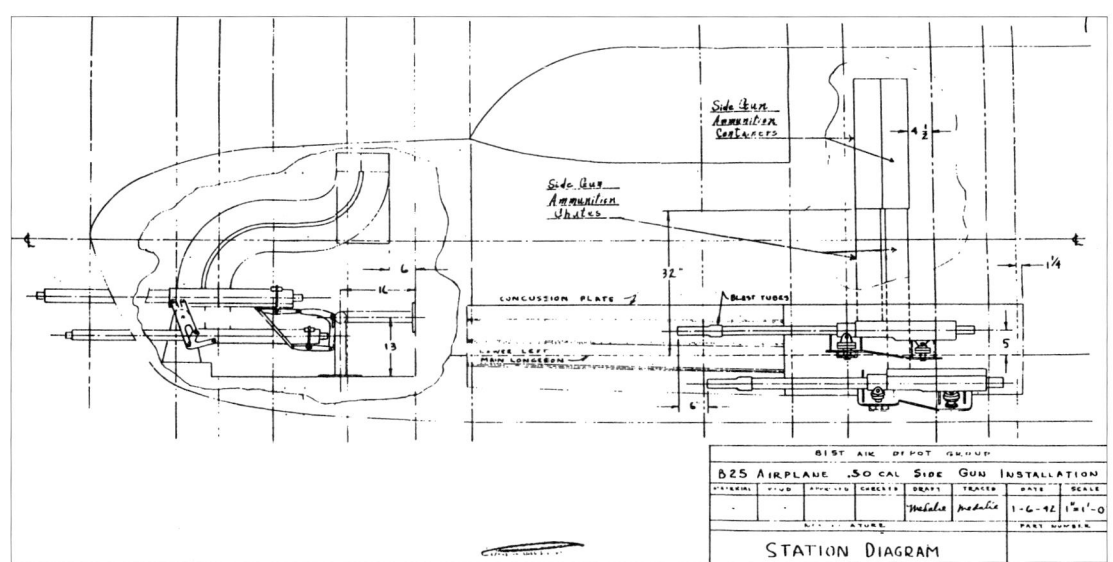

"罗伊斯行动"之后两个月,第81陆航仓库大队就已经想到了如何改装B-25,只是他们的想法停留在图纸上,这张草图上的改装方案已经和日后的扫射型轰炸机十分接近了,机身两侧装有机枪吊舱,机鼻也装有前向机枪。

念出现的几个月前,第81陆航仓库大队的工作站图表中就曾画着一张关于B-25加装机枪的草图。另外也曾有照片显示,B-25曾在机鼻两侧垂直结构梁上用螺栓固定机枪,每侧两挺,弹药箱安装在机枪后面。机身前方的水泡形机枪吊舱开火时会产生枪口焰,所以在机身两侧对应位置安装薄金属板,保护机体不被枪口焰破坏,最初薄金属板和机体之间垫有毡垫,但是遇到干燥寒冷天气时,效果大打折扣,最后采用的是橡胶垫。

因为肯尼上将曾提出"商船破坏者"这一设想,所以他对扫射型轰炸机表现出很强烈的兴趣,一直关注着该机型的进展情况。扫射型原型机被命名为"老爹的荒唐事"(PAPPY'S FOLLY),原型机的首次试飞和机枪测试都是由"老爹"、福克斯和埃文斯中士完成的,机枪校准在附近机场完成。测试中发现,机身安装的机枪过于靠前,影响了飞机重心,解决的办法就是将机枪安装位置后移,尽量靠近飞机重心。

肯尼上将对"老爹"和福克斯的工作很满意,他将二人连同这架原型机一同派往31公里之外的莫尔兹比港,这里驻扎着第90轰炸机中队,该中队

保罗·甘上尉的心血结晶——"老爹的荒唐事",飞机编号为41-12437。驾驶舱内的人就是"老爹",下面抓着枪管的就是北美航空公司技术代表杰克·福克斯。

1945年,保罗·甘中校在北美航空公司主席金德尔伯格(中间者)的陪同下参观英格尔伍德工厂。由于"老爹"在战斗中遭遇日本飞机扫射而负伤,因此被送到加利福尼亚接受治疗。"老爹"的夫人和四个孩子在日军战俘营活到了战争结束。根据杰克·福克斯的说法,"老爹"曾告诉他自己的营救家人计划,先找一架B-25或A-20,然后飞往马尼拉,在抗日地下武装的帮助下营救他的家人,至于此计划是否实施或者实施之后是否成功不得而知。

隶属于第3轰炸机大队，指挥官为埃德·拉纳少校，该中队会对这架原型机做进一步的测试。埃德·拉纳少校恳求"老爹"，希望他能将更多的B-25改装成这种扫射型飞机。到了1943年2月底，该中队已经有20架扫射型B-25了。

第90轰炸机中队接收到这些扫射型B-25之后，开始在莫尔兹比港外面利用船的残骸进行训练。他们总结出一套训练方法，开始时以300米到450米的高度接近敌船，在距离敌船4.8公里左右的时候，由于需要规避敌舰高射炮火的射击，所以高度下降到150米，等距离缩短到1370米的时候开始进入攻击模式，攻击敌船时普遍采用双机编队，一架飞机在接近敌舰时对准舰上防空火炮猛烈扫射，而另一架飞机负责扫射敌舰舰桥和桅杆（这些地方都是日军指挥人员和观察哨所在位置）。

"老爹"、福克斯和埃文斯想在B-25上安装更多的机枪，甚至在两侧着陆灯舱安装7.62毫米机枪，由于会影响飞机结构，所以实施没多久就被叫停了，但是这3个人又有了其他点子，他们想在炸弹舱里安装一排7.62毫米机枪，枪口向下，可以在飞机平飞时直接向下射击。虽然这种安装方式可以大量杀伤地面人员，但是由于占用过多炸弹舱空间，最后并没有在实际中得到应用。

4. 水面在燃烧

俾斯麦群岛位于新几内亚东北方向和所罗门群岛西北方向，岛上植被茂密，气候潮湿，属于热带气候。1642年，俾斯麦群岛首次被埃布尔·塔斯曼（Able Tasman）发现，1686年威廉·丹皮尔（William Dampier）再次发现该群岛。从19世纪60年代开始，德国人就开始向俾斯麦群岛移民，1885年德国宣布拥有俾斯麦群岛主权。第一次世界大战时，也就是1914年9月，澳大利亚军队将德国人赶出俾斯麦群岛，1921年5月9日，国联将该群岛连同其他德属新几内亚领地一道交于澳大利亚委任统治。

俾斯麦群岛面积大约为68100平方公里，其中新几内亚岛是该群岛中最大的岛，面积约为37800平方公里，新几内亚岛东北端为阿德米勒尔蒂群岛（Admiralty Islands）和拉包尔，到了1941年，日本人已经在拉包尔修建了现代化的船坞和两座机场，同时在新爱尔兰岛西北端的卡维恩也修建

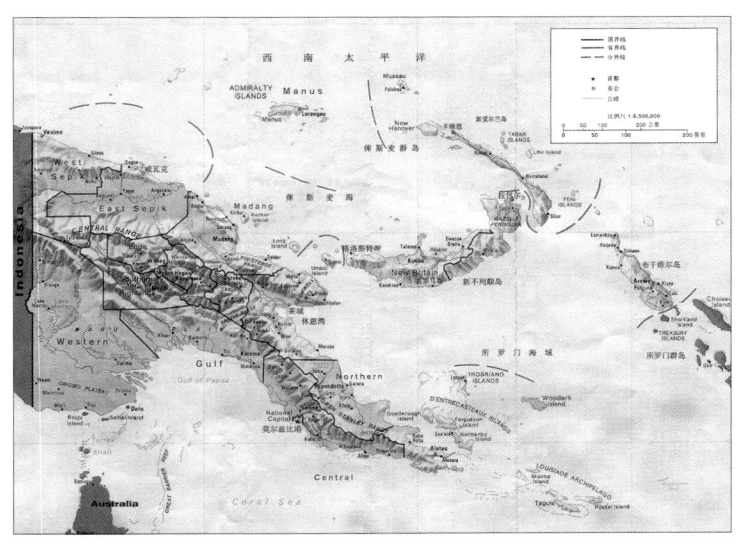

俾斯麦海位于巴布亚新几内亚北部，由新几内亚岛、俾斯麦群岛和阿德默勒尔蒂群岛环抱而成，并经勇士号海峡与所罗门海相连，这里岛屿星罗棋布，港口众多，很适合水面舰艇和航空兵作战。1943年3月初，俾斯麦海爆发一场海空大战，以美国、澳大利亚为首的盟军依托陆军航空兵将日本海军运输船队送入海底，以极微小的代价取得重大战果，粉碎了日本向莱城增援的战略意图。

了一处锚地。太平洋战争爆发前，这里的主要经济活动就是向外出口椰子、木材以及龟壳。该群岛地表覆盖大量密林，地形较为崎岖，这里还有几座活火山和休眠火山，其实拉包尔这个锚地海底就是一座火山口，时不时地喷出水汽和火山灰。俾斯麦群岛本身没有矿产资源，唯一能算上矿产的恐怕就是硫黄了。每年5月至10月，由于西北季风的影响，俾斯麦群岛降水频繁，基本上没什么枯水期。岛上热带病比如疟疾就十分猖獗，新不列颠上的热带病就更严重了。

俾斯麦群岛围绕的这一片海域就是俾斯麦海（Bismarck Sea），由东向西长约800公里，由南向北宽约500公里，之前这片海域一直没有被命名，直到第二次世界大战期间才被命名为俾斯麦海。

1943年3月的俾斯麦海海战（日方资料称其为"丹皮尔海峡的悲剧"）首次证明了B-25C/D扫射型轰炸机的高效性。这次行动标志着盟军空中力量在西南太平洋上的行动进入了历史转折点，同时也因为是陆航第五航空队最具历史意义的战斗而被记入史册。从此之后，新几内亚的日本陆海军再也没有好日子过了。

整个1942年日本都占据着所罗门群岛，盟军持续加压让日军痛苦不堪，当时的日军一直在新几内亚增加兵力，到了12月末，日军已经延缓对布纳的增援，而将力量主要集中在莱城，从而达到保卫拉包尔的目的。虽然在盟军的打击之下，日军也有所损失，但这种布防还是取得了一些效果。由于日本在1943年2月进攻瓦乌时被盟军击败，日本人担心盟军一鼓作气反攻莱城，而此时莱城守军只有约3500人，因此日方决定从拉包尔抽调中野英光中将的第51师团约6912名日军加强莱城的防卫。更进一步的情报显示，在1943年2月28日这一天，一支颇具规模的护航船队将从拉包尔出发，预计在3月3日到达莱城，途中还会得到日军战斗机的空中支援。日本方面将此次运输作战命名为"第81号作战"计划。

日本联合舰队司令山本五十六极不情愿地同意分配8艘驱逐舰为运输船队护航，运输船队装载的不仅仅是士兵，还有大量作战物资和辎重。运输船本身携带大量的小艇可以快速卸载物资，所有船员得到命令，要以最快速度卸载物资和士兵，无视盟军的空中打击，按照日军的估计，卸下所有士兵需要6个小时，卸下所有作战物资则需要48个小时。护航舰队的船速大约7节（约13公里/小时）左右，航行路线在新不列颠岛以北，舰队司令官木村昌福海军少将希望以此能够欺骗盟军，使其相信舰队

地勤人员正在紧急为参加俾斯麦海海战的B-25更换发动机，时间就是一切！

41-12443号B-25 "莫蒂默"参加完"罗伊斯行动"之后,就被地勤人员改装成扫射型轰炸机。图中的地勤人员正在对"莫蒂默"号进行改装。

的航向为威瓦克(Wewak)。日本海航派出40架战斗机、陆航派出60架战斗机为运输船队提供空中掩护,另外还有一部分作战飞机前往莫尔兹比港和米尔恩海湾的盟军机场进行轰炸,以此削弱盟军的空中作战力量。在这样的战场形势下,新几内亚战役的转折点——俾斯麦海海战揭开了序幕。

在此之前,也就是1943年1月5日,根据盟国无线电情报部门的报告,盟军侦察飞机发现了一支从拉包尔起航前往莱城港口的日军船队,该船队由5艘运输船和5艘驱逐舰组成,装载着第51师团的增援兵力。日本方面将此次运输作战命名为"第18号作战"计划,虽然持续遭到盟军飞机攻击,但盟军未能达成拦截目的,这支船队于1月9日在莱城靠岸,将约4000名第51师团的士兵和装备物资等运抵目的地,自身仅仅损失了2艘运输船。这一运输行动的成功和相对可承受的损失鼓励了拉包尔的日军司令部,使他们对下一次运输增援行动充满信心。没过几天他们的信心被再度验证,1月中旬,日军再次组织的运输船队在突破盟军的空中拦截后,将第20师团主力10000余人运抵新几内亚,增援在巴布亚半岛东北海岸威瓦克作战的日军。2月中旬,第41师团一部也被运抵威瓦克。对于日军而言,这些成功的经验证明,经过周密策划和组织护航的运输船队,完全能够突破盟军的拦截。这次日军已经做好了心理准备,哪怕这次人员和物资损失达到50%,日本人心理也可以承受。

1943年1月,美国人通过照相侦察发现,日本人在莱城、亚历克西斯港、格洛斯特岬和拉包尔活动频繁,往来船只的数量明显增加。这些地方的港口和机场持续遭到美国远程轰炸机的轰炸。盟军已经预料到日军的行动,并且破译了日军的密码,知道了这支运输船队所有的行动细节。澳大利亚皇家空军指挥官威廉姆·加伦敏锐地捕捉到了其中的战机,建议肯尼将军集中盟军陆基航空兵力,对日军运输船队发动大规模空袭。肯尼上将之前一直对中高空水平轰炸运输船队的效果感到不满意,因此将一个中队的B-25改装成扫射型轰炸机,命令自己的副手恩尼斯·怀特海德准将组织航空兵进行大规模的针对性训练。在莫尔兹比港外搁浅的废弃船只"普鲁特"号成为盟军飞行员训练用的靶舰,这种练习较为危险,有1架B-25在轰炸废船时撞上了桅杆,不幸坠海,另有2架B-25被自己投下的炸弹弹片击伤,1943年2月28日,B-25进行了轰炸模拟演习。

肯尼上将在此期间一直加紧修筑莫尔兹比港和米尔恩

41-12443号B-25"莫蒂默"是第90轰炸机最著名的轰炸机,同时也是带来好运的轰炸机。该机共执行累计超过445小时的作战任务,飞机从没发生意外或被敌方击中,机组人员更是连个毛都没伤到。

日军运输船队组成表		
舰名	类型	说明
大井川丸	陆军输送船	战沉,排水量6493吨,载员1324人,另载有火炮、车辆和8艘登陆艇。
太明丸	陆军输送船	战沉,排水量2883吨,载员200人,另有11艘登陆艇。
建武丸	陆军输送船	战沉,排水量953吨,载员50人,另有1650桶汽油。
爱洋丸	陆军输送船	战沉,排水量2746吨,载员252人,另有1850立方米物资和11艘登陆艇。
神爱丸	陆军输送船	战沉,排水量3793吨,航速9节,载员1052人,另载有火炮、飞机零部件和救生艇。
帝洋丸	陆军输送船	战沉,排水量6869吨,航速12节,载员1923人,另有车辆和6艘登陆艇。
旭盛丸	陆军输送船	战沉,排水量5493吨,航速10.5节,载员1203人,另有大炮、车辆和4艘登陆艇。
野岛	海军运送舰	战沉。排水量4500吨,载员908人,属于横须贺第5陆战队和舞鹤第2陆战队。
雪风	驱逐舰	搭乘150人,包括第51师团部分司令部人员,其中中野英光中将搭乘此祥瑞舰,得以幸免。
朝云	驱逐舰	搭乘29人。
敷波	驱逐舰	搭乘150人。
浦波	驱逐舰	搭乘150人。
荒潮	驱逐舰	战沉,搭乘150人。
朝潮	驱逐舰	战沉,搭乘150人。
白雪	驱逐舰	战沉,搭乘29人。
时津风	驱逐舰	战沉,搭乘150人,包括日军第18军司令官安达二十三(他本人幸存)。

港的机场设施,到了1942年1月,这里的机场已经可以集结一些重型轰炸机了。大部分中型和轻型轰炸机的基地都在莫尔兹比港,这里的作战部队主要进行袭扰日军护航船队的训练。肯尼上将和他的智囊团制定了一项针对日本船队的作战行动,该行动由250架各型飞机组成,包括战斗机,英国布里斯托尔"波弗特"式鱼雷攻击机,重型、中型和轻型轰炸机,以及最新式B-25C/D扫射型轰炸机。这次行动对日军舰队可能的航线考虑十分周全,另外也考虑了不同作战飞机的航程。

此次日军运输船队的规模为8艘驱逐舰和8艘运输舰,由第十一航空舰队司令长官草鹿任一中将指挥,护航舰队由第三水雷战队司令长官木村昌福少将指挥,下辖8艘驱逐舰,分别为第11驱逐队"白雪"、第19驱逐队"浦波"、"敷波"、第8驱逐队"朝潮"、"荒潮"、第9驱逐队"朝云"、第16驱逐队"时津风"、"雪风"。行动开始之前,木村昌福少将将旗舰由轻巡洋规"川内"换成驱逐舰"白雪",运输船队于2月28日午夜11:30准时从拉包尔出发,航速约为9海里/小时(约16.67公里/小时),航线在新不列颠岛以北,据说在运输船队出航后,各运输船上的粮库存货全部搬进了厨房,所以搭乘部队每天都能享受到饕餮盛宴,但同时也有人出现不断喝酒耍酒疯的情况。日本船队出发时候遇到了暴风雨,在暴风雨的掩护下,美军的巡逻机一直没发现这支庞大的运输船队,第321轰炸机中队的7架B-17在轰炸盖斯马塔途中也没有发现这支庞大的运输船队。

直到3月1日美军才发现这支船队的行踪。第321轰炸中队沃尔特·希金斯(Walter Higgins)中尉驾驶的一架B-24报告发现一支由14艘船只组成的日本运输船队,另外还有将近40架零战和60架Ki-43战斗机护航。这架B-24从下午4:00开始,始终保持着与日军船队的接触,并立刻电告莫尔兹比港总部,但是由于糟糕的可视条件,后续到来的侦察机始终没能确定船队的具体方位。

日本陆军输送船"旭盛丸",1920年由加拿大某造船厂建造。3月2日白天被美军第64轰炸机中队B-17机群炸沉,是这次日本运输船队中第一艘被航空兵炸沉的运输舰,沉船位置位于南纬06°40',东经147°10'。

"旭盛丸"已经被盟军轰炸机投下的炸弹击中,船身正在冒出滚滚浓烟。

于确定了日军船队的准确位置,并报告发现5艘驱逐舰,1艘轻巡洋舰和8艘运输船(该份报告显然并不准确,美军飞行员经常把日军轻巡洋舰和驱逐舰搞混),但是此时只有重型轰炸机的作战半径可以覆盖到船队,因此肯尼上将决定出动重型轰炸机轰炸这支日军运输船队。由第39战斗机中队16架P-38战斗机护航的第63轰炸机中队9架B-17(也有资料说是12架)和其他17架轰炸机在2000米高空投下了31枚454公斤炸弹,这是当天美军发起的最后一次进攻,此时的船队正从俾斯麦海朝南穿过维蒂亚兹(Vitiaz)海峡进入休恩湾(Huon Gulf),日军运输船"旭盛丸"被至少5枚炸弹击中,连同船上的物资一并沉

3月2日清晨,日军运输船队航行至新不列颠岛西端格洛斯特岬东北海域。上午8点15分,美军另一架B-24终

驱逐舰"朝云"号。1944年10月25日在苏里高海峡之战中前主炮正下方被美军发射的鱼雷击中,舰艇折断后沉没。

驱逐舰"敷波"号,1928年于舞鹤工厂动工,后来被归类为一等驱逐舰与"浦波"一同编入到第19驱逐队,1944年9月12日,在海南岛东部海域被美军潜艇击沉。

"雪风"是日本于二战前建造的甲型驱逐舰阳炎级的一艘,1938年8月开工,次年3月24日下水并被命名,1940年1月20日竣工,是该级驱逐舰唯一幸存到二战结束的。该舰以令人难以置信的好运气闻名于日本联合舰队,是联合舰队中著名的"祥瑞舰"、"奇迹之幸运舰"(因为每次轮到"雪风"出击总是捞回一大批舰船被击沉的落水友军),并有"吴之雪风,佐世保之时雨"之称。它参加了太平洋战争大部分战斗,自身未受严重损伤,即使被炸弹命中也是哑弹,阵亡人数不到10人。

没,共有约1500人落水,运输船"帝洋丸"和"野岛"号被击伤,负责掩护的零战也有3架被击落,木村昌福丝毫没有撤退的意思,"朝云"号和"雪风"号2艘驱逐舰营救了大约918名落水者(包含第51师团长中野英光中将),并先行离开船队全速驶向莱城。塞翁失马焉知非福,这918名幸存者万万没有想到,此时的坏运气把他们从"不久之后"到来的灭顶之灾中拯救了出来。

3月2日的轰炸不免让木村昌福产生了担忧,盟军陆基航空兵始终是个威胁,如果在3月2日晚间借助夜幕的掩护全速前进,3月3日清晨即可抵达

日本海军运送舰"野岛"号。

莱城卸载物资和人员,但是莱城的守卫较为薄弱,日军航空兵实力也不强,如果此时盟军派出大量轰炸机在白天轰炸莱城,他指挥的运输船队全部都要葬身火海。木村昌福心里开始打起了算盘,如果在3月3日白天赶路,可以得到盖斯马塔机场日军航空兵的保护,3月3日夜间抵达莱城也许是个不错的选择,这样日军借助夜幕的掩护可以有条不紊地卸载货物了。正是由于他有了这样的想法,整个日军运输船队在3月2日夜间开始兜圈子磨时间,在此期间的澳大利亚皇家空军第11中队的 PBY-5 "卡特琳娜"水上飞机一直远远追踪着船队,利用机上携带的 ASV 雷达与日本运输船队保持接触,将日军船队的位置及时报告给总部,时不时地也会扔下一两颗照明弹。

3月3日凌晨1点,"朝云"和"雪风"2艘驱逐舰从

○时津风	○敷波	○白雪	○浦波
○荒潮	□大井川丸	□帝洋丸	○朝潮
	□太明丸	□爱洋丸	
○雪风	□野岛	□神爱丸	○朝云
	□建武丸		

日军运输船队阵形简图,日军8艘驱逐舰将运输船包围在内部,排成防空阵形,另外也可以防范美军潜艇攻击。

莱城赶来，重新加入到日军运输船队。此时日军运输船采用"左4右3"阵形前进，最右列为驱逐舰"浦波"、"朝潮"、"朝云"，中央右列为"白雪"、"帝洋丸"、"爱洋丸"、"神爱丸"，最左列为驱逐舰"时津风"、"荒潮"、"雪风"，中央左列为"敷波"、"大井川丸"、"太明丸"、"野岛"、"建武丸"。清晨时分，日军运输船队终于进入了肯尼上将的机群作战半径之内，尽管日军运输船队有将近40架零战为其护航，但是肯尼上将依旧派出了麾下的陆基航空兵，共16架P-38战斗机，13架"英俊战士"战斗机，13架B-17重型轰炸机、A-20攻击机和B-25轰炸机。

日本运输船队的噩梦开始了。

米尔恩湾起飞的数架澳大利亚皇家空军第100中队的"波弗特"鱼雷攻击机发现了日军舰队踪迹并率先投入攻击。由于天气恶劣，只有3架"波弗特"成功靠近日军船队并实施攻击。2架"波弗特"

俾斯麦海海战盟军作战单位		
陆航轰炸机/战斗机大队	所属轰炸机/战斗机大队	机型
第五航空队第3轰炸机大队	第8轰炸机中队	A-20攻击机
	第13轰炸机中队	B-25轰炸机
	第89轰炸机中队	A-20攻击机
	第90轰炸机中队	B-25C扫射型轰炸机
第五航空队第35战斗机大队	第39战斗机中队	P-38战斗机
第五航空队第38轰炸机大队	第71轰炸机中队	B-25轰炸机
	第405轰炸机中队	B-25轰炸机
第五航空队第43轰炸机大队	第63轰炸机中队	B-17重型轰炸机
	第64轰炸机中队	B-17重型轰炸机
	第65轰炸机中队	B-17重型轰炸机
	第403轰炸机中队	B-17重型轰炸机
第五航空队第49战斗机大队	第7战斗机中队	P-40战斗机
	第8战斗机中队	P-40战斗机
	第9战斗机中队	P-38战斗机
第五航空队第90轰炸机大队	第320轰炸机中队	B-24重型轰炸机
	第321轰炸机中队	B-24重型轰炸机
澳大利亚皇家空军第9大队	第22中队	A-20攻击机
	第30中队	"英俊战士"战斗机
	第100中队	"波弗特"鱼雷攻击机
美国海军作战单位	鱼雷艇作战单位	PT-66、PT-67、PT-68、PT-121、PT-128、PT-143、PT-149、PT-150

鱼雷攻击机于清晨 6:25 施放鱼雷,但并未命中,第 3 架则在清晨 7 点进行攻击。由于这架"波弗特"攻击机的鱼雷释放机构失灵,这架飞机仅用机载武器扫射了一艘运输船的上层建筑,给日军运输船造成了轻微损害。随后,这 3 架飞机立刻返回米尔恩湾排除故障并加油挂弹,预备加入盟国航空兵对日军船队的全面空袭。

不久之后,英国皇家空军第30中队的"英俊战士"重型战斗机配合B-17、B-25和A-20对日军船队发起攻击,这些飞机相互配合,击落了20架日本护航战斗机。P-38战斗机在高空吸引零战与之空战,B-17在中高空进行水平投弹,其他飞机则在低空对日军船队进行攻击。几乎在同一时间,另有38架盟军战斗机在莱城附近活动,阻止莱城起飞的日本战斗机支援运输船队。整个地区的盟国陆基航空兵都动员起来。按照第五航空队和澳大利亚皇家空军早已部署的作战安排,从新几内亚东部到澳大利亚东北部所有的盟军机场上,一架架盟国轰炸机、攻击机和战斗机呼啸着升空,前往俾斯麦海。当时参与战斗的许多飞行员回忆,他们升空后见到了"新几内亚自开战以来从未有过的庞大机群"。事实上,这次空袭动用的陆基航空兵数量是当时整个西南太平洋战区所有战斗中最多的一次。

上午9:30,第一批空袭机群在守猎岬(capeward hunt)上空集结完毕。10 点整,13 架 B-17 在 16 架 P-38 的护航下对日军船队实施中高空水平轰炸。虽然轰炸没有造成任何损伤,但日军舰船在躲避高空落下的炸弹时打乱了船队的防空阵形,为随后赶来的攻击机低空突袭创造了机会。同一时间,13 架澳大利亚皇家空军的"英俊战士"重型战斗机从低空直扑日军船队。"英俊战士"在机头装备了 4 门 20 毫米机关炮,机翼上共有 6 挺7.7毫米机枪,这种飞机被日军惧怕地称之为"低语的死神",紧随它们身后的是第五航空队的 B-25 机群,两支编队靠得如此之近,以至于交叉在一起。不仅日军战斗机给盟军轰炸机造成麻烦,就连盟军轰炸机自己也给自己造成了困扰。英国皇家空军"波士顿"式轰炸机在300米低空进行轰炸,而在同一时间,B-17在中高空进行轰炸,而B-25扫射型轰炸机则在超低空正对着日军船只进行扫射,虽然机群在不同高度对同一支日本船队进行轰炸,但场面颇为混乱,幸运的是并没有人员和飞机因为误伤而损失。

其他的盟军飞机则环绕着日军船队,从各个方向以船队为中心实施向心攻击。日军船队的防空炮位对准"英俊战

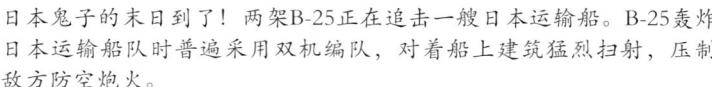

日本鬼子的末日到了!两架B-25正在追击一艘日本运输船。B-25轰炸日本运输船队时普遍采用双机编队,对着船上建筑猛烈扫射,压制敌方防空炮火。

士"机群猛烈射击,而让澳军飞行员感到更麻烦的是,此时在他们头顶护航的 P-38 战斗机群抛掉副油箱开始爬升,预备与担任船队掩护任务的日军战斗机接战。这些落下的副油箱"乒乒乓乓"地激起巨大的浪花,严重阻碍了低空飞行的"英俊战士"机群飞行员的视线。不过幸运的是,这些澳大利亚飞机没有一架被防空炮火击中,全部顺利突破了外围驱逐舰的防空火力圈,直冲运输船而来。随后,澳军机群爬升至攻击高度,然后对准各自选定的目标运输船实施俯冲攻击。20毫米机关炮和7.7毫米机枪组成的密集火力横扫了运输船的防空炮位和上层建筑,一艘运输船的甲板货舱当场发生巨大爆炸,喷射出大团大团的橙色火球。

一名搭乘"英俊战士"重型战斗机的观察员生动地描绘了当时的情景:

我们快速将敌军的驱逐舰抛在了身后,但他们持续用舰上安装的各种口径高炮向我们射击,小口径速射炮的呼呼声和大口径高炮的咣咣声不绝于耳,我们甚至可以看到曳光弹组成的火线在飞机周围飞快地穿过。一艘运输船映入了飞机的视野,它伪装得很好并带有前后桅杆。起初它看上去很模糊,但随着飞机的高速逼近越来越清晰。机首机炮开火的巨大震动有如雷鸣一般,震得你双脚发麻,同时你可以清楚地看到机枪曳光弹组成的火线投射在船身上。经过短暂的沉寂后,橙色的火球忽然从船身上各处喷涌而出。

第90轰炸机中队的埃德·拉纳少校十分肯定3月3日对于这支日本运输船队来说不是什么良辰吉日。该中队装备了B-25C/D扫射型轰炸机,当日军舰艇见到低空飞行的A-20和B-25机群时,以为这些飞机是之前的鱼雷攻击机,日军船只纷纷采取规避鱼雷的行动方式,调转船头笔直驶向机群来袭的方向。这种规避方式对规避鱼雷行之有效,但是盟军轰炸机群上的官兵们心里却乐开了花,B-25C/D和A-20机头机

盟军飞机超低空掠过日本海军驱逐舰"白雪",飞行高度如此之低几乎是擦着舰船桅杆。"白雪"于3月3日上午10:30左右被炸弹命中弹药库而沉没。

枪火力全开，将日军舰船从船头到船尾用机枪"犁"了一遍，在20分钟的时间里，8挺前向机枪摧毁了甲板上的一切，打得日军船队防空火炮抬不起头来。机枪扫射完之后，B-25和A-20的炸弹舱门全部打开，一枚枚227公斤炸弹从炸弹舱投下，在海面上"欢乐"地向前蹦着，冲着日军船队飞奔而去，这一幕就是第五航空队刻苦训练"跳弹"轰炸战术的成果。

在这轮攻击中，美军B-25机群向日军运输船队投下了37枚227公斤炸弹，共有17枚命中目标，日军5艘运输船受损严重。第89轰炸机中队的A-20机群则声称11枚227公斤炸弹命中目标。肯尼手中的这支空中力量损失极小，这主要归功于P-38和P-40的空中掩护，共有3架P-38和1架B-17在战斗中被击落，另有1架B-25由于在着陆时发生事故而坠毁。那架被击落的B-17机长伍德罗·摩尔（Woodrow Moore）中尉在机翼油箱被引燃后，竭力操纵飞机离开盟军轰炸机编队向下俯冲，将全部炸弹投进海里。在飞机爆炸解体之前，11名机组成员中有7人及时跳伞。但是，根据参加此次海战盟军飞行员的事后回忆，这些挂在降落伞上的机组成员在跳伞之后

第39战斗机中队的罗伯特·法洛特（Robert L.Faurot）上尉，俾斯麦海海战当天法洛特上尉驾驶P-38战斗机与日军战斗机鏖战，最后不幸被日机击落，血洒长空。

立刻遭到了日军战斗机的机枪扫射。对于日军如此不道义的战争行径，盟军要给日本人更残酷的报复！

上午10:30，盟军第一轮空中打击结束，日军运输船队在此轮打击中，驱逐舰"白雪"被炸弹命中弹药库后方，随后爆炸沉没，木村昌福少将直接被机枪弹打成重伤，将指挥部转移到驱逐舰"敷波"上。运输舰"爱洋丸"被2枚炸弹命中，锅炉被炸坏，大火引燃了物资和燃油，随后火势失去控制，最终没有逃脱沉没的命运。"大井川丸"被1枚跳弹击中船身中部，其船长以为是被鱼雷命中，"大井川丸"锅炉被炸毁，引发

熊熊大火。虽然没有沉没，但是已经是一堆废铁。驱逐舰"荒潮"被3枚炸弹命中，舰桥被完全摧毁，舰上官兵大部分被炸死。运输船"野岛"号至少被2枚炸弹命中，半死不活地躺在海面上。运输船"帝洋丸"先是被"英俊战士"重型战斗机的20毫米机炮打成了"筛子"，随后又被2枚炸弹直接命中打成了"瘸子"，船尾的航空汽油也被引燃，从船身的破洞中喷出火舌。运输船"太明丸"被命中了3次，该舰的幸存者曾回忆其中1枚炸弹命中舰桥之后没有爆炸，径直砸进"太明丸"船内，一架架扫射型轰炸机和攻击机"舔舐"着"太明丸"，盟军的攻

一架A-20攻击机低空飞过日军运输船,对其实施"跳弹"轰炸。

"白雪"号驱逐舰是旧日本海军第36号驱逐舰,一等驱逐舰,"吹雪"级驱逐舰的二号舰。于横滨造船厂建造,在俾斯麦海海战中作为木村昌福少将旗舰,后被盟军轰炸机击沉,木村昌福及舰长平山敏夫少佐被"敷波"号救起。

击在"太明丸"舰桥和烟囱之间引起了大爆炸,整个船只完全变成一座人间地狱,濒死的船身左右剧烈地摇摆着,甲板上的负伤者和死尸相互摸爬滚抱在一起,细沙吸附着鲜血在甲板上流动着……同一时间驱逐舰"荒潮"舰长和舰桥附近的所有人员全体战死,甲板上

运输船"大井川丸"排水量为6493吨,1941年12月10日在菲律宾潘丹装卸货物时遭到盟军轰炸,为防止其沉没只能在海滩边搁浅。1943年3月3日午夜11:20,已经伤痕累累的"大井川丸"被美国海军PT-143和PT-150击沉,沉船位置大致位于南纬06°58′,东经148°16′。

"肉块""残肢"和"死尸"横飞,场面凄惨至极,血腥模糊。海面上漂浮着大量死尸和幸存者,但是只有3名船员和30名陆军人员得以被"雪风"救助。"神爱丸"也被1枚炸弹命中舰桥附近。运输船"建武丸"被炸弹命中之后,引爆了船内运输的燃油,5分钟之后即宣告沉没,另有25架日军护航飞机被击落。

日军余下的驱逐舰开始尽全力打捞落水者,除了驱逐舰"朝潮",其余舰船在11:30准备撤退,木村昌福少将在"敷波"号上下达了"救助工作中止,全舰暂时避退"的命令。下午3点,更多的轰炸机咆哮着从莫尔兹比港附近的机场起飞去搜寻日军船队。由于翻越欧文斯坦利山脉时天气状况不

运输船"神爱丸",上层建筑早已冒出熊熊大火,整条运输船已经被浓烟包围。

运输船"太明丸"由三菱重工建造。在俾斯麦海海战中船尾几乎被炸断,上层建筑在机枪机炮的扫射下几乎变成废墟,沉船位置在南纬07°15′,东经148°30′。

好,部分飞机没有找到目标,但是仍有大部分B-25、A-20和B-17让日本人付出了惨痛的代价。他们找到海面上漂浮的4至5艘运输船以及"朝潮",大致航线为由东向西,此时"朝潮"正在营救落水者,而不远处的"时津风"正在慢慢下沉。

让这些舰船的命运终结于此吧!8架第90轰炸机中队的B-25C扫射型轰炸机实施"跳弹"轰炸,命中日舰8枚炸弹,其中1艘日本驱逐舰被炸沉,另1艘日本驱逐舰受损严重,失去作战能力,另外2艘货船也被炸伤。B-17投下的炸弹直接命中1艘日本货船,使其葬身鱼腹,另外澳大利亚皇家空军也声称击沉1艘日军驱逐舰。

盟军侦察机继续在广袤的洋面上继续搜索日军受伤船只,以防这些船只借助即将来临的黑夜而逃跑,美国第七舰队的10艘PT快速鱼雷艇在3月3日夜间至3月4日凌晨到达战区,其中2艘鱼雷艇碰触到水面的船只残片受损,不得不先行返航,其他艇赶到战场时只发现1艘被丢弃的日本运输船"大井川丸"孤零零地漂浮在水面。午夜11:20,PT-143和PT-150各发射一枚鱼雷,击沉了运输船"大井川丸","雪

日本驱逐舰"朝潮"。"朝潮"、"荒潮"、"朝云"同属朝潮级驱逐舰,在俾斯麦海海战中,"朝潮"在救援"野岛"号落水者时盟军飞机突然来袭,坚持救援的"朝潮"被盟军飞机围攻,被炸得瘫痪在海面上,不久沉没。

风"营救了部分"荒潮"幸存者,"荒潮"舰长久保木英雄中佐和第8驱逐队司令佐藤康夫大佐以下299名全部战死,另外,"朝潮"部分幸存者包括"野岛"船长松本龟太郎在内的若干人在海上漂浮3天之后被日军救起。

3月4日清晨,B-17和B-25开始攻击日军受伤的驱逐舰,而"英俊战士"重型战斗机、A-20和B-25开始搜寻和扫射日军落水者。对于这一做法很多人认为不人道,澳大利亚历史学家艾伦·史蒂芬斯在著作中写道:

这项血腥而且残忍的任务让很多飞行员觉得很难受,但一名澳大利亚皇家空军"英俊战士"的飞行员却说,他们乐于执行这项工作。在海中每射杀一名日本人,都意味着地面上我们的陆军战友就可以少面对一个敌人。

著名的美国海军历史学者,塞缪尔·埃利奥特·莫里森,在自己的著作中也写道:

这是项残忍的任务,但具有军事上的绝对必要性。日本士兵惯于负隅顽抗而拒不投降,因此这些日本士兵游到岸上加入莱城守军,将增加地面作战的困难。

在这三天中,盟军的作战飞机一次又一次往返于战区和基地之间,毫不吝啬将子弹和炸弹全部泼撒出去,而日本人只能眼巴巴地看着漫天飞舞的盟军轰炸机而毫无还手之力。

美国方面提供的信息是共有超过350架日军战斗机为船队护航,共有将近90架日军战斗机被击落(显然有夸大的成分)。日军船队由8艘驱逐舰和8艘运输船组成,但是经过盟军的狂轰滥炸之后,"荒潮"、"白雪"、"朝潮"、"时津风"这4艘日军驱逐舰全部被炸沉,而8艘运输船则全部葬身鱼腹(运输船"大井川丸"计入美国海军战果)。余下的4艘驱逐舰打捞起水面幸存者,将他们运往莱城,随后返回拉包尔。第51师团在此役中遭到灭顶之灾,6912名士兵中有3664人丧生,损失作战物资约2500吨,日军剩余4艘驱逐舰和伊-17、伊-26潜艇大约救起2734人,坚持着漂到岸边最终能够抵达莱城的至少有约300名日军,有一股日军乘坐小船甚至飘到了瓜岛上,

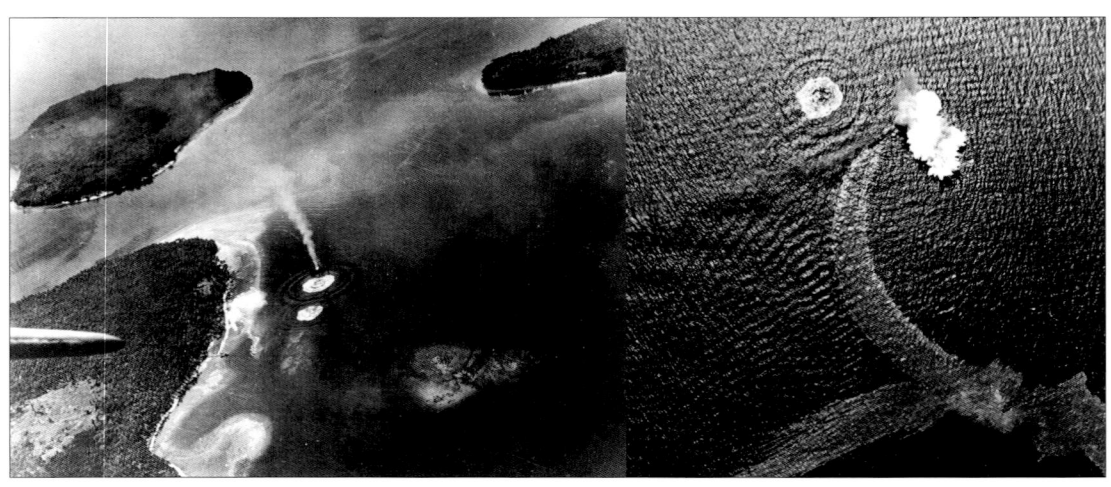

从盟军飞机上拍摄的俾斯麦海海战照片,图中可以看见日军船只因轰炸泄漏出的燃油布满海面,炸弹投入海中形成白色水柱,日军舰船为了躲避盟军轰炸,在海面上进行剧烈的机动。

但是刚登岛不久即被美军巡逻队射杀。俾斯麦海海战两个星期后，日军大本营发布命令，所有南方战区的日军士兵必须学会游泳，这一命令可以被看作俾斯麦海海战造成的影响之一，另外日军舰艇上安装的96式防空机炮的开放式设计使得操作人员在对抗盟军攻击时极易被射杀，所以太平洋战争后期日舰防空火力经常被美军战机压制得抬不起头来。日军已经认识到，盟国陆基航空兵将在打击日本海上运输线上发挥重要作用，俾斯麦海海战只不过是一个前兆。

针对俾斯麦海海战的失利，日本方面分析如下：

1.护航战斗机使用不集中，由于没有取得制空权，导致日军运输船队被盟军轰炸机屠戮。

2."第81号作战"计划实施之前，应先对盟军机场进行轰炸，削弱其作战能力。

3.计划实施之前未能根据敌情（侦察、通信）及时对计划作出调整。

4.兵力部署上，有必要预先划分各航空基地防卫区域并在计划实施前一天增加兵力。

5.运输船全部损失，驱逐舰损失半数，应停止和上级司令部相互谩骂之倾向。

休恩湾海面的硝烟向世人说明，陆基作战飞机如果配合默契就会成为海上船只的大杀器。这次战斗的胜利主要由以下几方面组成：所有作战飞机从不同高度对海面目标进行打击；高空有战斗机进行掩护；正确情报的获得；战斗之前进行了充分的准备；作战人员的充足训练；新战法的实现。日军这次惨败，极大地缓解了盟军在新几内亚方面

第90轰炸机中队参与俾斯麦海海战第一攻击波的机组成员合影，背景是一架绰号为"喋喋不休的人"（Chutter Box）的B-25轰炸机。这张照片拍摄于1943年3月3日，此时在俾斯麦海盟军与日本运输船队鏖战正酣，拍摄地点在"十七英里"机场。中间戴帽子站立者为第90轰炸机中队指挥官埃德·拉纳少校，其右侧为约翰·赫尼布里（John Henebry）上尉，左侧为"喋喋不休的人"的机长鲍勃·查蒂（Bob Chatt）中尉。

座舱内的人为"喋喋不休的人"机长鲍勃·查蒂中尉,站在地面的机组成员分别为安德鲁·斯维因(Andrew Swain)(左侧)和霍伯特·巴尔内斯(Holbert Barnes)。"喋喋不休的人"在俾斯麦海海战中投弹两次,命中了一艘日军驱逐舰,直接将它炸瘫在海面上。

术,命中率达到了43%。

澳大利亚作家莱克斯·麦考利(Lex Mcaulay)对俾斯麦海海战做了如下描写:

A-20攻击机和B-25轰炸机追赶上"英俊战士"战斗机和B-25扫射型轰炸机一同奔赴战场。在它们的头顶上,B-17轰炸机冒着日军战斗机的拦截进入轰炸航路准备进行投弹。日军水面舰船遭受来自四面八方的攻击,一波又一波的炸弹击中了舰船的要害。负责低空扫射的B-25和A-20向日军舰艇泼出一阵阵的机枪子弹和机炮炮弹,像鞭子一样狠狠地抽打着它们的身躯,将甲板、上层建筑和运输货物抽打得粉碎!

的压力,日军前后光是作战人员损失就达到了将近4500人,损失的其他作战物资更是不计其数。

经过事后统计,在出动的所有飞机中有76%找到了目标,571架轰炸机共投下了193吨炸弹,B-17的投弹命中率为9%,B-25的投弹命中率为14%,A-20的投弹命中率最高,达到了50%,英国皇家空军的"波士顿"轰炸机在300米低空投弹命中率为10%,B-25C扫射型轰炸机由于在超低空采用了"跳弹"轰炸战

左侧为北美航空公司技术人员吉姆·克莱门斯(Jim Clemens),右侧为拉里·约克(Larry York)。41-12443"莫蒂默"号在俾斯麦海海战中击中了一艘日军驱逐舰,从服役到1943年9月,该机累计飞行715小时,其中战斗时间为445小时。

俾斯麦海海战没过多久，位于新喀里多尼亚的第13陆航仓库大队就开始将第十三航空队的B-25改装成扫射型轰炸机。图中仓库大队的官兵正在将B-25机鼻内的轰炸瞄准仪表盘全部拆除，取而代之的是4挺12.7毫米机枪。

在低空执行轰炸任务的A-20和B-25C/D用事实证明，这种中型作战飞机如果安装前向重火力武器，再加上合适的航程和客观的载弹量，必将成为令人恐惧的空中作战力量。北美航空公司和各地的改装中心都开始按照实际战场的需求重新对B-25的图纸进行修改和设计。

麦克阿瑟上将和肯尼上将在收到俾斯麦海的作战简报之后，对人员和装备的卓越表现感到十分满意，麦克阿瑟形容俾斯麦海海战是一场"决定性空中进攻作战"，他特别赞扬了肯尼将军的优异表现，称他指挥的俾斯麦海海战是"一场滴水不漏的歼灭战"。阿诺德上将立即要求肯尼上将前往华盛顿和莱特机场，在那里肯尼上将要用简洁的语言为工程师讲解什么是扫射型轰炸机以及一线作战部队究竟需要什么飞机。肯尼上将拿着之前复制的一份关于扫射型轰炸机的草图，上面画着机枪应该如何安装等细节问题。他希望美国本土的工厂都能生产这种类型的飞机，这样前线部队也只需对飞机进行例行的修理和维护工作，用不着再对飞机进行改装，到了后来B-25G和B-25H出现了。由于盟军在俾斯麦海海战取得了重大胜利，因此美国《纽约时报》对这次战斗进行了详细报道，肯尼上将的照片也刊登在美国《生活》杂志封面。

阿诺德上将在获知了"老爹"的改装经验和为扫射型轰炸机的发展做出的努力之后，希望他能去莱特机场的工程分部，但是肯尼上将却不这样想，他希望"老爹"能继续留在他的部队中，于是肯尼上将向阿诺德上将说出了自己的想法，后者答应了。虽然继续留在作战部队中，但阿诺德上将还是要"老爹"在莱特机场待上两周。在返回澳大利亚之前，"老爹"去了一趟北美航空公司的工厂，他和工程师、试飞员一起讨论了如何将B-25变成彻头彻尾的扫射型轰炸机。

肯尼上将在前往华盛顿之前，命令加快扫射型轰炸机项目的进展。驻扎在汤斯维尔的陆航第4仓库大队利用附近新建成的改装线开始改装扫射型轰炸机，到了4月末，共改装了30架扫射型轰炸机，到了8月末，共有5个中队装备了扫射型轰炸机。

如果俾斯麦海海战对于日本陆海军来说是笼罩在头顶的一片乌云，那这片乌云看来是迟迟无法散去了。没有制空权的日本水面舰队面对气势汹汹的美国陆航完全是刀俎上的鱼肉，任人宰割，只可惜日本人记吃不记打。1943年7月，

"有明"号驱逐舰,初春级驱逐舰5号舰。1933年1月14日开工建造,1934年9月23日下水,1935年3月25日服役。共安装2座双联装50倍口径127毫米舰炮,1门50倍口径127毫米舰炮,2门40毫米机关炮,3座3联装610毫米鱼雷发射管。

"三日月"号驱逐舰,睦月型驱逐舰第32号舰,1925年8月21日在佐世保海军工厂开工,1926年7月21日下水,1927年5月5日竣工,装备有4门45倍口径120毫米舰炮、2挺7.7毫米机枪、2座3联装610毫米鱼雷发射管、深水炸弹投放装置(12枚深水炸弹)。

又有几艘日本驱逐舰被美陆航B-25轰炸机击沉！7月15日，川桥秋文少佐开始接替吉田正一少佐担任"有明"号驱逐舰舰长，川桥秋文少佐此前一直担任在俾斯麦海海战中幸存的"敷波"号驱逐舰舰长，而吉田正一少佐则从8月20日开始担任"浦风"号驱逐舰舰长。7月23日，第27驱逐队第一小队1号舰"时雨"、2号舰"有明"离开泊地，准备前往拉包尔，由于"有明"机械部分出现故障，最大航速只达到28节。7月25日，这两艘驱逐舰终于抵达拉包尔。"时雨"与第4驱逐队"秋风"、"岚"2艘驱逐舰一起从伊莎贝尔岛出发执行运输任务。

2号舰"有明"则在乘坐第30驱逐队旗舰"三日月"号驱逐舰折田常雄中佐的指挥下准备前往新不列颠岛执行运输任务。这两艘驱逐舰大约装载了500名士兵和50吨物资，另外还拖曳了一艘"大发"艇一同前往。27日午夜11点，这两艘驱逐舰航行至新不列颠格洛斯特岬附近海域时突然触礁搁浅。过了将近两个小时之后，也就是28日凌晨0:45，"有明"离礁成功，但是左舷推进轴已经扭曲变形，最大航速只能达到6节，至于"三日月"受损就更加严重了，整个螺旋

一架B-25飞临"有明"上空，准备发起攻击。

隶属于第3轰炸机大队的B-25机群在格洛斯特岬附近追击"有明"号驱逐舰，这艘舰的命运就终结在这里了。

"三日月"正在遭受B-25的攻击,左图可以看见炸弹形成的巨大水柱。

直接命中!图中一枚B-25投掷的炸弹(黑圆圈处)还在空中时被抓拍了这张照片,此时"三日月"上层建筑基本已经炸成废墟。

桨完全破损,兵员室下方仓库完全进水,在水面上动弹不得,"三日月"只好将人员和物资向"有明"上转移。

凌晨3:30"有明"抵达新不列颠岛,共卸下510名陆军士兵和25吨军需物资之后于上午10:30返回触礁现场,想利用自身动力拖曳"三日月"。13:30,"有明"拖曳作业结束,救援失败,折田常雄中佐立即命令"有明"返回拉包尔,正在此时,美陆航20架B-25轰炸机飞临2艘驱逐舰上空,这些B-25隶属于第3轰炸机大队。没错,就是在3月初刚刚参加完俾斯麦海海战的第3轰炸机大队。"有明"一号主炮右舷、三号主炮后方、右舷锅炉室、左舷机械室各中1枚炸弹,于14:40沉没。"三日月"则被命中3枚炸弹,舰长山崎仁太郎少佐命令船员直接弃船,后在B-25的轰炸之下自沉。前来救援的驱逐舰"秋风"共救出179名"有明"船员、170名"三日月"船员,

直接命中"三日月"的炸弹引起巨大爆炸,这艘老舰在1943年7月28日算是交代在这里了。

"有明"舰长川桥秋文少佐以下共有63人战死或失踪,川桥秋文少佐本人虽然在俾斯麦海海战中侥幸活了下来,但是这次都被B-25投下的炸弹炸死,"有明"沉没地点大致位于南纬5°21′,东经148°27.5′。"三日月"战死7人,重伤12人,轻伤25人,有85人未被"秋风"舰收容,沉没地点大致位于南纬5.45°,东经148.417°。

1943年8月28日,隶属于第3轰炸机大队的第8轰炸机中队派出B-25机群从日鲁阿机场(Dobodura Airfield,现在是巴布亚新几内亚北部省波蓬德塔之民用机场)起飞,飞往巴布亚新几内亚北部汉莎湾(Hansa Bay),轰炸和扫射那里的日军船只。B-25机群中有一架飞机编号为41-30345,绰号为"避战凶龙"(Reluctant Dragon)的B-25D-10型轰炸机在这次行动中再也没有返回基地。

当时B-25机群正在轰炸位于汉莎湾东南部的一艘排水量500吨的日本货船。进入轰炸航路之后,罗伯特·怀德纳中尉(Robert B.Widener)驾驶"避战凶龙"在轰炸目标时,距离前面一架B-25过近,前面那架B-25投下的炸弹爆炸时,冲击波恰好打在"避战凶龙"身上,"避战凶龙"右侧机翼和机尾直接从机身上断裂,飞机冒着浓烟一头扎进日军船队中,整个机组全部丧生,无一生还,坠机地点大约在汉莎湾东部。

排在"避战凶龙"前面投弹的那架B-25恰好拍下了"避战凶龙"最后一刻的照片,后来刊登在第3轰炸机大队的相册《镰刀收割者之死》上(英文为Death of a Grim Reaper。"镰刀收割者"是第3轰炸机大队徽章)。麦克·克斯奇库姆(Mike Kischkum)当时在"避

1943年8月28日,第8轰炸机中队派出B-25轰炸机机群轰炸汉莎湾的日本运输船。

前面一架B-25投下的炸弹（黑圆圈处）此刻还在空中，马上就要击中目标了，但是后面那架B-25（黑矩形圈住的就是"避战凶龙"，飞机编号为41-30345）此刻已经进入轰炸航路，马上就要对船只进行攻击了，从图中可以看出，这架B-25距离炸弹的距离是非常近的。

这枚炸弹爆炸后，"避战凶龙"恰好飞在炸弹冲击波上方，图中可以看见，"避战凶龙"的右侧机翼恰好被冲击波击中。

战凶龙"后面一架B-25上担任机枪手,根据麦克的回忆,怀德纳中尉驾驶"避战凶龙"直接冲进了前面那架B-25投下炸弹爆炸所形成的冲击波中,飞机立刻坠毁,而无意中拍下的记录飞机坠毁全过程的照片也收录在第3轰炸机大队《收割者的丰收》(The Reapers Harvest)这一相册中.

第3轰炸机大队老兵杰克·海伊(Jack Hyen)曾在他的日记中回忆道:

这确实是非常特别的镜头,或者说是非常特别的一组镜头。我敢确定,这几张照片无论拿到哪里,都能讲述出精彩绝伦的故事,但是他们并没有那么做。图片中这架飞机之所以坠毁,完全是由图中这枚炸弹爆炸所形成的冲击波造成的。这架B-25右侧机翼和机尾完全脱落,一头扎进海里,最后一张图显示飞机扎进水里后发生大爆炸。我猜想,船上的日本人一定被这次事故炸懵了,他们绝对不会幸灾乐祸,因此从照片上来看,这次爆炸也殃及到他们了。

"避战凶龙"的残骸现在依旧躺在汉莎湾的海底中,旁边还有几艘日军船只残骸,相信很可能也是在8月28日被第8轰炸机中队击沉的。贾斯汀·泰兰(Justin Taylan)曾在2003年11月初来到了当年的战场,找到了照片中的那片海滩,很难想象出此刻悠闲的海滩60年前是何等惨烈的修罗战场。贾斯汀·泰兰换上潜水设备潜入海底寻找当年的飞机残骸,但

"避战凶龙"右侧发动机机翼已经完全断裂,水柱后面可以隐约看见右侧机翼和部分机尾碎片。

"避战凶龙"一头扎进水里,机体化为碎片,机组人员全部阵亡,分别为罗伯特·怀德纳中尉、伯纳德·拉扎勒斯少尉(Bernard Lazarus)、詹姆斯·勒弗莱(James W.Lefler)中士、弗朗西斯·莫纳汉(Francis M.Monahan)中士。

是很遗憾当天海水过于浑浊，贾斯汀·泰兰无功而返，只在海滩边找到一门日制75毫米高射炮，不过他后来以"避战凶龙"坠机地点为背景合照了一张照片。

盟军若想在西南太平洋战区打开局面，拉包尔是绕不过去的障碍。拉包尔被称之为"南太平洋上的珍珠港"，1942年2月之前，一直都是澳大利亚在这里统治，自从日本占领这里以后，拉包尔已经成为日军在西南太平洋的前进基地，最高峰时这里曾有11万日本驻军，俨然成为了一处战略要塞。盟军为了取得在西南太平洋战区的主动权，开展了旨在孤立和削弱拉包尔的"马车轮行动"，日本方面此时已经开始放弃新几内亚、所罗门群岛、瓜达尔卡纳尔岛、科隆班加拉岛、新乔治亚岛和维拉拉维拉岛。从1943年10月12日起，美国陆航第五航空队、澳大利亚皇家空军和新西兰皇家空军在乔治·肯尼将军的指挥下，开始对拉包尔的机场和港口实施持续轰炸，11月2日轰炸行动达到顶峰，9个中队共计72架B-25轰炸机在6个中队的P-38战斗机的掩护下对辛普森港（Simpson Harbor）进行狂轰滥炸。

其实在1943年10月末，

美国在轰炸拉包尔之前，对这里进行了详细的侦察，这张照片就是侦察机拍下的，此处港湾就是辛普森港，照片中可以看见密密麻麻的日本舰船，它们就是此次行动要重点关照的目标。

日本方面就决定派出一支舰队来加强拉包尔的军事力量，同时也可以巩固日本在新几内亚和布干维尔岛的防卫。11月2日，第五航空队的B-25机群轰炸了在拉包尔辛普森港集结的日本舰队，由于此间各轰炸机大队在对日海战中积累的宝贵经验，尤其是运用"跳弹"轰炸战术已经得心应手，因此在此次作战中，盟军取得了重大胜利。

根据隶属于第3轰炸机大队的第13轰炸机中队老兵理查德·沃克（Richard L.Walker）回忆，第3轰炸机大队共有两个中队的B-25改装成扫射型轰炸机，日本人在拉包尔守备森严，布下了重兵，看架势仅次于特鲁克。根据盟军侦察显示，日军在拉包尔共部署约200架作战飞机，另有至少200架飞机可随时从特鲁克飞来支援拉包尔，另外辛普森港周围

美军在1943年11月2日空袭辛普森港当天拍下的照片，远处可以依稀看见日本军舰的轮廓和硝烟。

也部署了大量高射炮阵地。若想取得战斗的胜利，一定要在日军飞机赶来之前将它们全部摧毁在地面上。

沃克中尉在起飞之前参加了一个任务简报会，这个简报会持续时间很短，但是气氛却很凝重。按照侦察报告显示的情况，日本已经加强了对拉包尔的防卫，美国人预测参加此次行动的B-25机组成员没有一个人能活着回来，12名坐在座位上的机组成员听到这个消息之后，脸色变成了灰白色，但是他们每个人都很平静。按照计划，每个攻击波由12架B-25轰炸机组成，12架B-25组

一架B-25呼啸着飞离辛普森港，远处的港口已经冒出滚滚黑烟，攻击已经开始。

成"一"字形阵形飞过辛普森港。沃克的座机排在第2攻击波中，各个攻击波沿着新不列颠岛和新爱尔兰岛之间的河流一路向前，每个攻击波的12架B-25组成4个飞行小队，每个飞行小队有3架B-25。各个攻击波调转机头向南准备接近辛普森港，机群利用山峦和地势的掩护可以躲避日军高炮的射击，但是在航向转折点，机群遭到日军战斗机的攻击，负责此次行动总指挥的雷蒙德·威尔金斯少校被日本战斗机击落（也有其他资料说雷蒙德·威尔金斯少校是在轰炸辛普森港时被日军水面舰艇高炮击落的，下文详述）。

沃克所在的第2攻击波指挥官在起飞后不久由于座机出现机械故障不得不返回基地，沃克接替攻击波指挥权，B-25机群快要抵达航向转折点时，在保证编队不混乱的前提下，整个编队集体向南转，由于每架飞机都是满载炸弹和油料，所以在编队转向时所有飞机几近失速。在完成转向之后，沃克向四周查看发现周围没有一架B-25，原因是之前的编队指挥官在返航之前把炸弹扔在了其他地方，而不是辛普森港的军舰，其他飞机见状一股脑也跟着那位指挥官投弹，炸弹就这么白白地浪费了，没有击中任何一艘军舰。此刻整个攻击波中只有沃克是最清醒的，他驾驶唯一一架B-25盘旋在辛普森港上空，心脏紧张得都快跳到嗓子眼了，坦白说他当时确实非常害怕，但是沃克足够冷静，他全神贯注地驾驶座机准备进入轰炸航路，慢慢降低飞行高度，保持飞机飞行状态。在军舰中穿梭远比在军舰头顶上飞行困难，沃克瞄准了前方一艘军舰，在沃克看来，这艘军舰的上层建筑就好像帝国大厦那么高。飞机开始向下俯冲，沃克不管那么多，他按下了炸弹释放按钮，炸弹摆脱了挂弹架的束缚，在炸弹脱离机体的一瞬间，B-25突然开始爬升。那枚炸弹投得很准，坐在机尾的机枪手拍下了炸弹命中敌舰甲板的照片。不久沃克驾机返回基地。根据第3攻击波的B-25拍摄的照片显示，沃克确实击沉了一艘军舰。沃克则说他当时真的非常幸运，因为他是第2攻击波里唯一一架真正轰炸日军船只的B-25，并且没被日军战斗机发现。轰炸完毕之后，沃克没看见任何一架属于第2攻击波的友机，他只好独自驾机返回基地。

根据事后得到的报告，那一天第五航空队有45名机组成员阵亡或失踪，8架B-25和9架P-38被击落，另有几架受损严重，几架飞机在返航途中坠毁，所幸机组成员均被救出，沃克的座机只发现几个弹孔，沃克相信在飞机驾驶舱中一直有一只看不见的手在帮助

一艘日本运输船被B-25轰炸的全过程，船尾已经被炸弹命中，发生剧烈爆炸。

图中近处一艘运输船上层建筑已经变成一片废墟,远处运输船船尾腾起巨大蘑菇云,整个港口一片硝烟,场面十分惨烈。

左一这艘军舰为日本建造的"妙高"级重巡洋舰"羽黑"号,拍摄照片的这架B-25投下的炸弹并没有击中"羽黑",炸弹落入水中,马上就要腾起冲天水柱。

着他们,指引着他穿过"死亡谷",能平平安安地回家。由于第2攻击波在此次战斗中表现极为糟糕,上面决定撤销中队指挥官职务,将其遣送回国。由于沃克在此次战斗中表现出色,他担任中队新指挥官,并晋升为上尉,在他24岁时又被晋升为少校。

除了陆基航空兵对拉包尔进行轰炸之外,美海军也派出庞大舰队对拉包尔进行攻击,拉包尔的日本舰队损失如下:6艘巡洋舰受损,其中4艘受损严重。"爱宕"号被3枚227公

一枚近失弹击伤了日军运输船,海面上的阵阵白点是炸弹弹片和船只残骸落入水中所形成。

远处为重巡洋舰"羽黑",一枚近失弹差点命中"羽黑"右前方的运输船。

斤炸弹击中，受损严重，舰长以下共22名船员死亡。"摩耶"号被一枚炸弹击中，70名船员死亡。"最上"号被1枚227公斤炸弹击中，引发大火，19名船员死亡。"高雄"号被2枚227公斤炸弹击中，23名船员死亡。"筑摩"号被数枚近失弹击伤。"阿贺野"号被1枚近失弹击伤。"凉波"号驱逐舰被击沉，"海风"、"长波"、"浦风"三艘驱逐舰被击伤。

这里应该着重说一下，上文提到的行动总指挥雷蒙德·威尔金斯少校是美国陆航历史上一位著名的战斗英雄，他于1917年9月28日出生在美国弗吉尼亚州朴茨茅斯市（不是英国的朴茨茅斯），在他两岁的时候，母亲带着他们兄弟二人搬到了北卡罗来纳州蒂勒尔县，在这里度过了快乐的童年时光，并将他塑造成为一个心灵纯洁、注意力专注、具有高度执行力的美国青年，也就是通常所说的"最伟大的一代人"。

高中毕业后，威尔金斯进入北卡罗来纳州大学读了两年书，后在1936年加入美国陆军成为了一名通信兵，由于威尔金斯的继父是一名美国军官，因此威尔金斯在陆军中混得还不错。威尔金斯在兰利机场和查努特机场服役4年之后，将个人目标定在了美国西点军校。得益于他良好的身体、优良的个人习惯和灵活的头脑，他通过了所有西点军校的入学考试科目，但是由于他在牙齿咬合上出现问题，西点不得不拒绝了他的申请。

威尔金斯虽然很失望，但是他并没有放弃。他又来到陆航技术学校，最后在1940年2月毕业。同年9月份获得陆军上士军衔，开始在查努特机场教授无线电相关知识。1941年3月，威尔金斯来到帕克斯航空学院接受飞行训练，随后又去得克萨斯州凯利机场接受飞行训练。同年10月31日，威尔金斯获得了飞行徽章并晋升为少尉，他家乡的报纸则刊登文章说："我们认识并爱着的那位男孩已经长成大人了，赶快为陆军航空兵效力吧！"

威尔金斯和他的挚友威廉·贝克（William Beck）毕业不到半年就加入到太平洋战争中，贝克回忆威尔金斯是一名优秀的指挥官，做事果断，飞行技术高超，头脑也特别灵活。威尔金斯几乎参加了西南太平洋战区所有重要的作战行

现在能找到的寥寥几张关于威尔金斯少校的照片以及画像。

动,在1943年11月2日(血色星期二)轰炸拉包尔辛普森港的那场战斗中,威尔金斯率领B-25机群担任第3攻击波,当他们飞临到辛普森港时,B-25机群遭到日军高炮的疯狂射击,威尔金斯座机(飞机编号为41-30311的B-25D-1型轰炸机,绰号为"菲菲")右翼受损,此时这架B-25操作起来异常困难。即使处于这种困境,威尔金斯毅然驾驶座机寻找日舰并伺机发起进攻。他驾驶座机低空扫射了辛普森港内的日军小型船只,投下的454公斤炸弹命中了一艘驱逐舰,将那艘驱逐舰炸开了花,但自己的左侧水平尾翼也被高射炮命中,但是他拒绝撤出战斗,准备要对一艘重巡洋舰发起进攻。重巡洋舰上的高射火力将威尔金斯座机左侧水平尾翼直接打掉,威尔金斯为了防止机腹和机翼再次被高炮打伤,只好驾机开始转向,但是此时飞机彻底失控,一头栽进大海……

1944年12月8日,威廉·克努森(William S.Knudsen)将军将荣誉勋章授予了弗洛丽达·瓦列尔夫人的儿子——雷蒙德·威尔金斯少校。麦克阿瑟将军曾这样称赞雷蒙德·威尔金斯少校:

他为了自由而战,为了自由而死。他对祖国有坚定的信仰,而我们的祖国永远给他以荣耀并将他奉若神明。

第3轰炸机大队的小伙子

一架不知隶属于哪个中队的B-25俯冲投弹之后正在拉起机头。

一架编号为41-30274的B-25D,在轰炸完辛普森港之后,返回日鲁阿机场时出现机械故障,不得不进行迫降。从机鼻上的英文可知,这架B-25D的绰号为"奔腾的马"(The Hot Horse)。

们干得确实不错,而隶属于第五航空队的其他轰炸机大队也丝毫不逊色,比如第345轰炸机大队就是其中之一,有两场战斗可以佐证。

日本在太平洋战争爆发前

后,曾大量制造驱潜艇,其中有一型艇名叫第一三号型驱潜艇,该型艇的第39号艇(编号为"CH-39")由日本播磨造船厂建造,1942年10月31日竣工之后立即加入到吴镇守府。在经过5个月的家门口巡逻之后,CH-39在1943年3月被派往拉包尔,划归至日本第八军,在余下的一年中,穿梭于拉包尔、特鲁克和帕劳群岛为商船护航。从1943年到1944年,随着战事吃紧,CH-39发现与盟军碰头的机会越来越多,不管是潜艇还是飞机。

1944年2月初,CH-39在护送日本运输船从帕劳群岛驶向拉包尔之后,又得到命令于2月15日护送商船"三高丸"前往三岛港,商船的货物是可供日军大型潜艇搭载的两艘小型袖珍潜艇,CH-39上的船员一个个睁大了眼睛盯着海面和天空,生怕遇到美国舰队和飞机,时间在一点点过去,运气还不错,没遇到什么硬碴儿,转眼就到了2月16日清晨,CH-39上的船员突然发现远处海天交际的位置出现美国飞机机群,经过仔细辨认原来是B-25轰炸机。没错,这群B-25轰炸机隶属于第345轰炸机大队的第500轰炸机中队,CH-39上的所有船员立即做好战斗准备,俾斯麦海海战几千吨的运输船和上千吨的防空驱逐舰都能被击沉,区区500吨的驱潜艇又算得了什么!仅仅数分钟,CH-39和"三高丸"就被B-25包围,"三高丸"抛弃一艘袖珍潜艇妄图逃跑,但是在B-25轰炸机的攻击下,哪里还有逃跑的机会,数枚227公斤炸弹命中了这两艘船。"三高丸"被炸弹命中后立即沉没,

CH-39排水量为460吨,装备1门三年式76毫米高炮,36枚深水炸弹,动力装置为2台舰本式23号甲型柴油机,功率1700马力,航速16节。第500轰炸机中队的一架B-25正在对CH-39投弹,图中还能看见一枚227公斤炸弹,远处冒着硝烟的正是那艘装载两艘袖珍潜艇的运输船,运输船上方依稀能看见一架B-25。

而CH-39的船员们利用甲板上的76毫米高炮进行反击,不得不说,这帮日本船员确实够玩命,直到水线没过甲板,驱潜艇沉没之前,他们还顽强地操炮对着B-25射击。

当天下午,隶属于第345轰炸机大队的第499轰炸机中队派出B-25机群在事发海域再次进行侦察,此时CH-39船尾已经下沉,船员已经弃船,第400轰炸机中队发现有一艘袖珍潜艇此时还漂在水面上,一番轰炸与扫射之后,这艘袖珍潜艇最终沉没。

1945年4月6日上午11点30分,隶属于第345轰炸机大队第501轰炸机中队的B-25机群报告在中国厦门附近海域发现一支日军船队,这支船队4月4日从香港出发,目的地为上海,船队由2艘驱潜艇(CH-9和CH-20)、"天津风"号驱逐舰、2艘海防舰(第1号和第134号)、2艘运输船组成。这支船队在出发之后第2天就遭到美军B-24重型轰炸机的轰炸,2艘运输船被击沉,船队被迫解散,2艘驱潜艇原路返回香港,而"天津风"和另外2艘海防舰继续北上。

第500轰炸机中队的B-25机群发现这3艘舰船之后,立

CH-39被重创之后,还在水面上坚持了几个小时,最后沉入俾斯麦海。这是第500轰炸机中队在战斗当天从另一个角度拍摄的CH-39沉没全过程。

"天津风"号驱逐舰是日本海军按在1937年制定的九三舰艇补充计划建造的"阳炎"级驱逐舰9号舰,"天津风"与"雪风"、"时津风"同属一级舰,由日本舞鹤海军工厂建造,1940年10月26日竣工。

即开始展开"跳弹"轰炸,有3架B-25向"天津风"发起攻击时,投下1枚炸弹不中,美军自身反而被击落1架,第500轰炸机中队攻击不顺利,接下来发起攻击的第498轰炸机中队共命中"天津风"3枚炸弹,但是自身也损失一架B-25(驾驶员为阿尔宾·约翰逊上尉)。"天津风"2号主炮前方被直接命中,无线电室、方向舵、军官室也被炸毁,2号主炮和3号主炮则被B-25发射的火箭弹击中。根据美国方面的资料,当天轰炸行动中,第345轰炸机大队共出动18架B-25(另有资料说24架),其中3架被击落,2架被击伤,"天津风"因及时往弹药库内注水才避免殉爆沉没,后来依靠自身动力,以6节航速驶向厦门。

负责攻击第134号海防舰的B-25具体型号为B-25J-5,编号为43-28014,绰号"残忍的露丝"(Ruthless Ruth),此时驾驶员路易·迈克尔(Louie A.Mikell)中尉刚刚完成投弹正在拉起这架B-25,路易·迈克尔的座机其实是编号为43-36166的"有点想念厄尔II"号(Little Miss Ell II),只不过在4月6日的行动中并没有驾驶该机,在路易·迈克尔投弹的同时,弗朗西斯·汤姆逊(France Thompson)则驾驶B-25J对目标进行扫射,这场战斗结果没悬念,2艘海防舰悉数被炸沉,弃船逃生的日本船员布满

图中这架刚刚完成投弹拉起机头的B-25J就是弗朗西斯·汤姆逊中尉驾驶的44-29600号机,这枚炸弹根据美国方面的描述并没有击中第134号海防舰[①],是一枚近失弹。

---

① 日本在二战期间建造的两种型号海防舰,分别为第一号型(丙型)和第二号型(丁型)。第一号型编号为奇数顺序排列,以柴油机为动力。第二号型编号为偶数顺序排列,以蒸汽轮机为动力。所以在此次战斗中,被美军击沉的第1号和第134号分属上述两型海防舰。第1号海防舰由日本川崎重工神户船厂建造,1944年2月29日竣工。第134号海防舰由日本播磨造船厂建造,1944年9月7日竣工。

日军海防舰被击沉的几个片段，227公斤炸弹命中海防舰后发生剧烈爆炸，上层建筑直接炸成齑粉，最后向左倾覆沉没。

海面，共有159名日本船员丧生。

当天19点30分，"天津风"在厦门港湾由于润滑油内混入海水以及推进机构损伤而重启失败，20点20分在附近浅滩搁浅。第2天，也就是4月7日，日军出动排水量为200吨的警备艇试图对"天津风"进行拖曳，但是再次失败。舰长森田友幸带领部分船员登陆，其间击退中国军队的攻击，日方死亡一人。舰长森田友幸眼看拯救"天津风"毫无希望，只好将部分物资转移到陆地，下令弃船。4月10日，待降下军旗后，引爆自身携带的水雷，"天津风"彻底化为废铁，在整场战斗中，"天津风"幸存161人，战死39人。

2012年，中国一艘浙江籍工程船——"浙普工2027"在漳浦赤湖安角外海发现了"天津风"部分残骸，共打捞出约30吨废铁，变卖之后再次打捞时，意外发现部分火炮基座、炮弹等残骸后才报告当地政府部门，后经当地文物部门考证，这艘船正是"天津风"，变卖的部分残骸也已经被追回。根据媒体的报道，当地政府准备就地建造一个遗址展示馆来保护剩余残骸。

1944年11月10日，隶属于第五航空队的第38轰炸机大队得到命令，情报显示有一支日军运输船队出现在菲律宾奥尔莫克湾（Ormoc Bay），这支运输船队由3艘大型运输船、几艘海防舰、10艘驱逐舰以及巡逻艇组成，此次作战行动作为美日奥尔莫克湾战役的一部分来展开。第38轰炸机大队派出32架B-25轰炸机，在10日上午8点整从莫罗泰岛（Morotai）腾空而起，但是有2架B-25因为机械故障不得不中途返航，B-25机群起飞不久与从塔克洛班市机场（Tacloban）起飞的第348战斗机大队37架P-47战斗机会合。中午11点35分，美军机群目视发现这支日军船队，立即飞来包围这支船队。两个B-25

飞行小队以45米高度接近日军船队,立即遭到日军防空炮火的反击,日军高炮打得非常准,在7分钟的战斗中,领头的第822轰炸机中队8架B-25被击落5架(中队指挥官也被击落),第823轰炸机中队也被击落2架。第38轰炸机大队在此一役中遭受重大损失,7架B-25被击落,其中3架B-25机组成员全部丧生,共有21名机组人员死亡或失踪,击沉日军6艘大型运输船和6艘护卫舰艇,击伤其他舰船若干。

太平洋海面上的硝烟证明了B-25轰炸机确实是一款优秀的作战平台,无论是执行对地轰炸,还是执行海面搜索或对舰攻击,这款轰炸机都能轻松完成。如果敌方舰队上空没有战斗机掩护,一旦B-25呼啸着扑过来,十有八九摆脱不了被击沉击伤的命运。北至阿留申群岛、千叶群岛,中至吉尔伯特群岛、塞班岛、硫黄岛,南至所罗门群岛,到处都是B-25的影子。在袭击日本运输船队和主力舰队中,B-25发挥了不可替代的作用。

5. 扫射型轰炸机

俾斯麦海胜利的消息传遍四面八方后,执行"跳弹"轰炸战术的轰炸机价值终于得到了人们的认识与肯定。肯尼上将对某些指挥官不能接受"跳弹"轰炸这一新兴作战思想感到着急上火,但他也很高兴地看到,执行此类战术需要的训练飞机、炸弹、技术和瞄准具都得到了更新。他的想法十分坚定,那就是在战争中把空中打击力量摆在突出的位置。

陆航第十三航空队指挥官米勒德·哈蒙少将现在已经没有时间来进行扫射型轰炸机的项目了。早在7个月之前,当第75轰炸机中队和第390轰炸机中队并入第42轰炸机大队的时候,该轰炸机大队指挥官哈里·威尔逊上校和下属就曾在斐济进行相关战术训练。为了更快地获得扫射型轰炸机,哈蒙少将希望肯尼上将能帮助他们改装第42轰炸机大队的B-25,改装工作一直持续到第十三航

1944年11月10日,奥尔莫克湾。美军陆航第38轰炸机大队的B-25正在轰炸日军第11号海防舰。

空队在努美阿的航空站投入使用。肯尼上将答应为他们改装1架B-25并提供改装图纸。

第42轰炸机大队是第十三航空队唯一装备B-25的作战单位，该大队在1943年4月开赴西南太平洋战区，进驻斐济楠迪机场（Nandi Airfield），已在此地驻扎的第69轰炸机中队和第70轰炸机中队立即加入到该大队中。第70轰炸机中队经过训练之后开始换装B-25。1943年6月，该大队进驻瓜岛，此刻开始该大队正式隶属于第十三航空队，主要活动区域集中在所罗门群岛及周边海域。1943年6月14日，该大队第一次派出轰炸机执行作战任务，当时是第69轰炸机中队派出8架轰炸机并由海航F4U战斗机护航，前往科隆班加拉岛轰炸日军当地的维拉机场（Vila Airfield）。

第42轰炸机大队的目标一般都是日军机场、炮兵阵地和海上舰船。执行反舰任务的B-25通常被称为"刺探者"（Snooper），飞机在夜间起飞搜寻海上的日军舰船。1943年7月20日，该大队轰炸了日军作战船只，当时的情形是这样的，7月20日晚间早些时候，美海航一架PBY"卡特琳娜"水上飞机发现一支日军船队，该船队有一艘轻巡洋舰和四艘驱逐舰，另有若干运输船共同组成"东京快车"。第69轰炸机中队派出8架B-25前往目标海域进行搜寻，皎洁的月光照耀在海面上，日军舰艇一览无余。B-25编队开始发起攻击，反复对日军舰艇编队实施"跳弹"轰炸，共投下4吨炸弹。旁边负责观察的海军飞机经过统计得到如下战果：一艘轻巡洋舰被命中，在海面上熊熊燃烧，动弹不得。一艘驱逐舰被2枚炸弹命中，随后发生爆炸，另有一艘90米长的货船可能被炸弹命中或近失，而第69轰炸机中队仅仅损失一架B-25。7月21日，也就是第2天早上7:20，第390轰炸机中队的8架B-25发现了这艘轻巡

作为第十三航空队唯一一支装备B-25的轰炸机大队，第42轰炸机大队官兵正在新喀里多尼亚附近海域练习"跳弹"轰炸战术，图中可以看见炸弹落在水面之后反弹起来向前跳跃，该照片拍摄于1943年夏天，不久之后该大队利用"跳弹"轰炸战术将日军驱逐舰"清波"号炸沉。

洋舰，此时它正以2节的龟速向安全海域逃离。虽然在前一天夜间战斗中身受重伤，但是面对第390轰炸机中队的B-25机群它依然用剩余高炮进行反击，最终夏弗莱中尉投下的一枚炸弹钻进这艘轻巡洋舰的弹药库，伴随着一声巨响，两分钟之后这艘轻巡洋舰缓缓沉入海底。笔者查询了日方的资料，7月20日，日军第三水雷战队的轻巡洋舰"川内"，驱逐舰"雪风"、"滨风"、"清波"、"夕暮"在护送担任运输任务的"三日月"、"水无月"、"松风"三艘旧型驱逐舰时确实遭遇美机轰炸，"夕暮"被美海航TBF"复仇者"鱼雷轰炸机击沉，西村祥治海军少将命令"清波"前去营救"夕暮"的落水者，自己率舰队返航，结果"清波"在7月21日清晨遭遇前来搜寻的第42轰炸机大队8架B-25，"清波"直接被炸沉，沉船地点在南纬07°13'，东经156°45'。"川内"实际上并没有被B-25轰炸机击沉，美国人很有可能将"清波"误认为是轻巡洋舰。

在这段时期，该大队实际上只有两个中队活跃于所罗门群岛。1943年7月底，第70轰炸机中队和第75轰炸机中队加入到该大队中，而第69轰炸机中队和第390轰炸机中队撤往后方休整。10月6日，该大队轰炸了日军位于卡希利（Kahili）岛的机场，为了达到战斗的突然性，B-25编队按照预先设计的飞行路线，尽量避开沿途的小岛，低空飞行了483公里，扫射和轰炸了（使用了伞投杀伤炸弹）这一区域所有的日军空中力量，为美海军补给巴拉科马机场解除了来自空中的威胁，随后该大队前移至拉塞尔岛的雷纳德机场（Renard Field）。在10月6日的这次作战任务中，由于飞行高度过低，损失了部分B-25，一架飞机编号为41-30567的B-25D-1在飞往卡希利机场途中，于18:48在经过舒瓦瑟尔

1943年秋天，第42轰炸机大队派出B-25机群轰炸了布干维尔岛的日军目标。

岛时坠海，有目击者声称这架飞机坠海之后立刻解体化成碎片。

第69轰炸机中队马克·科斯特洛（Mark H. Costello）少尉回忆道：

我们的飞机编队在莫利亚点（Molia Point）旁边8公里处时，我回头看见劳埃德·斯皮斯（Lloyd D. Spies）中尉驾驶的B-25一头栽进大海，我觉得没人能在那架B-25的残骸中活下来。

第42轰炸机大队关于10月6日的作战行动中曾记载：

劳埃德·斯皮斯中尉及其机组人员从90米高度被击落，旋转着栽入水中，没有生还者。

1943年11月24日，隶属于第42轰炸机大队一架飞机编号为4?-?148（推测为41-13148，机型为B-25C-1）的B-25从雷纳德机场起飞，前去轰炸卡希利机场。在卡希利机场上空时，这架B-25被日军防空炮火直接命中，左侧发动机燃起大火，火势蔓延到炸弹舱、领航员舱和无线电操作员舱，机组成员不得不转移到机尾。

驾驶员詹姆斯·迪金森（James H. Dickinson）驾驶这架B-25成功在迈弗岛（Maifu Island）附近海面迫降，并且打开了救生筏。等到所有机组成员均从机尾救生通道逃出时，B-25沉入了海底。只有威廉·福特（William R.Fort）军士的腿和脸受了轻伤。

这群机组成员在大海上漂了将近3个小时，2架友军飞机在附近空域出现，但是并没有发现他们。一个小时后，有10架美军战斗机发现了他们，并将位置报告给基地，一架PBY"卡特琳娜"水上飞机来到附近海域将他们全部救起，当PBY降落在水面上的时候，巴拉莱岛（Ballale）和卡希利的日军将炮火对着这架PBY进行射击，所幸并没有造成什么伤害。

根据相关资料的记载，这架执行营救任务的PBY隶属于VP-23，驾驶员为米尔顿·海夫拉（Milton Cheverton），根

1943年秋，第42轰炸机大队从新乔治亚岛蒙达机场起飞准备参加所罗门群岛北部的战斗。

据他的回忆1943年11月23日他驾驶PBY支援B-25在布干维尔岛的作战，有一架B-25被日军炮火击伤，虽然所有机组成员得以幸存，但是一直待在救生筏上，当时米尔顿·海夫拉在想，日本人一定以此为诱饵，等着救援飞机上钩。他得到命令需要营救这群在大海上漂着的机组成员，共有12架澳大利亚（资料原文为新西兰）P-40战斗机与PBY一同执行救援任务，对附近的日军人员和目标进行扫射。米尔顿·海夫拉在肖特兰港附近准备降落的时候，对外界环境一无所知，等到降落之后才发现日军已经将所有的枪炮对准他的座机进行射击。时间紧迫，米尔顿·海夫拉需要立即起飞，要不然这架PBY完全就是活靶子，他跑到后机舱，发现B-25的机组成员在争吵究竟要不要将救生筏一同带上飞机，米尔顿指着外面炮弹溅起的水花对他们说，日本人现在正对我们进行射击，都不要吵了，时间很紧，救生筏那么重，赶紧扔了吧。等到他们滑行出了港口，日本人又开始用加农炮对着他们射击，但没有伤到分毫。B-25的机长（推测是驾驶员詹姆斯·迪金森）说他以前一直觉得PBY是最丑的飞机，但是经历了今天的事情之后，他觉得PBY是世界上最美的飞机。哈尔西上将称赞米尔顿"干得漂亮"，他因此得到了一枚杰出飞行十字勋章。

1943年12月，从南卡罗来纳州格林威尔陆航基地来了440名士兵和10名军官，这些人在美国国内已经完成B-25的飞行训练，替换原第69轰炸机中队和第70轰炸机中队的官兵们，后者轮换回国。到了1944年1月，第5支中队——第106侦察中队（不久之后更名为第100轰炸机中队）也加入到该大队中，该大队移防至斯特灵机场。

1944年1月14日凌晨1:45，该大队从斯特灵机场起飞B-25机群，准备夜间对拉库奈机场（Lakunai Airfield）进行轰炸，B-25轰炸机编队里有一架飞机编号为41-30566的B-25D-1型轰炸机，这架B-25起飞次序排在第2位，起飞时的气象条件还是不错的，根据助理作战军官威廉·萨瑟恩（William S. Southern）上尉的回忆，41-30566号机与塔台联络正常，紧跟着41-30566号机起飞的B-25驾驶员詹姆斯·盖奇（James F. Gage）回忆，起飞之后他就与41-30566号机失去了目视接触。随后天气变坏。B-25编队面对恶劣天气只好将轰炸目标临时变为新爱尔兰岛和布卡岛。当时美国方面推测有可能是41-30566号机起飞之后遇到了恶劣天气，飞机已经坠机，另一种可能是41-30566号机并不知道B-25编队已经改变了轰炸目标，因此独自飞往拉包尔。不久之后，东京电台在广播时声称日本第251航空队在1944年1月14日击落了一架B-25，如果日本人说的是真的，那么这架被击落的B-25很有可能就是41-30566号机，但是根据日方的记录，日本第251航空队的J1N1夜间战斗机在1944年1月14日并没有遭遇或击落美国飞机的记录（包括1月14日之前的几天和之后的几天）。即使是在战后的实地搜索中，也没有发现这架B-25的残骸。

1944年1月20日，第390轰炸机中队派出9架B-25从斯特灵机场起飞轰炸拉包尔瓦纳坎努机场（Vunakanau Airfield），在目标上空有一架飞机编号为42-64570，绰号为"斯基拉"（Skilla）的B-20C-5轰炸机机尾操纵舵面被防空炮火击中，编队中其他B-25观察到42-64570机鼻突然向下垂直倾斜，没等驾驶员调整好飞机姿态，这架B-25就已经坠毁了。42-64570准确的坠毁地点在瓦仁戈伊（Warangoi），靠近莱巴仁戈伊河（Lbrangoi River）的河床位置。

战后美国坟墓注册后勤部门（American Graves Registration Service）的一个小组前往坠机地点，将该机组成员部分遗骸带回美国安葬。在1982年，布莱恩·班尼特（Brian Bennett）重新发现了42-64570号机的坠机地点，经过查询发动机编号确定这架B-25就是42-64570号机，到了2004年美国

在新几内亚桑萨波角（Cape Sansapor）驻防的第42轰炸机大队B-25机群，此时该大队已经换装成B-25J型轰炸机。

第42轰炸机大队一架B-25J在1945年夏天低空轰炸婆罗洲山打根的日军目标。

中心鉴定实验室确定了整个机组成员的身份。布莱恩·班尼特曾回忆有一位上了年纪,名叫弗恩·洛尔(Fern Lord)的女士曾在2004年与他联系,这位女士感谢他的帮助并找到了她的兄弟,原因是鉴定中心向她索取了DNA样本,经过鉴定发现了42-64570号机里面的一具遗骸正是她的兄弟,布莱恩·班尼特随即报告了42-64570号机的位置,与1983年相比,42-64570号机没什么变化,还在那里静静地躺着。

一直到1944年7月,第42轰炸机大队的主要任务是负责轰炸新不列颠岛上的日军机场和港口设施,同时支援布干维尔岛上地面部队作战和轰炸所罗门群岛北部、俾斯麦海的日军交通线。1944年7月,该大队移至新几内亚霍兰迪亚(Hollandia)附近的桑塔尼机场(Sentani Airstrip)。9月初,整个大队在拉塞尔岛和阿德默勒尔蒂岛(Admiralty Island)附近练习"跳弹"轰炸并参加模拟进攻演习。

1944年9月3日,3架B-25从斯特灵岛起飞前往拉包尔轰炸日军目标,到达新英格兰岛海岸时,这3架B-25面向西南方向飞行,其中一架编号为43-4513的B-25H-5型轰炸机一侧发动机被防空火力击中,另一台发动机温度过高发出告警,驾驶员只好在维劳梅兹半岛(Willaumez Peninsula)上的塔拉西机场紧急降落,由于着陆速度过快,43-4513号机前机轮轮胎破损,机鼻支架断裂,直接冲出机场,所幸机组成员被地面人员全部抢救出来。

直到现在43-4513号机依旧留在原地,在巴布亚新几内亚有很高的知名度,不少游客可以接触43-4513号机的残骸。在2006年,一辆推土机想把43-4513号机的左外侧机翼移走,但是被当地人阻止。约翰·卡兰(John Curran)曾在1969年拜访了43-4513号机的残骸,他在塔拉西岛看见了这架B-25H,飞机内部设施没有被移动的痕迹,那门75毫米加农炮还在那里。驾驶舱上挂着一块牌子,上面印着飞机结构图等信息,这块牌子估计自从1944年就挂在那里了,一直没有人去动这块牌子,但是1969年约翰·卡兰拿走了那块牌子,现在不知所踪。塞西莉·本杰明在2006年看到43-4513号机的残骸时,这架B-25的双翼已经从发动机处断开,机翼就那么放在草坪上,看样子状态远没有1969年时那么好,听说直到现在还有不少人想将43-4513号机的残骸搬走,但是都被当地人阻止了。

1945年1月,该大队轰炸了新几内亚、西里伯斯岛和哈马黑拉岛的日军机场并对该地区进行了侦察。该大队将部分B-25调拨给第312轰炸机大队(第312轰炸机大队只装备了A-20攻击机,该型攻击机并没有安装轰炸瞄准具)充当投弹领航机。第42轰炸机大队有时为岛屿上的美军空投食品和其

一架隶属于第42轰炸机大队的B-25在棉兰老岛三宝颜附近海域迫降,此时机组成员已经爬上救生筏。

他补给。1945年2月到3月，该大队开赴菲律宾，驻扎在巴拉望省普林塞萨机场，以此为基地轰炸中国沿海和法属印度支那附近的日军运输线，支援棉兰老岛的地面部队行动，甚至在棉兰老岛上空喷洒滴滴涕来进行灭蚊杀虫工作。由于在菲律宾战役的出色表现，该大队获得了菲律宾总统单位嘉奖。

2月26日，一架编号为42-64907的B-25G-5从莫罗泰岛上的皮图机场（Pitu Airfield）起飞，准备轰炸和扫射霍洛岛。这架B-25的绰号为"南希·简"（Nancy Jean），机头艺术画是一位美丽的少女身着牛仔服，脚上穿着靴子，坐在栅栏上。机长为路易斯·威尔兹（Louis R. Verzi）少尉。

由于风暴的影响，天空能见度只有0到150米，云层覆盖长度达到了30到40公里长，上午9:08，B-25编队进入云层中，但是B-25之间基本看不见对方。当B-25编队飞出云层后，这架B-25已经不见踪影了。最后一次见到42-64907号机的B-25机组成员声称是在菲律宾达沃港附近的桑义赫岛（Sangihe Island）南侧12公里处。同一天第75轰炸机中队派出2架B-25，第2海空救援中队派出6架PBY水上飞机共同前往出事地点搜寻42-64907号机，但是毫无结果，第307轰炸机大队也派出24架B-24在附近海域搜寻42-64907号机，依旧一无所获。第2天第390轰炸机中队也派出2架B-25在另外3个区域继续搜寻，还是毫无结果，直到3月6日，所有搜寻工作完全停止，42-64907号机依旧没有找到。

1945年6月23日到30日，第42轰炸机大队轰炸了日占婆罗洲巴厘巴板（Balikpapan）的炼油中心，为自己赢得了优异单位嘉奖，这次行动往返距离超过2736公里，是整个二战中中型轰炸机执行的飞行距离最长的作战任务。在起飞之前，轰炸机根据飞行距离适当调整了轰炸机挂弹量，并在无线电操作员舱室中加装了副油箱。B-25还对周围的炮兵阵地、补给仓库、雷达站等目标进行了轰炸，这次行动有力地支援了澳大利亚第7师在婆罗洲的作战行动，不久之后隶属第五航空队的第38轰炸机大队调拨了一批B-25用于加强第42轰炸机大队的力量。

第42轰炸机大队在二战中参加的最后一次战斗发生在1945年7月和8月，轰炸吕宋岛日军目标，原本计划在1945年8月前往冲绳岛，但是计划被取消。在整个二战中第42轰炸机大队共执行1461次作战任务，出动飞机14442架次。其中一架B-25D-1轰炸机，绰号为"阿尔卑斯的牛奶商"（The Alpine Milkman），此绰号来自于当时的一首流行歌曲，飞机编号未知。该机共执行过180余次作战任务，曾在汤斯维尔附近的加伯特机场改装成扫射型轰炸机。

《征战太平洋》（Warpath Across The Pacific）一书的作者拉里·西基（Larry Hickey）在2010年5月曾说，他已经无法考证"阿尔卑斯的牛奶商"的飞机编号究竟是多少，唯一的资料只是手头上的那几张照片。《第42轰炸机大队战史》第96页曾提到过在1944年6月4日，"阿尔卑斯的牛奶商"完成15个月的服役期后准备再次加入到西南太平洋战场中，该机由罗伊·伯克哈特（Roy D. Burkhart）少校驾驶从科罗拉多州飞往瓜岛，"阿尔卑斯的牛奶商"几乎参加了西南太平洋战区所有的重要战役，机鼻上画着的炸弹代表着"阿尔卑斯的牛奶商"的作战次数，但是机组成员南森·雷瑟维茨（Nathan Leizerowitz）却说他们执行的作战任务是这个数字的两倍，只是没人将炸弹画上去罢了。这架B-25的结局已经无法考证（很有可能在战后报废了），唯一能够确定其行踪

一架隶属于第42轰炸机大队第75轰炸机中队的B-25G。

直到1943年年初,第十三航空队的航空仓库大队才陆续开展B-25的改装工作。1943年1月,第71后勤中队和第6后勤大队来到努美阿,此行的主要目的是维护B-24和改装B-25。到了2月,后勤大队工程分部开始了一项长期的改装计划并且第十三航空队的这帮人每天都迸发出灵感和新想法。为了解决钢材短缺的局面,他们甚至将车厢拆了回收这些钢铁原材料。安装了8挺机枪之后,他们甚至又改进了炸弹挂架和控制装置。虽然一些工作是按照工厂的制造标准完成的,但是北美航空公司技术代表杰克·福克斯看完他们干的活之后,对此的评价是"有点野蛮",到了7月10日,努美阿已经拥有36架B-25C/D扫射型轰炸机了。整个1943年夏天,陆航后勤司令部要完成的首要任务就是B-25扫射型轰炸机项目。第五航空队在汤斯维尔的航空站总共为第3轰炸机大队和第38轰炸机大队改装了58架扫射型轰炸机,当项目在9月份完成时,共有175架B-25完成改装,摇身一变成为B-25C/D扫射型轰炸机。

扫射型轰炸机出现的原因完全是战争需求催生的。第五航空队在轰炸日军舰船时,最开始采用的是中高空水平轰炸,水平轰炸移动目标完全没有准头,舰船可以在轰炸机投弹之后,立即改变航向躲避轰炸,其实对付水面舰艇最好的方法就是俯冲轰炸,威力大,

的时间点截至1944年。

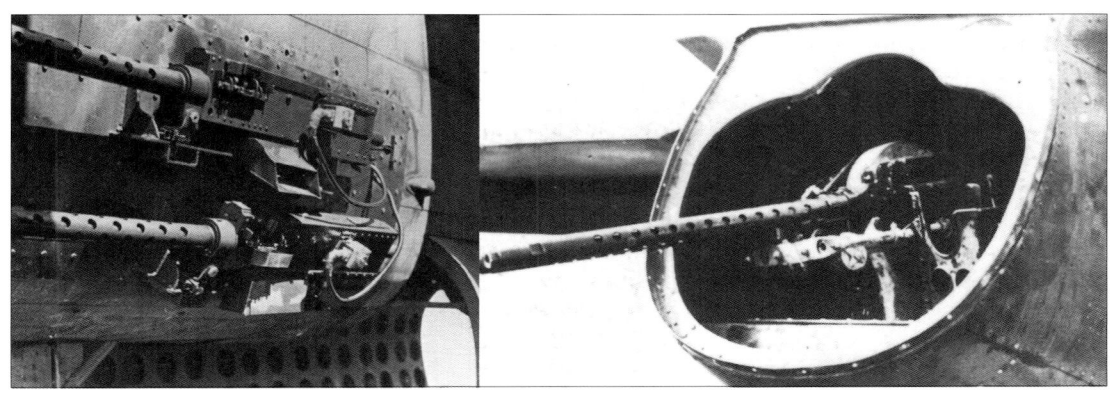

第十三航空队的官兵由于缺乏原材料,想尽一切办法把搞到的"破铜烂铁"制作成需要的零部件,左图的前机身机枪吊舱制作工艺还是相当粗糙的,基本上就是作坊水平,右图是在B-25G机尾炮塔安装了2挺12.7毫米机枪。

精度高，可惜B-25毕竟不是俯冲轰炸机。即使后来第63轰炸机中队的威廉·本少校琢磨出"跳弹"轰炸战术，B-25在面对水面舰艇的船坚炮利时，被击落击伤的风险依旧很大，因此压制敌方防空炮火和杀伤甲板有生力量就变得十分必要，这就是扫射型轰炸机的由来。

扫射型轰炸机的时间起点应该是在1942年11月到12月左右，地点在澳大利亚昆士兰州的鹰场区机场（Eagle Farm Airfield）。"老爹"和杰克·福克斯将一架编号为41-12437的B-25C作为试验机，将自己的想法在这架飞机上付诸于实践，"老爹"思维活络，福克斯则是精于实干，他们共提出了3种改装方案，分别为：机鼻加装4挺12.7毫米机枪；加装20毫米机炮和3挺12.7毫米机枪；1门75毫米火炮。经过各种实验之后，最终选定的方案是在机鼻加装4挺机枪，每挺机枪备弹400发左右，机身两侧还有机枪吊舱，炸弹舱可以挂载60枚伞投杀伤炸弹和6枚45公斤通用炸弹，第一次测试时，"老爹"发现轰炸机重心过于靠前，因此后面就将炸弹挂载位置稍微靠后才解决这个问题，隶属于第3轰炸机大队的第90轰炸中队在1943年2月开始逐步对麾下的B-25进行改装，共有12架扫射型轰炸机在鹰场区机场完成改装后装备第90轰炸机大队，这12架扫射型轰炸机成了俾斯麦海海战的主力。直到1943年4月至5月，整个西南太平洋战区的各航空队、轰炸机大队才开始对B-25进行大规模改装。肯尼上将对这种B-25扫射型轰炸机表现非常满意，但是他要求"老爹"进行2万发子弹的射击试验，以证明B-25机体可以承受机枪的后坐力。尽管"老爹"已经尽最大可能为B-25减重，但众所周知B-25对重心移动非常敏感。待所有测试完成后，B-25扫射型轰炸机的原型机（飞机编号41-12437）被命名为"老爹的荒唐事"并于1942年12月29日飞抵莫尔兹比港，加入第90轰炸机中队，肯尼上将的"商船破坏者"行动准备拉开序幕。1943年9月，改装工作全面停止，共有约175架B-25C/D型轰炸机完成改装，其中第345轰炸机大队有超过60架B-25在汤斯维尔完成改装。

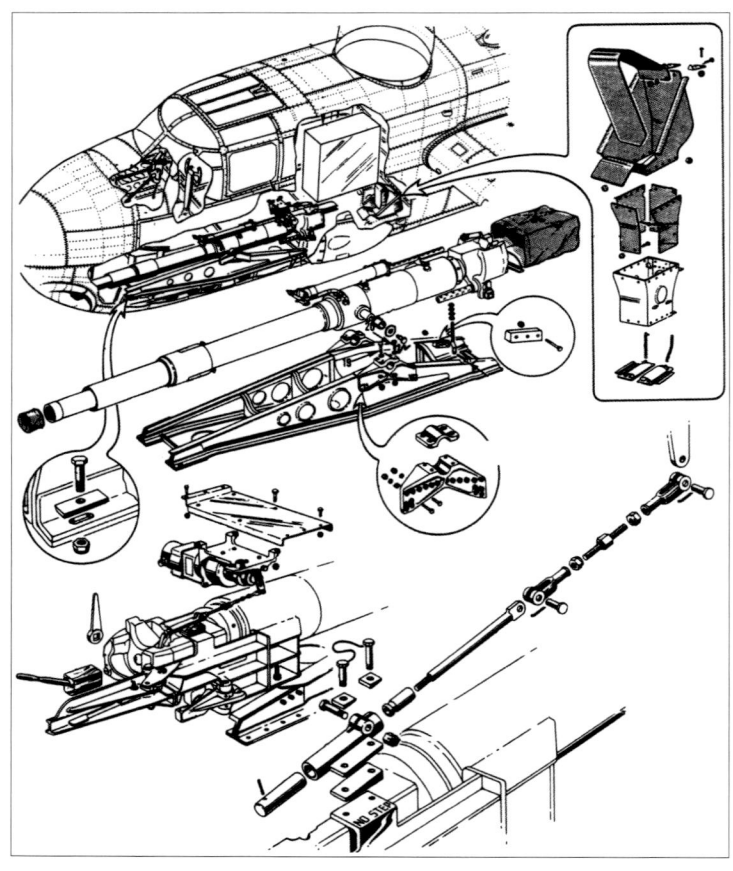

安装75毫米加农炮的B-25H机身前方构造图。

各个战区的作战部队对B-25扫射型轰炸机的态度各不相同。主要在印度和缅甸活动的第十航空队第341轰炸机大队装备了相当数量的扫射型轰炸机,并且机鼻安装机枪的方式也多种多样,他们利用这些飞机狠狠打击日军的铁路编组场、公路运输线和物资集结地。活跃于中太平洋的陆航第七航空队使用扫射型轰炸机的方式与第五航空队较为类似,而在炎热的非洲地区,第26仓库大队曾在1943年为了某些作战任务专门改装了16架B-25,在其机鼻上安装6挺机枪,但是这16架飞机后来又被改装回原来的样子,看来北非/地中海战区的官兵们并不像太平洋战区的兄弟们那样乐于使用扫射型轰炸机。1943年5月,装备75毫米加农炮的B-25G开始装备美国陆航,后来又出现了更出色的B-25H。机鼻安装8挺机枪的B-25J明显是受了著名的"汤斯维尔"扫射型轰炸机的影响,这些B-25机型的出现相信都有"老爹"的功劳。

西南太平洋战区第五航空队装备的第一架B-25G,时间是在1943年的7月。肯尼上将对待B-25G的态度并不是很热情,能否改装成他最需要的扫射型轰炸机参加新几内亚的作战行动才是他最关心的。

他的担忧也有一定道理,毕竟B-25G没有经过实战检验,隐藏的问题还没暴露出来。

B-25G离开工厂交付部队时,武器装备应该是完整的(看前文可知B-25G的武器配置),但是到达布里斯班的B-25G并没有安装4个前机身机枪吊舱,机身中部的2挺机枪和机尾机枪也没有安装。肯尼上将认为这种缩水版的B-25G参加低强度战斗是勉强够用了。从1943年11月中旬到12月,"老爹"和他的机组成员对B-25G进行了进一步测试。随着越来越多的B-25G加入,这种飞机直接被投入到战斗中,格洛斯特岬机场和附近舰船成了B-25G的首选目标,这些B-25G一共发射了544公斤的75毫米炮弹,其中最大的战果就是击沉一艘日军驱逐舰。

"老爹"对B-25G那门75毫米加农炮的射击精度十分满意,但是他批评最多的就是前向机枪数量过少。他强烈建议应该在机鼻上多安装几挺机枪,另外前机身也应该安装机枪吊舱,如果这个建议得到实现,那么B-25G会成为优秀的作战飞机。

后勤部门在1943年11月到1944年4月将近半年的时间里,一直在研究如何为B-25G加装机枪,为了保持机身的重心平衡,可将机枪安装在炸弹舱门上。经过几百次测试之后发现,机枪开火时容易导致枪口附近的蒙皮变形、铆钉松动、机翼前缘蒙皮破裂、机身

第42轰炸机大队的2架B-25从霍兰迪亚飞往拉塞尔岛和金银岛。由于它们将要配合第312轰炸机大队的A-20在新几内亚执行大约10天的作战任务,因此机尾的"十字军"队徽已经去掉。这两架B-25飞机编号为42-64947(B-25G)和43-27794(B-25J)。

结构受损。到了9月,汤斯维尔航空站的努力付出终于得到了回报,他们将B-25G身上所存在的问题一一解决,机身结构得到加强,机翼中段安装检查窗盖,前机身机枪吊舱伸出的枪管安装了枪口焰导流管,驾驶舱安装机枪上膛索,弹药补给箱则安装在炸弹舱,炸弹舱门安装带有橡胶衬垫的装甲板。大约有100架这种飞机被改装。

尽管飞机做了各种改进,但是从各方面反馈的信息显示这些配置并不能让人满意。前机身机枪吊舱的位置被重新安置,重新安置后的位置相比之前的位置更加靠前,类似于B-25C/D。由于前机身机枪吊舱位置更加靠前,势必导致飞机重心前移,为了补偿重心前移,机尾则安装了双联装12.7毫米机枪,另外飞机的机腹炮塔被移除,为了提高改进效率,北美航空公司工厂则从第200架B-25G(飞机编号42-65001)开始,直接在生产线上移除机腹炮塔。

尽管75毫米加农炮被证明是大杀器,但是火炮重复开火之后,炮口附近的机鼻蒙皮因为炮口冲击波总是会松动,地勤需要持续更换这些机鼻蒙皮。为了解决地勤人员的困扰,最干脆的解决方法就是将75毫米加农炮拆除,取而代之的是在相同位置安装了2挺12.7毫米机枪。汤斯维尔航空站在1944年5月终止了B-25G的"加农炮改机枪"项目,共有82架B-25G的75毫米加农炮改装成机枪,平均每架飞机耗费234工时。

毫无疑问,各个战区都需要B-25实施作战行动。早在1943年9月,就曾有命令要求作战部队接收新型B-25用以替换老式B-25C型和D型轰炸机。按照时间进度表,在1943年9月,西南太平洋战区将会接收B-25G的升级版——重火力的B-25H型轰炸机,到了1944年年初,则会接收到B-25J型轰炸机。

其实在1944年年初,第五航空队已经接收了道格拉斯A-26B型轰炸机,但是肯尼上将对A-26B一点都不期待,他更倾向于使用B-25来结束这场战争。相比于B-25H,肯尼上将更倾向于B-25J,因为B-25J在机鼻安装了8挺12.7毫米机枪,拥有如此凶猛的火力,B-25J是一种不折不扣的扫射型轰炸机,但是肯尼上将并没有将对B-25H不满的情绪说出来,他的如意算盘是不管三七二十一,先接收到B-25H,然后将其改装成扫射型轰炸机,看来肯尼上将个人是十分钟爱扫射型B-25的。按照他的预期,第五航空队拥有的所有B-25,70%都是新型扫射型轰炸机,其余30%为中型轰炸机。1944年春,第一批

第42轰炸机大队装备的B-25H型轰炸机,看来该大队的地勤人员对于75毫米加农炮冲击波带来的后果十分头疼,只好将加农炮拆去,在相同的位置上安装2挺12.7毫米机枪。

隶属于第五航空队的第405轰炸机中队在1944年9月接收新型B-25J之前，已经有整整13个月没有接收过一架新飞机了，有的B-25甚至已经连续执行了160多次飞行任务。虽然B-25J一直在生产和交付，但是在1945年年中，第五航空队开始装备道格拉斯A-26攻击机。A-26的动力系统采用普惠公司的R-2800发动机，机上更是安装了14挺前向射击机枪，飞行速度快，火力凶猛，还可挂载2吨炸弹。第3轰炸机大队首先对A-26进行测试，飞行员报告，与B-25相比，由于A-26机鼻部分尺寸更加宽大，发动机安装位置更加靠前，所以飞

隶属于第42轰炸机大队第100轰炸机中队的B-25J扫射型轰炸机，机鼻安装8挺12.7毫米机枪，机鼻两侧可以打开，方便地勤人员日常维护和装填弹药。

B-25J来到西南太平洋。B-25J早期型依旧是普通的中型轰炸机，直到1944年9月，工厂才开始在B-25J的机鼻和前机身安装8挺机枪和机枪吊舱。

到了1945年初，大部分B-25C/D型轰炸机在战争的洗礼下都已变得过时和陈旧。

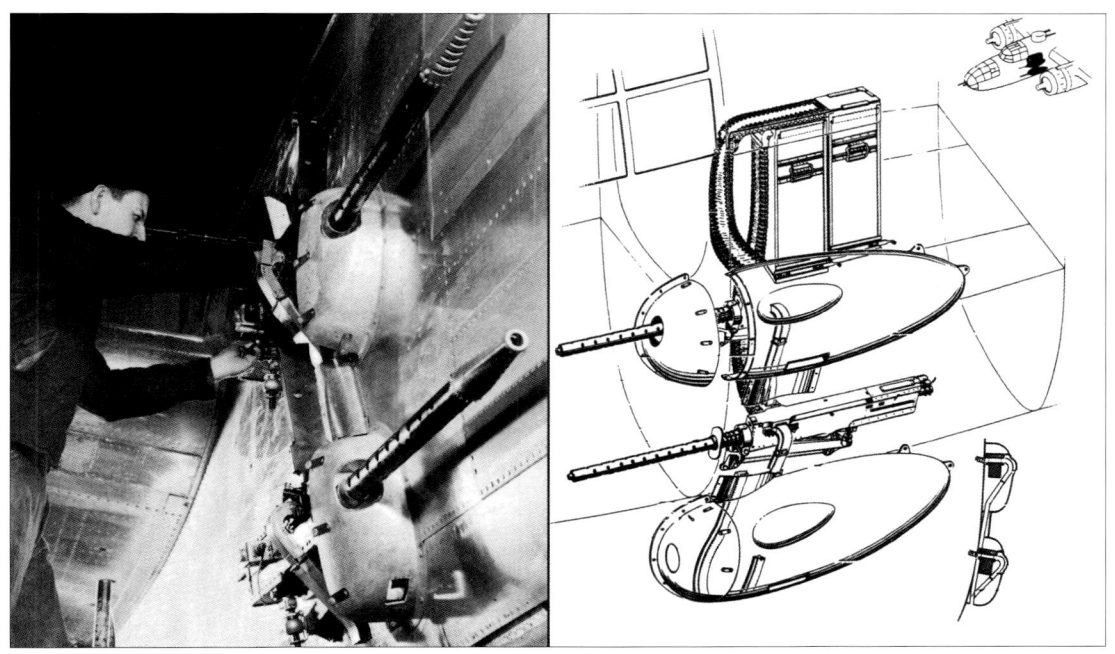

B-25H和B-25J机身两侧的机枪吊舱安装了用青磷铜制成的消焰器，可将枪口焰和冲击波沿上下两个方向分散，尽量减弱冲击波对飞机和蒙皮的影响。

机前方视野不佳，这无疑会影响A-26在低空的作战表现，这也是肯尼上将不喜欢A-26的原因。到了1945年7月，肯尼上将已经开始限制第五航空队装备A-26的数量，不久之后，战争宣告结束。1945年之后，航空工业开始大踏步进入喷气时代，扫射型轰炸机这种机型自然而然地退出历史舞台。

6. "桥梁毁灭者"

日本一直试图保护自己在缅甸的交通线和攫取那里的战争资源，与之相呼应的是，盟军在1943年一直在持续打击日军的陆上交通线。缅甸地处热带，那里河道密集，不仅公路众多，而且水运也较为发达，但是铁路依旧是陆上交通线的大动脉，军队调动、装备运输、原材料的输送都需要铁路来完成。为了掐断日本的陆上交通线，铁路成为盟军重点打击的目标。缅甸的铁路主线通常铺设在仰光河河岸南侧，通过这条河，日军通过水运对内可输送补给，对外可输送原材料。

1942年，第十航空队奉命保卫缅甸和印度，自然也要保卫印度通往中国的滇缅公路。在当时滇缅公路的地位非同小可，盟军军援基本都是通过滇缅公路运送到中国国内，如果滇缅公路被切断，那么中国将陷入孤立无援的境地。当时第十航空队已经接收了新型B-25C/D型轰炸机，第11、第22、第490和第491轰炸机中队也组成了第341轰炸机大队。1944年11月，第341轰炸机大队被调拨给中国战区陈纳德将军领导的第十四航空队。

第341轰炸机大队在二战中主要活跃于中缅印战区（China-Burma-India Theater，简称为CBI），1942年9月15日，第341轰炸机大队抵达印度。这可是中印缅战区出现的第一支轰炸机单位，也是

一架隶属于第22轰炸机中队的B-25C，飞机编号为41-13121，这张照片是为了纪念这架B-25C完成第100次作战行动而拍摄的，机组人员在飞机前面举着"第100次任务"这张牌子。不少第341轰炸机大队的B-25都在机鼻加装了12.7毫米机枪。

唯一一支装备B-25的单位。该大队的B-25主要是通过船运从美国本土运抵卡拉奇，这批B-25被已在卡拉奇候命的陆航后勤技术部门组装调试完毕之后，于12月飞往印度查库里亚（Chakulia）机场（现今属于孟加拉国）。该大队已经有四个轰炸机中队，其中两个分别为第11和第22轰炸机中队，1942年5月之前这两个中队均隶属于第7轰炸机大队，另外两个轰炸机中队为新组建的中队，分别为第490和第491轰炸机中队。第11轰炸机中队自1942年7月1日起就已经开赴中国战区加入美国援华特遣队进

第341轰炸机大队在1943年年初开始执行作战任务，轰炸行动一直持续到1944年，目标集中在缅甸中部的交通线，包括桥梁、机车、铁路编组场和通往缅甸北部的日军补给线。从1942年9月开始，第341轰炸机大队麾下其实只有3个中队，所有的作战行动均由第十航空队负责指挥，而第11轰炸机中队由于身处中国，更多的是由第十四航空队负责，所以后来第11轰炸机中队被划归至第十四航空队。

14个月之后，第22和第491轰炸机中队加入到第11轰炸机中队中，一同组成了第69

这架隶属于第341轰炸机大队的B-25C机鼻安装了6挺12.7毫米机枪，最上面一排机枪水平安装，而下面2排机枪枪口稍微冲下安装，可能是方便对地射击，也有可能是机鼻空间狭小，不允许所有机枪水平放置。这种在机鼻安装6挺机枪的方案还是很少见的。

行对日作战，而第22轰炸机中队从7月开始也活跃于缅甸中北部，主要执行侦察和战术轰炸任务。

这架B-25H由菲尔·科克兰（Phil Cochrane）中尉驾驶，隶属于第1空中突击大队。这张照片拍摄于缅甸毛卢（Mawlu）上空，此刻B-25H正在日军目标上空投掷集束燃烧弹。

混合联队，隶属于第十四航空队。第341轰炸机大队总部位于昆明，第22和第491轰炸机中队位于昆明市嵩明县附近的羊街机场，第11轰炸机中队则位于广西桂林，第490轰炸机中队依旧驻防印度，归第十航空队指挥。

各轰炸机中队以中国各地的机场为基地，重点打击日军部队集结地和物资存储地，扫射和攻击日军内地水路运输线，同时也会派出轰炸机轰炸法属印度支那和广州、香港等地。由于该大队在轰炸法属印度支那桥梁时，创造性地发明了"滑翔－俯冲轰炸"战术，因而获得了优异单位嘉奖。

香港是华南海上交通重镇，同时也是远东金融中心，日军占领香港后以此为基地作为其海军船只维护、补给的重要中转站和出发地，同时在香港部署大量地面部队和航空兵。为了打击日寇嚣张气焰，盟军决定对香港进行轰炸。

1942年10月25日破晓，海恩斯率领第11轰炸机中队的11架B-25C和第22中队的1架B-25C从昆明机场起飞，第75战斗机中队希尔队长率领本中队和第76战斗机中队的10架P-40E为B-25机群护航，中途在桂林补充燃料后直奔香港，战斗机群在护航途中有5架P-40因发动机出现故障不得不折回。陈纳德要求轰炸机飞行员从桂林起飞后，先沿着中国军队控制区上空飞行，一旦看见南海海岸线后立即沿着海岸线飞向澳门，穿过香港与大陆连接的海峡之后即到达九龙岛北部的航迹转折点，最后机群向南飞行进入轰炸航路，准备轰炸日军目标。

第491轰炸机中队驻扎在中国昆明市嵩明县羊街机场，图中这架B-25C绰号为"老59"，"老59"刚刚执行完第121次任务，飞机一落地周围的战友立刻围上来向他们表示祝贺。

在此之前，日本广播电台曾讽刺海恩斯是一个老而无用的运输机驾驶员，为了一雪前耻，海恩斯自费印刷了一批宣传单，在投弹的时候连同这批宣传单一起扔了下去，传单上印着"这些炸弹是由那位老而无用的运输机驾驶员海恩斯赠送的"。

这次轰炸行动由于美方人员出现偏差而造成香港市民大量伤亡，当时该特遣队参谋长梅里安·库珀上校乘坐的是编队领航机，该机投弹手哈里德·摩根由于过度紧张，投弹时出现偏差，将炸弹投到了九龙西部商业区，编队中的B-25轰炸机见到领航机投弹之后，也一同投下炸弹，导致了此次惨剧。美机编队返航时，日本陆航第33战斗机中队派出20架1式"隼"战斗机，6架2式"屠龙"战斗机从九龙起飞拦截，在此次空战中，P-40战斗机击落日机11架，B-25自卫机枪击落日机7架，其中海恩斯座机机枪手击落日机2架，第22轰炸机中队一架B-25C被日方击落，飞机在敌占区迫降成功，驾驶员和领航员被日军俘虏，其他机组成员则安全逃脱日军追捕，另有一架P-40战斗机在中国军队控制区迫降成功。轰炸机机群返回桂林后补充弹药，注满燃料，再次出击，轰炸了香港地区电厂和广州天河机场，10月25日下午轰炸了香港维多利亚码头和那里的船只，给日军以重大打击。

11月27日，陈纳德以低空B-25为诱饵，以高空护航P-40为猎手上演了一场好戏。当时机群飞行航线指向香港，香港上空的日军飞机严阵以待，但轰炸机机群在进入轰炸航路之前突然改变航向，直扑广州，猝不及防的日本飞机从广州赶紧起飞，此时在高空隐藏许久的P-40战斗机俯冲而下，利用高空高速优势痛击日军，而香港上空的日机还在傻乎乎地盘旋，等着轰炸机群出现呢。经过事后统计，此役击落日机27架，己方毫无损失。

第491轰炸机中队驻扎在中国昆明市嵩明县羊街机场，照片中出现了几名中国军官。

第491轰炸机中队部分人员在羊街机场合影。

第十航空队的任务较为简单，就是摧毁日军在缅甸的陆上交通线。日军的火车站和机车持续遭到战斗机、重型轰炸机和第341轰炸机大队的B-25的打击。在缅甸的铁路网中包含了100多座长度超过60米的桥梁，甚至有些桥梁的尺寸比这个还要小。这些桥梁普遍位于山谷和峡谷中，要想炸毁它们非常困难，日军只需在桥梁旁边部署高射炮、释放烟雾或者架设防空缆索即可便于防守。由于山谷狭窄，想要炸弹命中桥梁困难较大，若想彻底摧毁这些桥梁更是难上加难。第十航空队采用的战术是低空轰炸，低空轰炸相比于高空水平轰炸更容易击中目标，但是问题也随之而来，B-25在低空高速条件下投下的炸弹很容易造成"跳弹"。为了解决这个问题，大家纷纷献计献策，最后的解决方法非常简单，就是在45公斤炸弹的弹体前方插入一根约60厘米长的长钉。第341轰炸机大队在投掷"长钉炸弹"时，一般都采用双机编队，两架飞机间隔3.7公里左右时轰炸效果最佳。

轰炸桥梁时遇到了另外一个问题。重型和中型轰炸机由于投弹高度不同，所以炸弹命中率非常低，另外第22和第491轰炸机中队已经移防中国。这样执行轰炸任务的飞机数量就大大减少了，只剩下第490轰炸机中队单独执行轰炸桥梁的任务。无论该中队的将士如何努力，投弹命中率始终那么低，即使走了狗屎运，也不过命中一二次。1943年底，该中队的士气降到了冰点，投弹命中率低的问题到了不得不解决的地步。该中队针对炸弹引信、投掷高度、飞行速度和进场方式进行了大量实验。第五航空队采用的"跳弹"轰炸战术在这里并不适用，炸弹投下去之后从桥洞下面钻过去，落到远处爆炸。由于大桥横跨的山谷较宽，特别适用俯冲轰炸，但是第十航空队的仓库库存里并没有俯冲轰炸机。

第490轰炸机中队的两架B-25C/D型轰炸机飞行在伊洛瓦底江附近的河谷中。近处的这架B-25C编号为41-13122。

B-25轰炸机小队飞行在缅甸上空,照片拍摄于1944年4月。

面对数量众多的桥梁，经过近一年的"碌碌无为"之后，事情终于有了转机，而这完全是在无意之中发现的。发现轰炸桥梁的有效方法是罗伯特·艾迪尼（Robert Erdin）少校，当时他正在轰炸缅甸穆河上的一个大桥。他当时飞行高度较低，当他投下炸弹的时候，为了躲避迎面而来的树，只好将飞机拉起，他觉得和以前一样，又是一次毫无意义的投弹。当机组人员向后看的时候，惊奇地发现这座大桥被炸成两段，倒塌在河里。根据事后的分析，这次炸弹能准确命中桥梁的原因主要是因为俯冲角度较小，在飞机拉起的一瞬间释放炸弹，这样炸弹能以准确的角度命中目标。

罗伯特·麦克卡顿（Robert McCarten）中校为了发展这种轰炸技巧，开始了高强度训练。这种轰炸技巧将滑翔和俯冲轰炸结合在一起，与"跳弹"轰炸相比，轰炸机在面对固定点目标时，轰炸精度要高很多。这种轰炸技巧大致过程是这样的：飞机在距离目标600米时，飞行高度要保持在约360米，然后开始以将近30度角到35度角开始滑翔，速度保持在418公里/小时到451公里/小时，当B-25距离地面大约137米时，滑翔角度要减小至15到20度角，等到B-25距离地面高度为45米时，投弹手开始投弹，随后拉起飞机，此时炸弹就会准确命中桥梁。

1944年12月11日，第490轰炸机中队第一次使用"滑翔－俯冲"轰炸战术轰炸法属印度支那的桥梁，该桥梁位于河内至海防一线的海阳铁路大桥，该铁路大桥十分重要，是海防港至内地交通补给线上最重要的目标。日军为了保卫这座铁路桥，在周围布置了大量机枪和高炮，但是6架B-25第一次出动就利用"滑翔－俯冲"轰炸成功地炸毁这座大桥，虽然有一架B-25被击中，两名机组成员被击伤，但是所有B-25均成功返回基地。另有6架B-25在飞行途中收到了海阳铁路大桥被摧毁的信息，于是选择了备选目标轰炸富浪上

第341轰炸机大队的地勤人员正在为一架B-25H安装加农炮，这张图片可以简单了解加农炮安装支架和各个细节。这架B-25H的绰号颇有意思，叫"邪恶的维京处女"（Vikin's Vicious Virgin）。

（Phu Lang Thuong）的一座铁路桥，由于该投弹技术还在摸索阶段，所以这6架B-25使用了不同的投弹设定，结果可想而知，炸弹全部投偏。在中国战区则是另一种情景，由于中国战区缺少炸弹和油料，所以不允许B-25通过平时练习消耗炸弹来掌握"滑翔－俯冲轰炸"战术。若想掌握此投弹技术，只能通过一种方法——那就是实战。

这种新轰炸技术被命名为"滑翔－俯冲轰炸"（Glide-Skip，简写为Glip），第490轰炸机大队运用这种轰炸技巧在一个月之内成功摧毁8座桥梁，如此优秀的成绩受到了第十航空队霍华德·戴维森少将的称赞。戴维森少将称第490轰炸机中队为"桥梁破坏者"，队徽是骷髅和机翼，他们称呼自己为"缅甸桥梁破坏者"或者是"牙科诊所"。

第341轰炸机大队划归到第十四航空队的3个轰炸机中队也在尝试轰炸桥梁。这些桥梁都是铁路桥梁，位于法属印度支那，主要结构都是钢筋混凝土。当时建造这些桥梁的都是法国工程师。这些桥一旦被炸毁，日本人完全没办法修复。1944年12月到1945年3月，第341轰炸机大队利用"滑翔－俯冲"轰炸战术成功摧毁铁路桥，使得日军铁路系统效率大大较低。该大队轰炸铁路桥时，困难重重，不仅要面对日军凶猛的对空火力，而且当地的地形较为复杂，可见度也较低。在23次作战行动中，该中队成功摧毁21座主要桥梁，炸伤17座桥梁，"滑翔－俯冲"轰炸极大地提高了该大队的作战效率，摧毁一座桥梁的平均投弹量从15.5吨下降至7.5吨，这已经开创了陆航记录。1945年2月27日，该大队摧毁了4座桥梁，每座桥梁平均投弹量只有2.94吨，到了3月5日，该大队又炸毁6座、炸

飞机编号为41-13122的B-25C-1型轰炸机隶属于第341轰炸机大队，该机组在执行完125次作战任务之后得以轮换回美国，当然由于这架B-25C机体已经老旧，也一同飞回美国，后续会有新型B-25H/J型轰炸机接替它的位置。这张照片拍摄于北美航空公司英格尔伍德工厂的停机坪上，从左至右分别为詹姆斯·菲尔波特（James A.Philpott）少校，他怀里抱着一只小狗，军士长唐纳德·海特（Donald Hyatt），德怀特·波特（Dwight Potter）上尉，这架B-25C战功赫赫，从机头标记来看，共摧毁1辆机车、击落2架日军战机、炸毁5座桥梁。

伤2座桥梁，平均投弹量为4.32吨。

虽然炸弹的消耗量非常小，但是人员和飞机损失较大。从1945年2月27日到1945年3月5日仅仅一周的时间，第341轰炸机大队就损失了4架B-25，另有31架B-25受到不同程度的损伤，共有20名机组成员阵亡，20名机组成员受伤。隶属于第490轰炸机中队的一架编号为43-4229的B-25H-1型轰炸机在1944年3月17日从印度奇亚机场起飞，低空飞往缅甸瑞丽江轰炸江面上的大桥，当时的天气情况非常好，成功摧毁目标之后，B-25编队右转开始扫射日军高炮阵地。战斗之后通过其他人回忆，上午11时许，43-4229号机飞行方向与瑞丽江保持平行，在距离江面大桥约800米时，一颗炮弹击中飞机左侧机翼，飞机随后翻滚解体，最终坠入江中爆炸。美国军方宣布43-4229号机组全部阵亡。隶属于第491轰炸机中队的一架编号为43-4360的B-25H-1型轰炸机在1944年5月13日从羊街机场起飞之后，前往朗岭（Lungling）执行任务，后遇到恶劣天气该机失踪，以后再也没有任何关于这架B-25H-1的消息。

为了向罗斯福总统证明从空中进攻计划的可行性，美国方面从1943年初开始就和中方共同谋划利用中国大陆靠近日方的前进基地积极出击，阻断台湾海峡，对日本在台湾目标进行轰炸。空袭的备选目标有三个：高雄港、台南机场和新竹机场。由于高雄港防空火力强大，台南则驻有日军海航著名的台南航空队，所以中美空军选择了防空薄弱的新竹海航基地作为打击目标。

为了拥有一个尽可能靠近台湾的前进机场，中方计划在江西遂川建立秘密空军基地。1943年8月遂川机场建成，首次任务便是轰炸台湾。由于遂川机场距离南昌较近，为了避免被附近的日军发现，中方对机场建筑采用了多种伪装方式，并在机场周围设立对空警戒哨。11月3日，第十四航空队第21照相侦察大队拍摄的照片显示了台湾新竹基地共驻有日机96舰爆88架。

11月25日，第十四航空队第341轰炸机大队麾下的第11轰炸机中队出动了8架B-25，中美联合飞行队（Chinese-American Composite Wing，CACW）第1轰炸机大队则出动了6架B-25。第十四航空队特意派出8架新锐P-51A"野马"战斗机为其护航，另用8架P-38G"闪电"战斗机来扫射新竹机场上日机。由于机群规模相当庞大，为了迷惑日军，第3战斗机大队在战斗打响前分别从桂林和南雄出动P-40向北飞行，对南昌日军基地实施佯动欺骗。

当天，14架B-25挂载72枚9.8公斤炸弹、7枚45公斤、168枚11.35公斤通用炸弹直扑台湾新竹机场。第11轰炸机中队的B-25机群由驾驶611号机的约瑟夫·韦尔斯领队，随机还搭载了一位美国《时代》杂志和《生活》杂志的联合特派随军记者怀特。而第1轰炸机大队出动的第270、268、135、389、369、266号6架B-25，分别由张天民、梁冥和、李衍珞、吴超尘、罗绍阴、温凯担任副驾驶员，另外268、135、369、266这4架B-25分别由周鸣鹤、张树成、傅维善、李颂平担任领航员。

B-25机群抵达台湾外海南寮后立刻爬升，从西南方向接近新竹机场。行动开始之前，P-38战斗机对机场日机疯狂扫射，B-25跟在P-38后面于300米高度上投掷炸弹，最后由P-51战斗机俯冲攻击跑道上敌机收尾。当机群抵达新竹机场时，刚好有20余架96舰爆正进行飞行训练。P-38冲进日机机群，当即击落12架96舰爆，将地面上10架96舰爆直接轰成废铁。B-25投下的炸弹共炸毁日机14

架,P-51A机翼中的4挺12.7毫米机枪也摧毁了12架。编队完成任务后转向西北顺利返航。

机群抵达遂川后为了防止日军报复,各机立即加满燃油赶赴衡阳、桂林等地,参战官兵在那里享用了感恩节的火鸡和庆祝盛会。不过此役仅弹药消耗就达到驼峰航线整整60架次的运输量,油料消耗更大,所以此役过后第十四航空队近期难以发动大规模的进攻作战。

由于这是珍珠港事件后盟军首次空袭台湾,也是自杜立特空袭东京以来日本所谓的"绝对国防圈"首次遭到轰炸,日军大本营深感震惊,立即将原驻伪满洲国的第12飞行团主力南调至武昌。由于日军防范甚严,加之油弹补给困难。第十四航空队只好放弃了对台湾的进一步打击。1944年1月11日晚,第十四航空队麾下的第308轰炸机大队第425轰炸机中队的12架B-24"解放者"重型轰炸机与第341轰炸机大队第11轰炸机中队的8架B-25共同袭击左营与冈山,但轰炸效果欠佳。

第十四航空队空袭新竹机场仅仅是个开端,随着战争的进行,台湾各地的日军目标陆续暴露在盟军的轰炸机活动半径之内。1945年5月26日,隶属于第五航空队第345轰炸机大队的第498轰炸机中队派出16架B-25J型轰炸机从菲律宾起飞,航向直指台湾。该大队在1944年11月移防菲律宾之后,时常派出B-25轰炸中国沿海的日本舰船和台湾地区的日军工厂等目标。这16架B-25J的目标是位于台湾西北部苗栗市的苗栗制油所,美军情报部门将这

这张照片可能是第345轰炸机大队最有名的照片了,虽然该大队隶属于西南太平洋战区的第五航空队,但是时常派出B-25轰炸机飞到中国大陆沿海和台湾附近执行轰炸任务,重点在海上航运和地面基建目标。照片反映的是1945年5月26日,第498轰炸机中队轰炸台湾地区西北部苗栗制油所时的情景,编号43-36192的B-25J被日军高炮击中,随后坠毁。

所制油工厂标注为台湾第85号目标,预计年产量为10万桶汽油、柴油和重油,因此摧毁这所炼油工厂意义十分重要。

图中这架B-25J飞机编号为43-36192,绰号为"快活的乔"(Jaunty Jo),驾驶员为罗伯特·克瑙夫(Robert J. Knauf),机组成员为5名。由于这16架B-25J全部挂载伞投杀伤炸弹,因此在接近目标时飞行高度基本是贴着树梢在飞,飞行高度很低,杀伤炸弹引爆需要一定时间,足够B-25J飞离其杀伤半径。这次是"快活的乔"最后一次执行任务了,在它投掷完炸弹之后,驾驶舱左侧被高射炮直接命中,正副驾驶员极有可能昏迷或者已经丧生,几秒钟之后飞机拖着浓烟坠毁在炼油厂旁边,其实这组照片共有3张,最后一张照片现在已经极少出现了,其照片右下角出现了一座车站的站牌名,经过辨认是"苗栗车站"。

2013年10月,安庆市望江县渔民马金兵等4人在长江安庆望江段一处叫回民湾的地方打捞出一架B-25轰炸机部分机翼和发动机残骸。2015年7月初,这4人在当年发现机翼残骸的下游找到了这架B-25的机身部分。在此之前的2007年,曾有一位名叫卢百可的美国学者来到当地,探寻二战期间一架B-25轰炸机飞行员的牺牲地,根据史料记载,这一地区除了这架B-25在此坠毁之外,就没有其他美国飞机在这里失事过,因此可以确定这架B-25的飞行员就是卢百可所要寻找之人。卢百可通过电子邮件确认了这架B-25是美国第十四航空队第341轰炸机大队的"第57号"B-25。

《美国陆军航空队1941-1945年失踪机组人员报告》中曾有一份关于坠落在望江县长江附近B-25轰炸机的报告,其中详细记录了这架飞机的飞行任务:"57号B-25轰炸机于1943年12月30日在江西遂川机场起飞,8点50分坠毁,当时

"快活的乔"坠毁在苗栗制油所附近,距离苗栗火车站距离较近。

的任务是巡逻长江……"日军在占领安庆期间，将长江水道作为转运战略物资的大动脉，因此第十四航空队经常以江西遂川机场为基地，出动作战飞机轰炸长江江面上的日军舰船。1943年12月30日，第341轰炸机大队出动2架B-25轰炸望江附近的日本内河炮舰"须磨"号，"须磨"号立即开始反击，向2架B-25发射了47发炮弹和840发13毫米机枪弹，一架B-25当即被击落，飞机坠毁于江面上发生爆炸，机上人员全部阵亡，这架被"须磨"号击落的B-25应该就是渔民马金兵等人打捞出的那架B-25残骸。

7. 封锁日本

1944年年末，盟军通过空中、陆地和海洋联合作战确保了靠近日本的几处新基地安全。日本此时依旧占据着中太平洋地区、东印度群岛、所罗门群岛、俾斯麦海、中国东部、缅甸和菲律宾，对西南太平洋的盟军形成掎角之势。盟军决定发挥自身优势，通过"蛙跳战术"绕开日军重兵把守的岛屿，以海空优势封锁孤立日本占领的岛屿，最后迫使其屈服。塞班岛起飞的B-29机群也开始长途奔袭，将炸弹扔向这个东方邪恶帝国的"心脏"。

日本作为一个岛国，人口众多，自然资源极度匮乏，为了维持国内经济和军事工业的运转，日本需要从亚洲各地掠夺资源（战前也包括从西方进口）。日本从缅甸掠夺石油、钨、钴和铜，从中国东北地区掠夺大豆、煤和铁矿石，从朝鲜半岛掠夺粮食和煤，中国沿海的铁路、公路和港口可以为日本提供运输条件，另外从马来西亚和东印度群岛北上前往日本的船队可以在中国沿海进行加油和补给。台湾则是日本最大的物资提供地区，日本自1895年《马关条约》之后，苦心经营台湾，从台湾掠夺了大量的铜、蔗糖、铝、酒精和丁醇，在台湾修建了数量众多的机场用于保卫海上交通线，到了战争末期，甚至有飞机从台湾机场起飞执行"神风特攻"。台湾作为如此重要的目标，自然遭到了盟军连续不断的空中打击，但盟军自身也受到激烈的抵抗，损失很大。

海运就是日本的生命线，因此海上绞杀战作为打垮日本的方法从战略层面上被提了出来。美军潜艇部队在那段时期内，平均每月击沉总排水量达十万吨的日本商船，在1945年1月这一个月的时间里，日本被美军飞机炸沉的舰船总排水量达到了二十万吨。从美军航母上起飞舰载机时刻不停地轰炸着硫黄岛和冲绳岛，从1945年3月开始，B-29和B-24开始在日本港口和海运的必经之路上进行航空布雷，此举将日本变成了名副其实的"饥饿之岛"。日军在盟军的打击下，慢慢向日本本土龟缩。自从麦克阿瑟重新踏上菲律宾那一刻起，盟军便以菲律宾为航空基地开始打击日本在西南太平洋上的海上交通线。

无论是B-25中型轰炸机还是B-25扫射型轰炸机，都是执行海上封锁任务的好手。第十四航空队的B-25在攻击陆地目标时有些力不从心，但第五、第七、第十三航空队的B-25在飞过中国海域之后，总会留下大量日军舰艇残骸。日本由于要面对北方强大的苏联，因此在日本北方岛链上依然会部署一些部队，即使面对自然界最恶劣的天气，美国阿留申群岛上的第十一航空队依然会派出B-25、B-24和PV-1前去袭扰日本北方的千叶群岛。

第十一航空队装备B-25的轰炸机大队只有第28轰炸机大队，从笔者现有掌握的资料来看，第28轰炸机大队关于B-25的资料还是比较少的，分析原因可能是因为该大队是混

1944年驻扎在阿图岛，隶属于第28轰炸机大队第77轰炸机中队的一架B-25J轰炸机。阿留申群岛靠近北极圈，自然条件十分恶劣，图中飞机停机坪已经覆盖皑皑白雪，地勤人员只能露天为B-25检修，机翼下方已经安装有副油箱，说明第28轰炸机大队经常执行长途奔袭任务，双垂尾安装了类似于夹板的东西，防止狂风将B-25方向舵打坏。

合大队，并不像太平洋上某些轰炸机大队一样，清一色装备B-25。该大队在1939年12月22日组建，成立之初是按照混合大队的方式组建的，从1941年到1943年，使用的主力机型为P-38、P-39、P-40、B-26和LB-30。1943年12月又改建成混合轰炸机大队，从1944年到1945年，该大队使用的主力机型才是B-24和B-25。

从1941年2月开始，第28轰炸机大队开始驻防阿拉斯加，为北极作战做准备。1942年6月，配合友军防御荷兰港，但是没能阻挡日军占领吉斯卡岛和阿图岛。8月，美军开始在埃达克岛修建航空基地。1943年5月，美军重新夺回阿图岛。9月，该大队使用轰炸机轰炸和扫射吉斯卡岛上的日军设施和附近港口，将侵占吉斯卡岛上日军悉数消灭。从1944年5月至1945年8月，该大队首次派出轰炸机空袭了日本千叶群岛，这使得日本产生错觉，觉得美军要以阿留申群岛和千叶群岛为跳板，进攻日本本土，迫使日军将其部分空中力量转移至千叶群岛北部，缓解了盟军在该地区南部的空中压力。由于第28轰炸机大队的优异表现，该大队获得了优异单位嘉奖。1945年8月13日，该大队执行了最后一次轰炸任务，但在战争结束后，依旧派出飞机对千叶群岛执行侦察任务。第28轰炸机大队本身并不稳定，从1941年12月开始一直到战争结束，该大队共更换了11名指挥官。

1943年9月11日，第28轰炸机大队派出12架B-25从阿图岛机场起飞，前往占守岛与幌筵岛之间的幌筵海峡轰炸日军舰船，在飞往目标途中，B-25编队穿越了国际日期变更线，所以在千叶群岛上的日军记录这次行动发生在9月12日。编队抵达目标上空时，一部分B-25在占守岛海岸附近排成第一梯队，余下的B-25在距离第一梯队400米的地方编成第二梯队，由北向南展开攻击。

在这次任务中，有一架编号为42-53354的B-25C-5轰炸机以426公里/小时的时速低空飞过占守岛片冈海军基地西侧时，飞机突然爆炸并化为碎片。这一场面被另外一架B-25

一架编号为43-36135的B-25J在阿图岛附近海域巡逻，照片拍摄于1944年，这架飞机隶属于第77轰炸机中队。

恰好看见，该机由罗伯特·丹尼斯（Robert W. Dennis）上尉驾驶，另有两名机组成员分别为克劳德·威尔逊（Claude W. Wilson）中尉和摩根·坦普尔（Morgan I. Temple）中尉，这两人所属岗位未知。根据这三人的回忆，42-53354号机之所以爆炸是被防空炮火击中造成的，因为之前这一空域刚被日军第54仙台航空队的Ki-43"隼"式战机（盟军称其为"奥斯卡"）清理过，这架B-25爆炸时周围也并没出现日军战斗机。等到B-25机群返航时，官方宣布42-53354号机组为失踪（Missing in Action），因为没有人会认为有人能从爆炸的B-25中幸存下来。

那42-53354号机的机组成员命运究竟如何呢？

根据美国方面的资料，42-53354号机的机组人员为驾驶员昆顿·斯坦迪福德（Quinton D.Standiford）中尉，副驾驶员为托马斯·梅林（Thomas B. Merrill）中尉，领航员兼投弹手弗农·谢拉巴格（Vernon P. Shellabarger）少尉，无线电操作员安东尼·小纽森（Anthony H. Newson Jr.）技术军士，两名机枪手为乔治·威尔斯（George G. Wales）中士和弗朗西斯·麦克艾文（Francis L. Mc Eowen）上士。

虽然这5人官方宣布为失踪，但是真实情况是弗朗西斯·麦克艾文幸存下来了。42-53354号机爆炸解体之后，他落入冰冷刺骨的海水中，立即开始自救，他抓住一个氧气

第77轰炸机中队的一架B-25J在日本千叶群岛附近海域上空遭到一架日军战斗机的拦截，没有查到此次战斗结果。

瓶，由于海岸线距离他所在方位很远，估计游泳是游不到了，于是他开始大声呼救，他的运气真是太好了，这时附近正好经过了一艘名叫"清津丸"的日本船，麦克艾文被日本船员救上船，将他送往当地医院，在那里得到了第一时间的救治，当时麦克艾文被日军俘获的消息还在北海道当地的报纸刊登过。

2016年3月22日，一位名叫镰田实的日本人发现了一点线索，由于当时刊登这则消息的报社已经倒闭了，所以此人前往东京查阅档案馆，发现了一条标题，大致意思是1943年9月12日，一艘日本渔船"清津丸"号营救了一名叫弗朗西斯·麦克横（音）的中士，但是里面并没有关于麦克艾文中士被俘之后的事情。

麦克艾文被俘之后被送往大森（Omori）战俘营，在那里他一直待到战争结束。1943年11月14日（不确定），东京广播电台曾采访麦克艾文，但是采访时被美海军进攻安卡奇岛（Amohitka Island）的消息打断，麦克艾文的声音也没有被他的战友认出来。在这次采访中，麦克艾文回忆他如何被渔船营救以及日本人对他如何友善，另外他也发表了关于这场战争的个人看法，也谈到了

他的父母和三个兄弟姐妹（两个兄弟，一个妹妹）。他的战友确实听到了这则广播，但是根本不相信他居然能幸存下来，所以认为这则广播是伪造的。美国军方因为没有收到红十字会或是日本方面关于麦克艾文被俘的官方文件，因此在42-53354号机爆炸当天就宣布5名机组人员失踪，后来又改为阵亡。

已经阵亡的谢拉巴格中尉在1944年12月28日被授予紫心勋章和航空勋章，美国战争部长亨利·辛普森（Henry Simpson）在签发勋章时，曾写道：

谢拉巴格中尉曾带给我们美好的回忆，他是在北美上空空域执行任务时阵亡的。不朽的飞行员组成了打不破的战线，这些飞行员代表着生命与

祝福。他永远像大部分人一样，谦逊地活在我们心中。由于他在战场上的付出和做出的功绩，我们将紫心勋章授予谢拉巴格中尉。

麦克艾文于1981年9月去世，骨灰安放在印第安纳波利斯市华盛顿公园东墓地AA地区第4层92号。

1945年5月10日，隶属于第28轰炸机大队第77轰炸机中队的B-25从阿图岛机场起飞，前往千叶岛海峡和占守岛附近的片冈港空袭日军运输船，目标上空天气情况良好。飞抵目标上空时，一架编号为43-36149的B-25J-10型轰炸机遭遇一艘日军大型货船，这架B-25左侧发动机被货船上的防空炮火击中，发动机起火，同时B-25的副驾驶员约瑟夫·小耶林奥森（Joseph F.Jellinghausen

第28轰炸机大队的B-25正在轰炸日军船只。

Jr.）少尉可能也被弹片击中，一分钟之后，43-36149号机左侧起落架开始失去液压。驾驶员伦纳德·拉森（Leonard G. Larsen）中尉通过无线电大喊："这是拉森的B-25轰炸机，我的座机已经起火，快要坠落到海中了！"

拉森驾驶飞机在距离海平面90米的高度坚持了5分钟，随后43-36149号机开始缓慢地下降高度，在距离占守岛海岸大约400米至800米的地方坠机。另一架B-25的机尾机枪手杰克·帕克（Jack Parker）中士看见了43-36149号机的残骸，帕克中士觉得没人能从残骸中活着出来。43-36149号机整个机组在任务当天即被官方宣布阵亡。

9天之后，也就是1945年5月19日，第77轰炸机中队派出8架B-25轰炸机从阿图岛机场起飞，飞往占守岛那珂河附近轰炸那里的罐头厂和美波町海角的雷达装置。B-25编队在飞行途中，遭到了日方猛烈的高射炮和战斗机的攻击，这8架B-25中，最终只有1架飞抵目标上空投弹和扫射。这8架B-25中，有一架编号为43-36140的B-25右侧发动机出现问题并且机翼油箱不能正常供油，在靠近占守岛海岸线附近时，这架B-25突然发出巨大噪声，右侧发动机桨叶破裂。该机迅速作出反应，将所有炸弹丢弃，希望飞机能在苏联机场降落，但是这架B-25此时已经不能爬升，只好在白雪覆盖的海滩上滑行迫降，所有机组成员安然无恙。

43-36140号机迫降之后，一架日军战斗机在迫降地点上空不停地盘旋，不一会，一队日军士兵来到迫降点，和B-25机组成员发生短暂交火之后，机组成员被送往幌筵岛上的监狱。这群机组成员中，领航员兼投弹手米尔顿·扎克（Milton E. Zack）少尉后来被空运送往北海道战俘营，另外两名机组成员罗伯特·特兰特（Robert D. Trant）和沃尔特·贝利（Walter Bailey）则通过海运运往北海道战俘营，三人最终在北海道战俘营相聚并活到战争结束。另外三名机组成员分别为驾驶员雷蒙德·路易斯（Raymond B. Lewis）少尉、副驾驶员

阿图岛战役中，第28轰炸机大队派出B-25C/D型轰炸机支援美海军作战，图中为美海军驱逐舰。

爱德华·巴罗斯（Edward N. F. Burrows）和威廉·布兰得利（William E. Bradley）三人在通过"天领丸"送往北海道战俘营时，"天领丸"被鱼雷击沉，三名机组成员不幸身亡，根据记录，时间发生在1945年5月29日。

1943年中期，美国在太平洋战区的军事力量部署做了重大改变，已经不再局限于单纯的防守了，主要目的在于缓解日军对美国西海岸的军事威胁，因此美国决定在中太平洋战区增加第七航空队，该航空队由一个重型轰炸机大队和一个中型轰炸机大队组成。在这个背景下，陆航决定派遣第41轰炸机大队加入到第七航空队。1943年10月，第41轰炸机大队从加利福尼亚州开拔前往夏威夷瓦胡岛。在夏威夷岛，该大队的官兵们首要学习的就是如何在热带生存。在这段时间里，美国航母开始将轰炸机运送至吉尔伯特群岛。

1943年11月20日黎明，朦胧的下弦月在云中时隐时现，美国海军陆战队展开"雷击行动"，开始进攻吉尔伯特群岛的塔拉瓦环礁，经过72小时的血战，美军一举拿下塔拉瓦环礁，为进攻下一个目标——马绍尔群岛创造了条件。12月17日，第41轰炸机大队抵达塔拉瓦环礁，该大队到达之前，工程兵已经将环礁上的碎石全部清理干净，岛上机场也得到修复。地处太平洋中部的吉尔伯特群岛气候炎热，阳光灼烈，岛上爆发大规模登革热和疟疾，让第41轰炸机大队的官兵们苦不堪言。

1944年1月，第41轰炸机大队共派出215架次轰炸机空袭了马绍尔群岛，其中派出的B-25空袭了马洛埃拉普环礁（Maloelap）、沃特杰环礁（Wotje）、米尔环礁（Mille）、贾卢伊特环礁（Jaluit）。这些环礁上存在日军的航空设施，在1944年2月美军进攻夸贾林环礁（Kwajalein）和埃尼威托克岛（Eniwetok）时会造成麻烦。在这次一系列的行动中，B-25针对各个环礁上的日军目标采

"纸娃娃"（Paper Doll）是一架B-25G型轰炸机，飞机编号为42-64833。该机在第41轰炸机大队中享有极高声誉，号称"千年老不死"。

用低空搜索加轰炸的战术，卓有成效地将环礁上的日军目标扫荡一空。不过，日军的反抗也较为顽强，特别是在空袭马洛埃拉普环礁时，有时有多达50架日军战斗机起飞拦截B-25编队，在1943年12月28日到1944年2月12日这段时间里，第41轰炸机大队共损失17架B-25。

1944年2月，美国开始进攻夸贾林环礁和埃尼威托克岛，占领埃尼威托克岛可为中型轰炸机轰炸其西面643公里的波纳佩岛（Ponape）提供航空基地。第41轰炸机大队主要任务就是压制马绍尔群岛上的敌军火力，从埃内韦塔克环礁出发轰炸加罗林群岛附近海域的日军舰船。从2月19日开始，为了减少自身的损失，该大队的B-25在接近目标时，由低空轰炸变为中高空轰炸。由于轰炸策略做了变化，再加上日军空中力量正在渐渐式微，因此第41轰炸机大队的损失直线下降。

到了1944年5月，该大队开始进行"穿梭"轰炸，即B-25编队从塔拉瓦环礁起飞，轰炸米尔环礁和贾卢伊特环礁，然后降落在马朱罗岛上的海军基地之后重新挂弹和加油，起飞轰炸马洛埃拉普环礁和沃特杰环礁，之后返回马朱罗岛，再次挂弹和加油，再次起飞轰炸米尔环礁和贾卢伊特环礁，最后返回塔拉瓦环礁。B-25每次出动可分成3个单独的任务，共轰炸6个目标。由于第41轰炸机大队进行了"穿梭"轰炸，因此在整个4月中，该大队共执行了98次作战任务。

在结束对马绍尔群岛的进攻后，美国的军事力量已经推进到珍珠港至日本本土中间的地方。1944年6月，美国准备进攻马里亚纳群岛，下一步的作战计划就是进攻日本本土，一脚踢开小日本家门口的大门。6月15日，美国海军陆战队登陆塞班岛，经过3周的殊死争夺才最终拿下这个只有185平方公里的岛屿。占领塞班岛之后，第41轰炸机大队将麾下的第48轰炸机中队派遣到该地，主要任务就是削弱马里亚纳群岛的日军的实力。接下来的日子里，第48轰炸机中队和其他作战单位一同轰炸了关岛和提尼安岛。7月21日，美国开始进攻关岛上的

第41轰炸机大队在马金岛的基地，马金岛属于吉尔伯特群岛的一部分，1943年下半年，美日双方在这里爆发了惨烈的岛屿争夺战。吉尔伯特群岛地处中太平洋，天气炎热，岛上布满碎石和珊瑚沙。

日本守军，3天之后又开始进攻提尼安岛。从7月23日到8月21日这段时间内，第48轰炸机中队主要任务是为地面部队进行近距空中支援，低空扫射和轰炸日军目标。8月下旬，第48轰炸机大队回归位于马金群岛（Makin）的第41轰炸机大队，而该大队其他作战单位在这段时间依旧轰炸着马绍尔群岛和加罗林群岛东部的日军目标。

1944年秋天，中太平洋战区已经不再需要中型轰炸机中队，所以隶属于第七航空队第41轰炸机大队的第47轰炸机中队在1944年10月暂时驻防夏威夷惠勒机场，一边进行反潜巡逻一边进行日常训练。该大队的官兵换装新型B-25G/H/J轰炸机进行轰炸和发射火箭弹方面的训练，新的射击技术也被应用到训练中，另外在和其他战斗机中队进行演习时，该大队的B-25均使用了照相枪。

到了1945年，美国针对日本本土周边的岛屿发动新一波攻势，1945年2月经过血战，拿下硫黄岛，4月开始进攻冲绳岛，冲绳战役持续到6月依旧没有结束，第41轰炸机大队开始从夏威夷移防至冲绳岛嘉手纳机场。B-25以嘉手纳机场为依托，打击日军军用设施和军队集结地，在整个7月中，第41轰炸机大队共执行36次任务，对日军机场、桥梁、铁路、港口设施进行轰炸。冲绳战役结束之后，该大队开始将轰炸目标锁定在冲绳岛之外，比如日本九州的知览机场以及中国上海附近的江湾机场。第41轰炸机大队也经常在日本本土附近的主要航线上进行巡逻，重点打击商船和运输船，借此将日本变成海上孤岛。7月22日，该大队联合其他两个轰炸机大队共同轰炸了中国扬子江入海口的日军护航船队。从8月初到日本投降这段时间，该大队共执行11次任务，使用滑翔炸弹和滑翔鱼雷突袭了位于佐世保和长崎的日海军基地（前文讲述滑翔鱼雷时有过介绍）。

隶属于第41轰炸机大队的第396轰炸机中队在1944年1月25日派出B-25机群轰炸马洛埃拉普环礁时，其中一架B-25的副驾驶员是一位年龄只有21岁的陆航少尉，此人名叫马尔科姆·尼克布克（Malcolm Knickerbocker），他在参军之前是杜克大学的一名在校生，6个月之前才刚刚拿到飞行徽章。大家都觉得尼克布克少尉是一个很棒的小伙子，能在他身上找到那时候美国年轻人身上的一切优秀品质。就像第396轰炸机中队指挥官安德鲁·迈克达威（Andrew McDavid）少校寄给尼克布克的父母信中那样写道，对于他们来说那一天发生的事无疑是残忍的。那天B-25编队以贴近海浪的高度飞向马洛埃拉普环礁，尽管飞行高度如此之低，B-25编队还是被日本人发现了。日军战斗机立即起飞对

第41轰炸机大队的B-25机群正在轰炸日军目标。

第41轰炸机大队驻扎在冲绳岛的基地一瞥。

B-25编队进行拦截，同时将机炮炮弹和子弹射向B-25，其中一架日军战斗机切到尼克布克座机右侧，在近距离上对准这架B-25一通扫射，一枚20毫米机炮炮弹击中了尼克布克的右腿，将他的右腿从膝盖骨这里完全炸断。

由于B-25机舱狭窄拥挤，想过来帮忙的其他机组成员完全不能移动尼克布克，尼克布克是在飞行座椅上被日军战斗机击中的，想要用止血带处理残肢也不可能。最好的办法就是为他输入新鲜血浆，同时紧紧压住残肢创面，尽量避免尼克布克由于失血过多而造成死亡。

由于同伴处理得力，尼克布克强忍着剧痛战胜了失血性休克，在这个过程中，他一直保持清醒状态。日军战斗机并没有停止攻击，在接下来的15分钟里一直咬着B-25编队不放，而尼克布克一直在帮助驾驶员操纵这架B-25，采取规避动作以免座机被日机击中。时间一分一秒地过去，尼克布克对着其他机组成员笑了笑，用拇指和食指打出了一个"OK"的手势。尼克布克知道自己挺不过去了，但是他要战斗到最后一刻，直到作战任务最终圆满完成。

距离B-25编队最近的基地位于马金岛，距离马洛埃拉普环礁足有一小时的飞行距离。尼克布克少尉在飞机着陆之后，慢慢地闭上了自己的眼睛，完成了自己作为一名B-25轰炸机副驾驶员的使命。由于尼克布克的英勇表现，他死后获得了一枚铜十字英勇勋章。

尼克布克少尉死后的第二天，驻扎在马金岛的第45战斗机中队一群P-40战斗机为他报了仇。当时日本战斗机正在准备攻击低空飞行的B-25编队时，忽然被这群P-40包了饺子，血战之后经过统计，P-40共计确认击落10架日军战斗机，可能击落2架。没有什么东西能比杀光小日本更好地去纪念这位英勇的战士了。

罗伯特·勃兰特（Robert Brandt）曾在第41轰炸机大队担任无线电操作员，他所属的机组座机是一架B-25G型轰炸机，飞机编号为42-64833。在吉尔伯特群岛的时候，机长理查德·莫津戈（Richard Monzingo）在机鼻画了一幅艺术画，写上了"陆航833"的字样，机组为座机起了一个名字——"纸娃娃"（Paper Doll）。该机共执行了50次作战任务，每次都能平安归来，在执行其中一次任务时，罗伯特·勃兰特记得很清楚，一架日军零式战斗机向他们发起攻击，击中了右侧发动机，将输油管打破，燃油一下子从输油管里喷了出来。罗伯特·勃兰特赶紧提醒驾驶员诺曼·克勒姆申（Norman Klemushin）右侧发动机已经受损，诺曼·克勒姆申立即切断右侧发动机油路并将桨叶顺桨。飞机在快要坠入大海的一瞬间，诺曼·克勒姆申终于将飞机的飞行姿态改平并且开始缓慢地爬升，为了减轻飞机自重，机组成员将一切能扔的东西全部扔掉，包括罗伯特·勃兰特最喜欢的那把"汤姆逊"冲锋枪。

诺曼·克勒姆申告知整个机组，他要将飞机降落在附近的海军基地，罗伯特·勃兰特已经记不清这座海军基地位于哪个岛（推测是马朱罗岛）。罗伯特·勃兰特提醒诺曼·克勒姆申，右侧起落架的机轮已经没有轮胎，所以诺曼·克勒姆申降落时格外小心，等到右侧机轮接触地面时，飞机猛地一转，直接冲进大海里。飞机机头一头扎进水里，机尾高高地翘起来。机组人员打开舱门准备跳机逃生，但是机尾舱门距离水面很高，机组成员贸然跳出去恐怕会受伤。这座海军基地大约有5000名海军人员，有一些

千年老不死的"纸娃娃"全体机组成员合影。这张照片是"纸娃娃"第二批机组成员，前排从左到右为：投弹手罗萨里奥·威斯西图（Rosario Vicchitto），副驾驶员E.J.特雷西（E.J.Tracey），机长兼驾驶员吉姆·多罗夫（Jim Dorough）。后排从左到右为：机背炮塔射手比尔·里昂（Bill Lyon），机身中部机枪射手阿尔·普法伊费尔（Al Pfeifer），机尾机枪射手赫伯特·博茨福德（Herbert Botsford）。

人看到了"纸娃娃"的遭遇，对着这帮机组成员大喊，"快跳下来，我们能接住你"。一名海军军官命令水兵拿来了粗绳子，一头拴住"纸娃娃"的机尾，另一头由众多水兵拉住，大家同心协力硬生生将这架飞机拉回到岸边。

海军基地的官兵很热心，他们将飞机拉进海军基地的维修中心，用起重机将飞机吊起来，然后更换机轮，虽然海军人员活干得不怎么漂亮，但好歹将机轮修好了。罗伯特·勃兰特和诺曼·克勒姆申驾驶该机返回基地，从此之后"纸娃娃"再也没发生过类似于坠机的事故，每次都能化险为夷。第41轰炸机大队官兵在战后的老兵聚会中，都说"纸娃娃"是他们见过的最伟大的轰炸机之一。

第41轰炸机大队的尤金·奥尔森（Eugene Olsen）飞行时间超过2000小时，他同时也是该大队第一批完成地面训练课程并且通过B-25飞机训练考试的飞行员，从冲绳起飞轰炸日

尤金·奥尔森与他的座机"嘈杂的蜂巢"（Buzzin Beezee）合影。

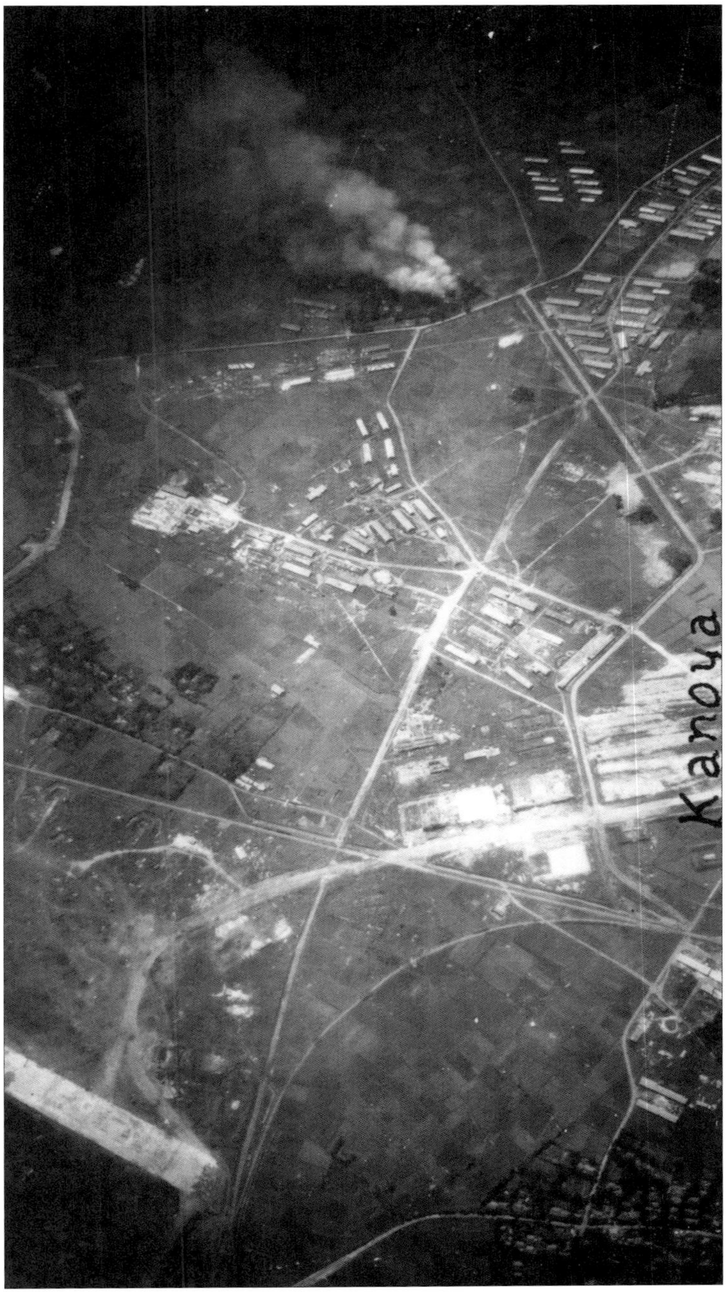

第41轰炸机大队在轰炸日本九州鹿屋市时，从高空拍下的照片。

军在中国的各处目标他均参与过，包括轰炸上海地区和江湾机场。据他回忆，在飞往中国执行轰炸任务之前，他们都收到了用塑料袋包好的法币和中国地图，并且上级告诉他们，如果飞机遇到什么麻烦不能返航的话，直接驾机加入陈纳德将军指挥的第十四航空队，结果还真有不少B-25在执行作战任务时遇到这样或那样的麻烦，最后只能飞往第十四航空队的基地，谁也想不到竟用这种方式告别了第七航空队。

他还听说过有一架马丁PBM救援飞机为了营救在执行作战任务中落水的飞行员，居然一口气收容了19名落水者，其结果就是飞机负载太重以至于不能在水面上起飞。这架PBM飞行员技高人胆大，既然飞机不能起飞，那索性就不起飞了，直接采取在水面上滑行的方法将这19人平安运抵冲绳附近的伊江岛（Ie Shima），滑行距离超过320公里，要不是这架PBM采用这种"异想天开"的方法，说不定那些机组成员就喂鲨鱼了（这不是开玩笑）。

当时的详细情况是这样的。第七航空队派出4个轰炸机中队前去轰炸日本九州，结果一支B-25中队遇到了暴风雨，其中一架B-25绰号是"狡猾的丽克"（Tricky Likk），这架B-25的机组成员在一起已经共处了17个月，一直平平安安。虽然安全穿过暴风雨，但是这架B-25在暴风雨中迷航，花了一个半小时才搞清楚方位和自身位置。在准备返航穿过琉球群岛时，他们不知道有一个更猛烈的暴风雨在等着他们，强度远远超过第一个暴风雨，能见度只有4.8公里。下午1:30，这架B-25开始从编队中落单，在暴风雨中就像是一只难以驾驭的印第安小种马。机组人员没办法，只能将炸弹全部丢弃，然后看准云层中的一个洞钻了出去，准备伺机返航。有经验的机组成员都认为坏天气远比高射炮更令人恐惧，驾驶员瑞克·龙迪内蒂（Rick Rondinelli）中尉和副驾驶员阿诺德·塞耶（Arnold Sayer）中尉驾驶着"狡猾的丽克"，穿过他们有史以来见过的最强烈的暴风雨，领航员尼古拉斯·莱布洛克（Nicholas F. Leibrock）中尉说他自己从来没有见过如此恶劣的天气，机械师沃伦·吉米（Warren F. Kimmy）中士觉得这架B-25的机翼就好像要被大风撕下来一样，仿佛是一只被诅咒的鸟一样上下颠簸。到了傍晚时分，他们终于穿过第二个暴风雨，但是发现整架B-25的油箱里只有区区56升燃油了，其中一个人发现东面有一个岛屿，弗雷德里克·冯·施韦尔特纳中士（外号"荷兰人"）大喊："那个岛，我认为可以试试。"他们不得不在奄美大岛（Amami）附近的洋面上进行迫降。在迫降前10分钟，无线电操作员将这架B-25的具体方位告知给第41轰炸机大队基地。瑞克·龙迪内蒂事后回忆说："迫降就好像是游戏结束之前的几分钟，总是害怕自己会死，但是一旦迫降又感觉好像没那么可怕。"他在迫降之前对着舱内其他机组成员大喊，"五分钟之内我们将会迫降，祝大家好运！"

迫降成功之后，有个人大声地喊，"赶紧离开这个鬼地方！"莱布洛克将塞耶推出舱外，龙迪内蒂又将莱布洛克推出舱外，吉米从机身中部左侧舷窗跳了出去，"荷兰人"估计是害怕后面的日子太枯燥难熬，他将两本小说从飞机里扔了出去，一本是大仲马写的《三个火枪手》，另一本是薇薇安·康奈尔写的《中文房间》。耶奥伦（Yheaulon）从右侧舷窗逃生，"荷兰人"从左侧舷窗逃生，但是后者在跳出去的时候，一条腿卡在舷窗上，他自己立即失去重心，一头扎进大海里。耶奥伦眼见同

地勤人员站在一辆克莱特拉克履带车上为这架B-25维修水平尾翼,这架B-25G飞机编号为42-64915,拍摄地点在马金岛。

伴身处险境,立即跳进大海救起"荷兰人"。

耶奥伦浮在水面上,看着座机机头那张金发裸体美女艺术画缓缓沉入水中,这架B-25从入水开始到最终完全沉入水中共耗费了5分钟,如此长时间足够机组成员逃生了,这完全归功于龙迪内蒂驾驶B-25入水之前将飞机调整至完美的姿态。整个机组全部待在救生筏上无事可做,只能想想自己身处的困境。他们鬼使神差地居然全部哈哈大笑,按照耶奥伦的说法,"我不知道究竟是什么事会如此开心,但是我们全部大笑起来"。

龙迪内蒂很担心大家后面的健康情况,因为整个机组当天只吃了一顿早饭,其他时间根本就是水米未进,连他自己在逃出飞机时一不小心也喝了几大口海水,海水混合着胃酸让他觉得非常的恶心。龙迪内蒂总是觉得有什么东西在刮蹭着救生筏,他定睛一看,天哪,居然是一条鲨鱼!除了龙迪内蒂,其他人都没有看见这条鲨鱼,龙迪内蒂不想引起不必要的麻烦,因此也就没告诉他们,他只是说,之所以大家感觉有东西刮蹭着救生筏,完全是你们的飞行靴干的好事。正在这时,海上的风渐渐大了,将他们的救生筏慢慢吹向奄美大岛,此时救生筏半个身子已经被海水淹没了。

不一会另一只鲨鱼出现了,这次机组成员全部都看见了。吉米事后回想起来后脊梁骨直发凉,他说:"那是我第一次感觉到如此的恐惧。那鬼东西至少有6米长,救生筏里的我们就好像是罐头里的沙丁鱼,而且是没盖盖子的罐头,

1945年6月30日，地勤人员正在为B-25挂装集束燃烧弹准备轰炸日本本土，此时距离杜立特轰炸东京已经整整过去三年多了。

我们把飞机上的小说搞丢了，没有什么能比这个感觉更糟的了，《中文房间》是我读过的最好的小说，整个机组平时都抢着看这本小说。"

没过多久天空中飞来一架PBM救援飞机，在救生筏附近开始盘旋，飞行高度大约在150米，当时天已经快黑了，这群机组成员为了吸引PBM的注意，一边投下海水染色剂，一边点起火焰，但是海面波涛太大以至于PBM没办法正常降落。当PBM硬着头皮冲破波浪降落时，它的方向舵、右侧安定面和左侧副翼已经全部被海浪打坏。救生筏上的机组成员知道，这架PBM已经无法再次起飞了。即使上了PBM，获救的概率也不大，但是他们已经在冰凉的海水里泡了2个小时了，说不定还会有鲨鱼光顾他们，顾不了那么多了，他们扔掉了小救生筏，一个个全部钻进PBM那个又大又暖和的机舱里。

飞机里面现在已经有了14个人，龙迪内蒂和"荷兰人"抢了4个铺位中的2个，PBM机内食物短缺，香烟也已经被其他人瓜分光了。塞耶中尉说："如果你不能站着，那你只能躺着。我把大部分时间花在驾驶员舱上，PBM的飞行员告诉我，在这次任务中，PBM共营救了30名落水人员，我向上帝发誓，我从来没有遇到过有比这次更令人难受的营救行动了。"

机上的乘员不止一次地想这架PBM会不会散架，莱布洛克说这架飞机就好像是装着玉米花生糖的锡制罐头，里面叮叮当当的。他们要时刻抽空舱底的积水，这也意味着PBM的

马丁公司制造的PBM水上飞机，1939年2月18日第一架原型机首飞，1940年2月进入美国海军服役，设计此款水上飞机的目的是替代联合公司的PBY"卡特琳娜"水上飞机，共生产了1366架。

舷窗必须时刻打开着，如果脑袋碰到舷窗上，立即就会头破血流。PBM返航的时候，他们的精神都比较亢奋，全都围聚在机身前方，有的人太累了正在呼呼大睡，有的人只是默默地抽着烟，机舱里面烟幕缭绕，烟灰缸里面塞满了烟头，他们什么都没说，只是默默地听着收音机。

PBM穿过了漫漫长夜和汹涌波涛，待到黎明到来时，迎接他们的是明媚的阳光和平静的海面，PBM开始加速滑行，终于在次日上午10点钟抵达伊江岛进行加油，但是伊江岛上并没有食物，下午2点他们终于抵达庆良间诸岛（Kerama Retto），在那里他们每人喝了一杯威士忌，吃了一顿饱餐。B-25的机组成员现在还记得那顿饱餐，赞美之词溢于言表，那里有煎蛋、培根、热咖啡、冰茶、吐司、黄油、果酱，晚饭还有牛排。岛上的海军人员给他们换上了新鞋子和新制服，那天晚上没有冰冷的海水和颠簸的滑行，只有干净的床单和暖和的床铺，那晚他们睡得很香。

沃伦·洛弗尔（Warren Lovell）曾在第41轰炸机大队服役，他个人十分喜欢B-25这款轰炸机：

第41轰炸机大队开始轰炸日本本土是在1945年7月1日，但是我是在16日才开始执行第一次作战任务，最后一次执行作战任务是在8月12日，这段时间内基本每天都要驾驶B-25出动。第七航空队之前隶属于美国海军尼米兹上将麾下，直到我们驻防冲绳，第五、七、十三航空队在7月14日组成远东航空队之后，才开始真正由陆航指挥。可以这么说，我们是最后加入陆航的轰炸机大队。

对日执行战术轰炸时，我们选定的目标基本是日本九州的岛屿和神风特攻队的机场，尤其是九州南部的鹿儿岛，另外我们也会空袭佐世保和长崎。空袭前我们会爬升到3000米高空，利用"诺顿"轰炸瞄准具投下滑翔炸弹。据我所知这种武器是由海军开发的，只有我们的轰炸机大队装备过这种武器。

在目标上空通常会遇到猛烈的高射炮火，尤其是飞临鹿屋市上空时，有70多门高炮向我们射击，但是他们的准头太差，我们的损失很轻微。我共执行过二次低空攻击任务，一次是在东海岸用火箭弹和凝固汽油弹攻击铁路桥，另一次在熊本市低空轰炸了铁路编组场，当时的飞行高度很低，基本上是贴着电线在飞行，我站在成员舱甲板上，对着一切能射击的目标进行射击。

我们在执行任务时会有友军战斗机在高空护航，刚开始的时候是F4U，后来换成P-38和P-51。8月9日那一天，我们正飞临在熊本市上空，突然无线电操作员查理·希尔（Charlie Hill）在对讲机里大喊，"我的上帝呀！你们快看3点钟方向！"我看见长崎上空腾起一个大大的蘑菇云……

每天飞在天空过着刀口上舔血的日子确实很冒险，很高兴战争结束了，我一直觉得日本人不会投降，包括机尾机枪手在内我们整个机组中共有3人阵亡，不管怎么说，我们的损失还算轻微的。第47轰炸机中队曾使用过滑翔鱼雷，在低空投下后，鱼雷依靠小翼会在空中滑翔一段时间，以固定模式入水。我记得该中队曾使用过1到2次，很偶然地击中了长崎港内日军船只。B-25确实是一架好飞机，即使二战结束后，我依然在加州国民警卫队驾驶B-25。1957年，我重新加入美国空军，在医护部队担任飞行员，驾驶的依旧是B-25。

佛瑞德·埃默特（Fred Emmert）也曾在第41轰炸机大队服役，在美国对长崎空投原子弹的当天，埃默特机组也目击了蘑菇云，根据他的回忆，当天的天气晴朗，天空出现朵朵云彩，当时他正在全神贯注地驾驶B-25，一片片绿色的稻田在机翼下快速划过，由于此时已经没有日军战斗机的威胁，所以B-25编队采用省油的飞行方式进行飞行，在目标上空会遭到零星的高射炮射击。原子弹爆炸时，他本人并没有看见空中闪光，无线电操作员麦克·哈多克（Mike Haddock）提醒整个机组，西北方向约100公里处出现巨大蘑菇云，埃默特回忆说此场景他一辈子都不会忘记，一团巨大的、"肮脏"的蘑菇云在天空升

汤玛斯·汤普森（Thomas Thompson）及其机组成员正在展示一面缴获的日本军旗，照片拍摄于1944年3月7日，地点在夸贾林环礁。

第341轰炸机大队装备的B-25H型轰炸机，照片拍摄于中国腾冲，时间在1944年。

起，缓慢地变大，长崎大部分都消失了……B-25编队在返航时，按照要求已经不需要无线电静默，但是此时整个编队没人说出一句话。不知道是不是缘分，埃默特从美军退役之后进入康涅狄克州立大学，专门从事核放射性沉降方面的研究。

每当夜晚来袭时，海军陆战队的PBJ会以菲律宾、塞班岛、硫黄岛和冲绳岛为依托，前往搜寻妄图以黑夜为掩护，冲出封锁圈的日本船只。这些PBJ很多都装备了机载高速火箭弹，袭击的目标一般都集中在台湾、海南岛以及海岸线附近，由于PBJ距离航空基地较远，倘若飞机被击伤，受损严重的话，十有八九都会进行水面迫降，随后等候救援。基地位于中国西南部的第341轰炸机大队的B-25主要袭击日军陆上交通线、铁路桥、水运和海运港口，该中队有时也派出飞机飞往台湾海峡、中国东部沿海和法属印度支那执行轰炸任务。该中队第一次接收B-25H是在1944年1月，机上的75毫米加农炮通常用来攻击河道和沿海的船只，到了1944年5月又接收了B-25J，对于袭击商船、货运汽车、机车和机场来说，14挺前射机枪比75毫米加农炮更有效。

通过盟军陆海空三位一体的集体绞杀，到了1945年8月，日本拥有还能在海上漂浮的船只已经寥寥无几了。B-25的战术轰炸为B-29的战略轰炸揭开了序幕，后者则直接宣布了这个邪恶帝国的死亡，丧钟已经敲响。

8. 秘密武器

B-25G和B-25H装备的75毫米加农炮的价值和作战效率颇有争论，尽管各战区的B-25在战斗中发射了数千发75毫米炮弹，但是在西南太平洋战区，这里的B-25经常将75毫米加农炮拆去，取而代之在相同位置安装了2挺12.7毫米机枪。

B-25H上最好的炮手可以做到每分钟向目标发射4枚炮弹，这种炮弹每枚重6.8公斤至9公斤，重量相当于78发12.7毫米机枪弹。该加农炮对驳船、货船、小船甚至是驱逐舰具备出色的毁伤效果。炮口初速达到588米/秒，结果就是炮弹的飞行弹道较高，再加上糟糕的观瞄设备，因此加农炮的射击精度并不高。提高加农炮射击精度的关键在于测量B-25与目标之间的距离，另外B-25在向目标射击时必须保持原有的飞行轨迹，不足之处

B-25H装备的75毫米加农炮，图中可以看见加农炮膛线。

在于这样很容易被敌方火力杀伤。

第五航空队的第38轰炸机大队和第七航空队的第41轰炸机大队可是使用75毫米加农炮的好手。艾伯特·贝伦斯（Albert Behrens）是隶属于第38轰炸机大队第822轰炸机中队的一名飞行员，他共执行了49次作战任务，B-25C/D/G型轰炸机他都飞过，并且每次返回都是毫发无损，根据他本人的回忆，第822轰炸机中队在1943年10月投入对日作战之前，花了不少时间在夏威夷受训，从使用效果来看，机背炮塔射击视野较好，可以快速转动炮塔对敌机射击，但是机腹炮塔却十分糟糕，以至于前线官兵一直在抱怨本迪克斯公司制造的是什么破玩意，所以他们会把机腹炮塔全部拆除，为了弥补火力上的空缺，他们会在机身两侧加装机枪吊舱。第822轰炸机中队的官兵觉得如果机尾没有机枪的话，心里非常不安心，因此经常麻烦军械师对机尾进行改造，加装双联装12.7毫米机枪，每挺机枪配2个弹药箱。无线电操作员和机械师分别负责机身中部的两挺机枪，机尾防卫交给他们，驾驶员心里就安心多了。等到了H型和J型已经有了专门的机尾座舱，情况就大大好转了。

艾伯特·贝伦斯在其所写的回忆录中有过一些关于75毫米加农炮和他经历的一些战斗回忆：

我的第一次战斗任务发生在1943年10月16日，当时飞了4小时23分到达巴布亚新几内亚一个目标上空，根据我的记录，当时我们向一处日军高炮阵地发射了7发炮弹，投下了7枚136公斤炸弹。第2次战斗任务发生在10月23日，以时速386公里/小时飞行4小时35分到达波加吉姆（Bogadjim）上空，轰炸和扫射了当地公路以及日军帐篷营地，投掷了7枚136公斤炸弹，这次没有使用加农炮。对待75毫米加农炮有一件很有意思的事情要说出来，当时我们把加农炮当作秘密武器来使用，因此禁止机组人员将使用过的废弹筒从飞机上扔下去，当时炮手所在的舱室确实有一个斜槽用来抛弃废弹筒，因此这条斜槽也被禁止使用，所以当时日本人并不知道我们用了什么武器。我记得当时霍兰迪亚的敌电台——"东京玫瑰"经常播放一些美国音乐和其他一些杂七杂八的东西，比如我们指挥官的姓名等等，甚至还向本地人播放如果能生擒活捉这些扔炸弹的美国飞行员交给日军，日军一定重重有赏。

不能丢弃废弹筒的规定也引起了不必要的麻烦，战斗激烈的时候，B-25要飞过目标2至3次，发射大量弹药后，炮手舱室到处都是废弹筒，炮手有时候会分不清，把废弹筒当成炮弹装填在火炮中，无疑会错

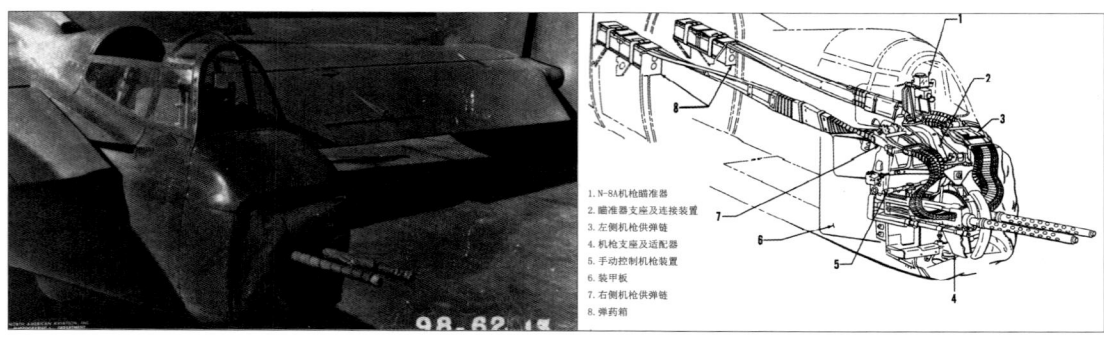

B-25H/J型机尾安装的M-7或M-8型炮塔，对付从后方接近B-25的战斗机有一定威慑力。

失战机。最终取消加农炮的主要原因是火炮在发射时会对机体结构造成损伤，尤其是机翼前缘靠近机身的位置，这里的铆钉全部突起，前期我们并没意识到这个问题，导致维护工作量很大。

B-25G由于机鼻加装了加农炮，连带炮弹算起来将近有635公斤，因此导致了飞机重心前移，工程师想了各种各样的办法，希望能使飞机保持水平飞行。我不知道是不是因为机鼻重量过大的原因，我们当时前机轮、机轮轮胎、减震器、液压装置损坏得非常厉害，时不时地就要更换这些零件……真正适合加农炮的目标的是坦克、装甲车和卡车，但是太平洋岛屿上这种目标较少，另外由于热带雨林较多，因此搜索和打击此类目标并不容易，但是加农炮打击敌人舰船十分有效，我们采取的策略简单粗暴——在尽可能短的时间内，发射尽可能多的炮弹，这种短时间内大量发射炮弹的做法无疑对机体损伤较大。

我记得曾出现过加农炮打不响的情况，主要原因是炮弹壳体受挤压造成的，我们的做法是在B-25飞向目标时，炮手/领航员从弹药架上依次取下炮弹，看看炮弹能否顺利装填，再将炮弹放回弹药架上，只要炮弹壳体受到挤压变形，都不能正常装填，这样就可以保证在战斗时加农炮能正常打响。虽然我们不能解决壳体挤压的问题，但是可以避免对我们造成影响。相同的问题也出现在12.7毫米子弹上，由于弹壳挤压和出现臭弹，我们的机枪经常出现卡壳。当座机飞临目标准备扫射时或是要对敌机射击时，8挺机枪只有2挺能打响，你能理解这种心情吗？有时候真想把那帮弹药供应商撕碎，不知道他们究竟是不是自己人。

我们在实战中发现，加农炮针对桥梁的射击精度远高于炸弹。日军的补给公路较为狭窄，只有两个车道的乡间小路，在丛林和山川中穿梭，想要直接摧毁这种小路完全不可能，倒是与补给公路相连的桥梁却是一个好目标。这种桥梁长度大约为7到15米，飞机要在15至20米高度飞行，距离桥梁1.6公里外开始瞄准，这段时间内可发射3至10发，然后用机枪对着桥梁一阵猛扫，最后15秒内再投下炸弹……我们曾使用过另外一种武器——伞投杀伤炸弹，这种炸弹尾部挂在降落伞，专门用于杀伤人员。重量只有区区10公斤，一个挂弹架可以挂载3枚。保罗·甘经常尝试改进飞机以增加其火力，他为B-25制作了一种类似于鼠笼的装置，伞投杀伤炸弹每4个为一个单位捆绑在一起一层层挂载在笼子中，大致可存放200枚，由于这种笼子是土

第820轰炸机中队的地勤人员正在为一架B-25G清理炮膛，照片拍摄于1944年3月，地点在特拉瓦岛。

作坊生产的，因此有时并不可靠，有时候炸弹还没投掷，降落伞自己就打开了，投掷的时候降落伞挂在笼子上，炸弹无法正常投掷，就这么半死不活地挂在飞机下面。幸运的是，中队里没有飞机因为这个问题而遇到麻烦，唯一的影响就是投掷完所有炸弹后不得不抛弃笼子，这样的话会造成很大浪费，所以后来这套装置就彻底不用了。保罗·甘将所有的热情投入到对日作战中，想尽办法改装现有设备，但也有人不买他的账。我听到一个传闻，说他为大家研制一种雷管，可以放在帐篷里的简易床下面，如果日本人攻入帐篷，可以拿出来和日本人同归于尽。

每个月中队都会派出一架B-25执行1到2次打击货船的任务，运气好的话能遇到，通常对其进行2到3轮打击。我遇到的最大的军舰是一艘轻巡洋舰，当时这艘轻巡洋舰正在为3艘货船护航，在我们准备进入轰炸航路时，基地通过无线电命令我们返航，重新加油和挂载弹药之后，重返战区直接将这3艘货船送入海底。轰炸水面船只最有效的方法就是"跳弹"轰炸战术，B-25在低空穿过敌舰防空弹幕后，表明座机距离敌舰适中，此时投下炸弹，炸弹会在水面滑行一段距离之后直接命中敌舰水面部分，投弹距离过近，炸弹爆炸之后，座机很容易被自己投下的炸弹误伤……我的笔记本里

第五航空队的B-25正在轰炸一处日军机场，此次行动中B-25不仅投掷了伞投杀伤炸弹，而且使用了白磷弹。

记录的最长一次飞行任务发生在1944年7月22日，当时己方一艘驱逐舰报告在杰克曼岛附近发现一艘日本运输船，需要我们将其击沉，我们从霍兰迪亚基地起飞，由于路途遥远不得不在炸弹舱加挂副油箱，因此与平时相比只能挂载一半的炸弹，这次任务共飞行7小时20分，己方损失了一名机组人员。

1943年11月15日，共有85架B-25参与轰炸威瓦克岛行动，在纳扎布以北80公里处与护航战斗机会合之后，飞机编队开始爬升至2700米高空，我的座机位于最后一个飞行小队的3号位置，时刻注意着1号机，正在这个时候，领航员舱突然发生了猛烈的爆炸，浓烟立即充满了整个机舱，作为驾驶员我不知道机舱内究竟发生了什么情况，领航员皮特身负重伤，一直在流血，考虑现在的处境，只能先在附近的机场降落。当座机飞过古萨帕机场（Gusap）时，我向下看了一眼，发现机场跑道居然有被轰炸过的弹坑，抬头向上一看，天哪，居然有日本轰炸机编队正在对机场进行轰炸，没有什么目标比机场上的P-40和P-38更能吸引日军轰炸机注意力的了。现在我只关心如何能在机场降落，如何能医治领航员，

我尝试调节节流阀来降低飞机速度，但发现节流阀和螺旋桨叶已经失去踪影，这意味着我已经不能控制飞机的速度了，我在机场上选择了一处空地，只要能绕过弹坑，降落应该不成问题。

飞机准备进场并放下起落架，但是起落架并没有放到正确位置，我只能拉起复飞，绕着机场再飞一圈，尝试用紧急液压系统放下起落架，但还是失败了。这才发觉整个起落架已经被刚才的爆炸完全摧毁。我只好驾驶座机前往纳扎布（Nadzab），这里有美军驻守，而且还有医院，由于起落架的问题，我只好采用机腹着陆的方式进行迫降，所幸皮特得到了及时的救治，不久之后得以返回中队。

这件事情还没完，11月30日我们中队指挥官将我叫到一边告诉我说，他看到了一架P-40战斗机照相枪拍摄的照片，上面显示的机枪子弹轨迹击中了古萨帕机场上空的一架B-25，那架P-40战斗机飞行员声称错把我们这架B-25当成了日军轰炸机。按照指挥官的说法，是P-40误将我们击落，我回答指挥官，其实我们并没有在古萨帕机场被击落，而是在纳扎布选择了迫降。我跑到B-25破旧的机体旁边，仔细检查机翼上的弹孔，发现不是由12.7毫米子弹造成的（P-40装备的是6挺12.7毫米机枪，并没有机炮），而是由7.7毫米子弹造成的，另外有两个大洞明显是机炮造成的，毫无疑问，我们的座机是被零式战斗机击中的。日本人如果觉得机枪毁伤效果不好，那么会用20毫米机炮进行射击。正是日本人的机炮击中了我们座机右侧主燃料箱，至于为什么燃料箱没起火爆炸，只能说这是奇迹。

我们另一次陷入困境是在1944年5月28日，当时的任务是轰炸威克岛，在飞行两小时后，我们遭到敌人的射击，发动机整流罩被击碎，碎片飞入左侧发动机造成发动机停车，我们不得不下降高度准备在紧急着陆点降落。这条简易跑道刚刚平整过，工程部队正在填补弹坑和铺设钢垫，此时我们有两个选择，一是在水面进行迫降，然后弃机逃生，二是直接在这座简易机场进行降落。

经过整个机组的商量，大家决定赌一赌，准备在这座机场着陆。着陆十分成功，但地面部队告诉我们，这里并不太平，依旧有残余日军在活动，经常有日军狙击手出来打冷枪，这里最安全的地方恐怕就是那些散兵坑了。现在回想起来，座机左侧发动机的一个

汽缸极有可能是被这里残余日军用高炮击毁的。1944年6月22日，我执行了第49次作战任务，战斗历时5小时15分，摧毁了一些飞机和一段铁路，之后我就轮换回国了。

第十四航空队第11轰炸机大队接收第一批B-25H是在1944年1月中旬，交付工作持续到1945年3月中旬，共24架。第11轰炸机大队的B-25H第一次执行"河道清扫"任务时，其作战经历包含成功与失败两方面。与事先估计的不同，75毫米加农炮对于打击河道上的目标并不合适，但是12.7毫米机枪则完全不同，机枪可在短时间内发射出大量弹丸，对于河道和海上的目标无疑是一场灾难。根据美军后来的作战经验，加农炮加上机枪是完美的组合，加农炮用于摧毁敌人船只，而机枪可用来杀伤敌方有生力量。

B-25在距离目标900米左右的时候开始瞄准目标，距离目标300米的时候开始对目标进行攻击，距离缩短至150米的时候完成攻击，脱离目标。瞄准器采用N-3B型枪炮瞄准具或者A-1型轰炸瞄准具。如果采用N-3B型枪炮瞄准器，B-25开火距离可以提前到1800米，等B-25距离目标900米时，按照平均水平，B-25已经发射了3枚炮弹。如果采用A-1型轰炸瞄准具，开火距离可以提前到4500米，等到B-25距离目标900米时，B-25已经发射8到10枚炮弹。900米可以作为加农炮和机枪的分界线，如果飞机距离目标缩短至900米之内，则轮到前向机枪开始攻击。

加农炮在开火时不仅需要瞄准具，而且取决于当时火炮的状态、炮手的能力和经验、飞机的速度，甚至和炮弹壳也有关系。加农炮使用一段时间之后需要对其进行保养和校准。

中缅印战区一架B-25H正在接受地勤人员的检修，根据图中地勤人员的肤色，推断此处厂房极有可能位于印度，是第十航空队的大后方。

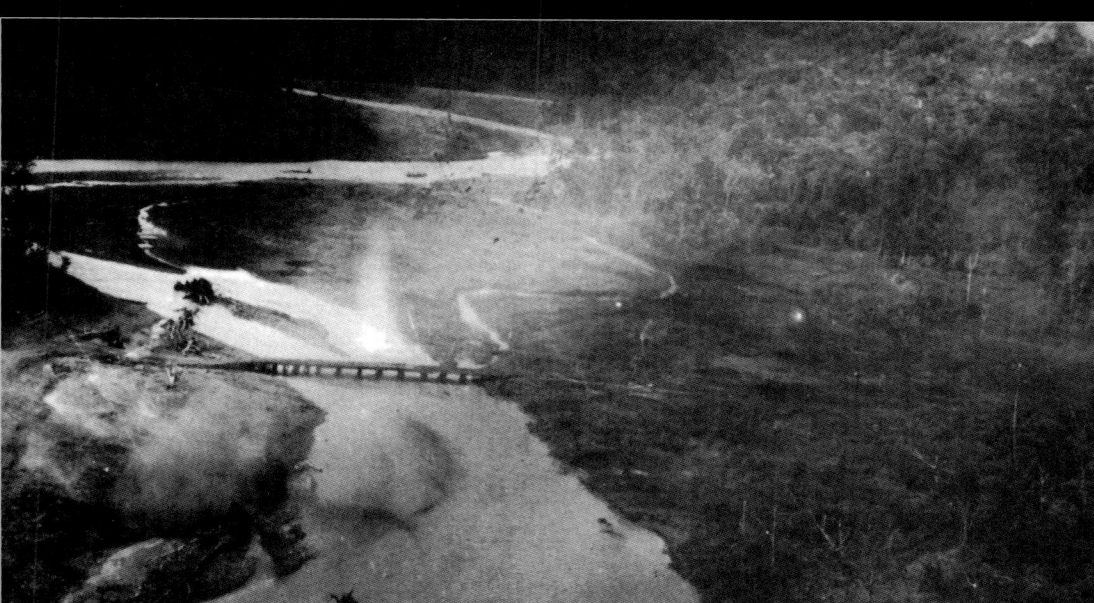

根据第十航空队的一名老兵阿尔·贝伦斯（Al Behrens）回忆，他对这座桥梁攻击了两次，每次都打偏了。这种桥梁对于B-25来说确实是很难对付的目标，需要驾驶员往返多次进行攻击，普遍的做法是先用加农炮轰击，然后用机枪扫射，最后再投掷炸弹。

在密集的河道网中，日军经常利用这种小船运输给养，消灭它们的最好办法就是给它一炮，一了百了。

B-25H在进行海上作战的时候，通常需要双机编队，原因在于一架B-25H的炮弹只有21枚，虽然看着不少，但是在实际战斗中消耗是非常快的，往往会出现炮弹不足的情况，双机编队可以在一定程度上避免这种情况的发生。加农炮的命中率远低于炸弹命中率，但是加农炮有一个优势，就是飞机每次出动时，都可以发射出21枚炮弹，数量远高于挂载炸弹数量。B-25在执行"河道清理"任务时，并没有精确得出加农炮的命中率，经过保守估计，命中率勉强达到50%。

B-25H的攻击方式有点像海军的鱼雷攻击机，对敌攻击时需要在低空径直向敌人飞去，不能采取规避动作。由于B-25H没有副驾驶员，驾驶员需要将全部精力集中在驾驶飞机、瞄准目标和开火上，如果此时B-25H遇到猛烈的对空火力和敌人的战斗机，那么处境可就危险了。

1944年11月，第11轰炸机中队开始接收APG-13A型雷达搜索装置，该型雷达搜索装置与75毫米加农炮交联，由炮手操纵，可将开火距离提前到5500米。安装此装置的B-25H飞机编号为：43-4584、4971、4924、4989和4601。B-25H并没有像飞机编队中的领队飞机，比如B-25C/D/J一样安装了"诺顿"轰炸瞄准具，而且由于B-25H自身重量较大，所以需要功率更大的发动机从而提高自身航速，保持飞机编队完整。

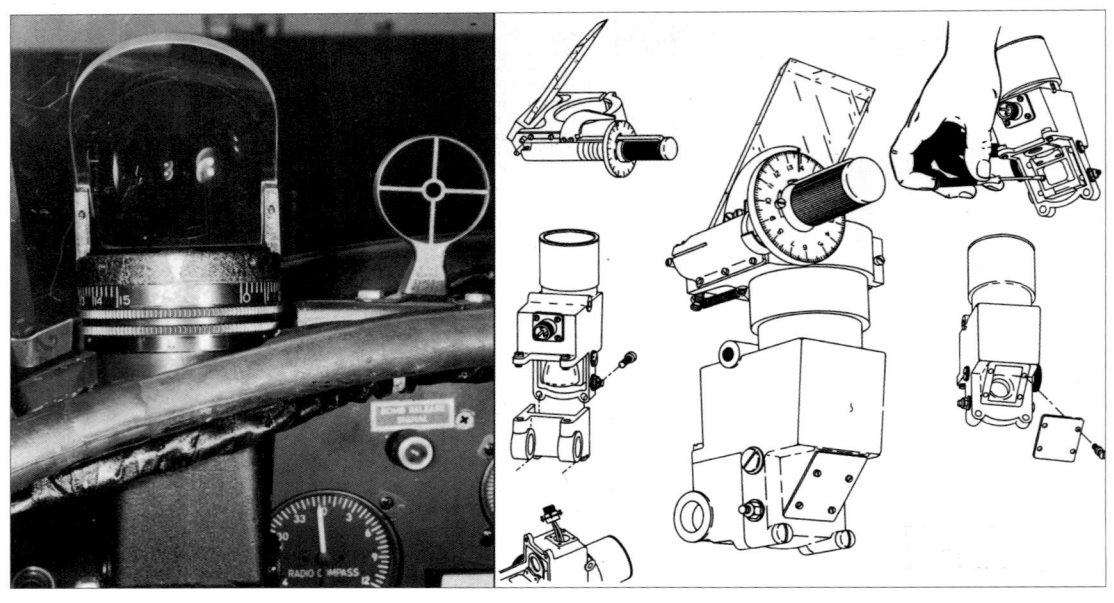

为了使B-25H能在最低高度方便进行投弹、开炮和扫射，从而降低驾驶员工作强度，设计师将A-1型轰炸瞄准具和N-3B枪炮瞄准器相结合。这种瞄准装置也安装在B-25J型机上。

第六章 搏杀地中海

1942年中期，B-25第一次来到地中海战区（Mediterranean Theatre of Operations，简称MTO）。在地中海战区的搏杀中，B-25共装备了5个轰炸机大队，包含20个轰炸机中队。无论是低空扫射还是高空轰炸，第九和第十二航空队装备的B-25证明是最成功的战争机器。

地中海战区的盟军空中力量主要肩负四个使命：
➢ 利用轰炸机摧毁敌人军事工业。
➢ 对地战术支援。
➢ 保卫已方航运、港口、海上交通线和设施的安全。
➢ 支援敌后活动的游击队。

在地中海战区装备B-25的5个轰炸机大队分别为：第12轰炸机大队、第310轰炸机大队、第319轰炸机大队、第321轰炸机大队和第340轰炸机大队，后4个大队又组成了第57轰炸机联队。每个大队由4个轰炸机中队组成。自1942年中期到1945年中期这3年的时间里，这5个轰炸机大队共装备过B-25C/D/G/H/J共5种机型，至少有2000架B-25参加过地中海战区的战斗。

1. 第12轰炸机大队

在地中海战区首先装备B-25进行作战的是第12轰炸机大队。当时该大队从佛罗里达州出发，经过多次加油跨越大西洋和非洲大陆，最后在1942年8月到达埃及德沃索基地。该大队当时装备的还是北美航空公司英格尔伍德工厂生产的B-25C型轰炸机和堪萨斯工厂生产的B-25D。1942年8月14日，第12轰炸机大队第一次出动B-25轰炸轴心国目标。

第12轰炸机大队麾下共有4个中型轰炸机中队，分别为第81"冲撞山羊"轰炸机中队、第82"牛头犬"轰炸机中队、第83"黑天使"轰炸机中队和第434"旋风"轰炸机中队，另外第81轰炸机中队还使用过"攻城槌"这一名字，第434轰炸机中队也曾使用过"龙卷风"这一名字。第12轰炸机大队装备的主要是B-25C/D/H/J四种型号轰炸机。

第82轰炸机中队早期飞行员道格拉斯·斯珀恩上尉曾回忆，1942年1月，他在麦科德陆航基地作为第一名飞行员检查了B-25，当时该基地有12到14架B-25。后来第82轰炸机中队在1942年2月飞往路易斯安那州埃斯勒机场，飞行途中没有事故发生。在埃斯勒机场第12轰炸机大队补齐了所有的B-25，总数达到了64架，每个中队16架。这些飞机全部采用沙漠红涂装，通过涂装，斯珀恩上尉知道了他们要去的地方——非洲。

1942年7月底，第12轰炸机大队离开埃斯勒机场，8月初抵达埃及德沃索。另外两个中队驻扎在德沃索以北24公里处的伊斯梅利亚。当时斯珀恩

这架垂尾印着"33"的B-25C隶属于第12轰炸机大队,飞机编号为41-12863。这张照片拍摄于1943年1月9日,当时道格拉斯·斯珀恩(Doug Spawn)上尉驾驶该机与第82轰炸机中队其他B-25和英国皇家空军的马丁巴尔的摩轰炸机一同飞往突尼斯马雷斯防线(Mareth Line),这次行动由第57战斗机联队P-40K战斗机担任护航任务,照片远处隐约能看见P-40K的轮廓。

左图一架B-25投弹手舱被高炮直接命中,但还是挣扎飞回了基地,投弹手命运不得而知,很有可能已经丧生。右图是第12轰炸机大队地勤人员正在查看马尔科姆·贝利(Malcolm Baily)中尉的座机"补丁"号(PATCHES)。"补丁"号在南斯拉夫上空被德军88毫米高射炮击中后,拖着残缺的垂尾硬是飞行了两个多小时返回基地。

上尉驾驶的B-25基本都是超载的,穿过了恶劣的天气,在很短的跑道上降落,万幸的是大队所有的B-25均平安抵达。

B-25在战斗中多次证明了自身的价值。第12轰炸机大队的官兵们驾驶着B-25穿过沙漠风暴,甚至穿过阿尔及利亚北部山脉上的暴风雪。B-25皮实耐用,可以经受住高射炮弹爆炸形成的冲击波,也可以抵御一定的战斗机机枪火力,大多数情况下B-25都能返回基地。有一次斯珀恩上尉驾驶座机执行完任务后返回基地,落地之后发现机身和机翼上有100多处弹孔,经过简单的修补,两天之后他本人驾驶座机再次重返战场。

地中海战区各个B-25轰炸机大队遇到的第一个问题是沙漠风暴,由于风沙太大,沙子经常阻塞汽化器的空气过滤器,对发动机造成损伤。第二个问题就是发动机排气管,最初B-25发动机排气管尺寸很大,性能没得说,确实很好用,但是存在一个致命问题:B-25在傍晚或者夜间飞行时,在黑色夜幕背景下,发动机排气管排出的火焰看得一清二楚(通常为蓝色或橘黄色火焰),这样德国飞行员和高射炮炮手就能轻松发现B-25的飞行踪迹,并对B-25进行射击。由于作战部队遭受重大损失,陆航一线官兵只好将这个问题向高层反映。

1942年9月14日夜间,第12轰炸机大队出动10架B-25前去执行任务,结果被击落4架,其中也包括大队长查尔斯·古德里奇上校和他的座机,查尔斯·古德里奇上校跳伞之后被俘,一直关押在第21战俘营,此后大队就再也没执行过夜间行动,直到北美航空公司工程师来到战区,将发动机排气管更换成"手指"形状的排气管之后,大队才恢复夜间行动。

斯珀恩上尉觉得B-25是最优秀的作战飞机,在所有战区都能看见B-25的身影,B-25的故障率非常低,在这一点上,盟军其他机型无出其右。

第12轰炸机大队在地中海战区的5个B-25轰炸机大队中扮演战术轰炸先驱者的角色。下文中涉及的战术解释均由第434轰炸机中队亨利·科尔曼上尉收集和总结。

夜间轰炸战术

1942年夏天,当时英国第八集团军正在阿拉曼与隆美尔的非洲军团鏖战,第12轰炸机大队的B-25则专门执行夜间轰炸任务,轰炸目标包含铁路调度站、机场、港口设施、仓库、军队集结地以及停泊在港口中的舰船。

在执行夜间轰炸时,通常会派出24至48架B-25,但是无需进行空中编队,各机起飞时

第12轰炸机大队是美陆航第一支抵达地中海战区的B-25轰炸机大队,图中这架B-25C编号为41-13123,隶属于第82轰炸机中队,绰号为"老战争贩子霍斯"(Old War Hoss)。

这架B-25C-1飞机编号为41-13237，隶属于第82轰炸机中队。照片拍摄于1942年年末，当时第82轰炸机中队正在穿越撒哈拉沙漠，B-25机群每六架组成一个方形编队，图中地面阴影能看出来。当时B-25采用"沙漠红"和"中性灰"涂装，机尾则刷有英国皇家空军在北非战场标志。1943年2月，第82轰炸机中队和兄弟部队——第83轰炸机中队从第12轰炸机大队剥离。第82轰炸机中队前往阿尔及利亚支援第一集团军作战，而第83轰炸机中队和第434轰炸机中队则留在的黎波里支援英第八集团军作战。

间间隔为5分钟，各机相互独立，奔向各自的目标。B-25空袭的目标一般距离己方基地范围不超过80公里，为了防止被敌方雷达发现，B-25的飞行高度一般在300米到900米，接近目标准备投弹时，B-25会爬升至2400到2700米。B-25挂载的炸弹通常为113公斤和136公斤通用炸弹，一些炸弹头部装有长铁杆，这样炸弹可以在距离地面一定高度引爆，增加炸弹杀伤面积。

B-25在轰炸目标之前，英国皇家空军"惠灵顿"轰炸机会飞临目标区域投下照明弹，方便B-25投弹。B-25的轰炸目标基本都集中在地中海沿岸，B-25通常的飞行路线是沿着尼罗河三角洲飞行，飞到地中海上空之后，再折返回来轰炸地中海沿岸目标。

每一架B-25飞临目标上空时间都是预先安排好的。投弹手只能在特定的几秒钟内投下炸弹。按照轰炸计划，每架B-25要飞临目标上空4次，B-25每次投弹之后要按照特定的方向和时间窗口飞离目标上空，随后折返再次发起攻击。

大致过程是：第一架B-25完成第一次投弹后，第二架B-25跟着第一架B-25投弹，等第一架和第二架B-25再次折回进行第二次轰炸后，第三架B-25开始进入目标上空进行投弹，投弹完毕后，第二架B-25再次折返，进行第三次投弹。按照轰炸计划，共有48架B-25对同一目标进行轰炸，每架飞机都要数次飞临目标上空，所有的飞行员都要严格遵守投弹顺序和时间进度表。

夜间轰炸敌方目标基本都会遇到敌人各种口径高射炮地射击，这种情况下，飞行员不可能在某一特定高度进行轰炸，应该按照当时的情况随机应变。德军针对B-25夜间轰炸普遍采用高射炮进行反击，很少出动夜间战斗机，还没有机组成员报告曾受到德军夜间战斗机的攻击。德军在重点防卫的地方比如马特鲁港和托布鲁克部署了高射炮阵地，高射炮和探照灯紧密配合，由高射炮雷达控制，高射炮火打得又准又狠。B-25对付高射炮的主要方法就是时不时地左右转向或者突然爬升或俯冲。

阿拉曼战役获胜后，科尔曼上尉检查了之前被B-25轰炸过的机场，基本上所有的机库均被摧毁。通过检查飞机掩体的残垣断壁，发现了不少烧

1943年,第12轰炸机大队派出B-25机群空袭突尼斯。

毁的飞机机体,估计能有几百架。科尔曼上尉推断这些都是B-25和其他盟军作战飞机的杰作,同时也能说明盟军空中支援对阿拉曼战役的取胜发挥了重要作用。

昼间轰炸模式

1942年10月,第12轰炸机大队开始执行昼间轰炸。在昼间轰炸中,通常会派出18架B-25,组成一个V字编队,V字编队由3个飞行小队组成,每个飞行小队由2个飞行分队组成。飞行小队之间间隔8米,后方飞行小队的飞行高度要比前方飞行小队高出8到16米,以躲避螺旋桨气流。

每个飞行小队之间间隔45米,有时候间隔距离可能更小,组成更紧密的编队。前方飞行小队飞行高度比其他两个飞行小队飞行高度更低。如果编队在轰炸结束之后向右侧转向,则右侧的飞行小队飞行高度最高,如果向左侧转向,则左侧飞行小队飞行高度最高。

最初B-25执行昼间轰炸时,飞行编队通常混编入英国皇家空军道格拉斯A-20攻击机和马丁A-30攻击机。在飞行编队中,通常是A-20或者A-30打头阵。到了10月末,飞行编队全部由B-25组成。B-25编队通常采用区域轰炸战术(类似于今天的地毯式轰炸),由于轴心国的目标较为分散,一个接着一个,目标优先级都差不多,因此精确轰炸并不适用,而区域轰炸则可以对该区域内的目标进行大面积破坏。

与夜间轰炸类似,昼间轰炸也采用低空接近目标,等接近目标之后,再爬升至1900到2400米高空开始投弹。领航

第434轰炸机中队和第83轰炸机中队的B-25机群正在埃及上空飞行,作战任务是空袭隆美尔的非洲军团。作为第九航空队的一部分,第12轰炸机大队的出色表现确实无愧于自己的绰号——"地震制造者"(Earthquakers)。

第12轰炸机大队绝对的明星战机——绰号为"沙漠勇士"(Desert Warrior)的一架B-25C型轰炸机,飞机编号为41-12860,截至1943年春天,"沙漠勇士"共完成73次作战任务,后轮换回国,在美国各地进行表演以鼓励美国人民购买战争债券。驾驶员舱下方画着的地图代表"沙漠勇士"曾经战斗过的地方,照片拍摄于1943年夏天,地点在华盛顿特区波灵机场。后排由左至右分别为:驾驶员拉尔夫·洛厄(Ralph Lower)上尉、副驾驶员克拉伦斯·西曼(Clarence Seaman)中尉、领航员弗洛伊德·庞德(Floyd Pond)中尉、投弹手希欧多尔·塔特(Theodore Tate)中尉,前排由左至右为:机枪手詹姆斯·伽弗洛(James Garfolo)中士、无线电操作员兼机枪手安东尼·马丁(Anthony Martin,前加拿大皇家空军成员)、飞行工程师约翰·道迪(John Dawdy)。

飞行小队在快要接近目标时，会向飞行编队发出信号，此时飞行小队之间开始增加间距，最终编队可以覆盖整个目标区域。领航机投弹之后，整个飞机编队跟着领航机一起投弹。

在轰炸隆美尔的装甲车队时，纳粹行军队列一般是3到5列，B-25的投弹角度一般为20到30度，轰炸区域一般为平行四边形。当他们看见B-25接近时，编队会向队列两边疏散，人员和车辆一般都不会跑得太远。B-25在挂载炸弹时要保证每隔0.5秒就要投下一枚炸弹。隆美尔的装甲车队配有轻型和重型两种高射炮，而B-25最恐惧的就是德军88毫米高射炮。

当B-25到达突尼斯之后，飞机编队开始得到美国陆航P-40战斗机的保护，P-40会飞在编队侧翼或上方，有时也飞在编队下方。如果有B-25受伤脱离编队，护航战斗机会派出至少两架P-40保护落单的B-25。轰炸机飞行时编队较密集，不仅可以充分发挥自卫火力，还可以使护航战斗机火力得以集中。

在轴心国实力最强大的时候，B-25也会遇到敌方战斗机的拦截，通常会遭遇梅赛施密特Bf 109、福克-沃尔夫Fw 190和意大利马基 200，这3种战斗机中，特征最明显的就是Bf 109。B-25在执行任务时，通常在下午晚些时候出动，向西飞行，此时太阳正在慢慢消失，敌方战斗机利用太阳为背景，通常每3架组成一个飞行分队，从12点方位高空猛冲下来，分队阵形展开之后，从10点、12点、2点方位展开进攻。

精确轰炸

在执行精确轰炸任务时，B-25采用的战术与昼间区域轰炸类似，只是在轰炸目标时并不是整个编队一起投弹，而是一架接着一架脱离编队投弹，待B-25投弹完毕后，要立即返回编队。精确轰炸的目标包括通信中心、马雷思防线、燃料储藏罐、潘泰莱里亚岛上的机枪阵地以及敌方军舰。炸弹一般采用113公斤到454公斤通用炸弹，大部分情况下，B-25上采用NCR公司制造的埃斯托佩D-8型轰炸瞄准具。

"沙漠勇士"作战次数为73次，有效作战时间超过了191小时，共计投下了超过90吨炸弹，击落了3架敌机，"沙漠勇士"及其机组成员取得的各种成绩均画在驾驶舱下方。

前文曾提过，这架B-25为B-25H-10型，不仅是北美航空公司生产的第1000架B-25H，而且是最后一架B-25H，同时也是加利福尼亚州生产的最后一架B-25，共有1000名北美航空公司工人在这架飞机上签上了自己名字，随后这架B-25H被调拨给第12轰炸机大队，经历了地中海战区的战火，后转战于中印缅战区。照片拍摄于1945年。

二战中有3款轰炸瞄准具较为出名，分别为斯佩里S-1、名气最大的诺顿M-9以及埃斯托佩D-8，最后一款操作最为简单。D-8型轰炸瞄准具的具体使用方法，笔者还未找到详细的资料，但按照基本物理学知识可知，投弹手投弹之前一定要确定飞机当前飞行速度、高度，D-8型轰炸瞄准具由瑞士人乔治·埃斯托佩设计，他于1921年7月来到麦库克机场工程分部。该型轰炸瞄准具在1939年由NCR公司批量生产，1943年10月，由于M-9型"诺顿"轰炸瞄准具成为陆航标准配置，D-8型轰炸瞄准具被逐步替代。

B-25执行精确轰炸的典型战例发生在1942年10月24日夜间。当时是为了摧毁隆美尔在阿拉曼的一处通信中心，该通信中心位于德军防线之后的地下掩体内，首先到达目标上空的是英国皇家空军"惠灵顿"轰炸机，该型轰炸机上安装有无线电探测装置，可探测到通信中心的具体位置。德军通信中心的雷达监视屏上也布满了光点，随即德国高射炮阵地开始射击。"惠灵顿"轰炸机冒着高射炮火一直盘旋在目标上空，时间一点点过去，伴随着黎明的到来，18架B-25出现在目标上空，每6架组成一个飞行小队，以15分钟为间隔展开轰炸，在45米乘以45米的区域上直接命中4到5枚炸弹，轰炸结束之后，"惠灵顿"轰炸机上的无线电探测装置再也没有检测到该地区任何的无线电信号。

在突尼斯战役结束之后，有两个故事能从侧面反映出B-25在打击地面目标时十分高效。第一个故事是,有一群B-25机组成员来到突尼斯的军官俱乐部吃晚饭,这一消息传到小镇上一支新西兰步兵团的耳朵里,这支新西兰部队在突尼斯哈迈前沿与德国装甲部队鏖战之时,曾得到B-25的空中支援。这群新西兰士兵赶紧跑到俱乐部,询问他们是不是当时天上的那群B-25机组成员,然后抱住他们,搂住肩膀向他们表示感谢。

第二个故事是有一群德军战俘被押到突尼斯卡本半岛的一处B-25机场。当他们看了一眼停机坪上的飞机,大声叫嚷,"米切尔!天啊,18个红色恶魔"。由于B-25采用沙漠红涂装,冒着凶猛的高射炮火攻击德军时,普遍采用18架紧密编队,所以德国人对飞行中的B-25编队起了一个绰号——"18个红色恶魔"。

第12轰炸机大队是第一个到达地中海战区的,也是第一个离开的。该大队从1944年2月开始划归到第十航空队,装备最新的B-25H/J型轰炸机,转战中缅印战区,开始了新的战斗篇章。

2. 第310轰炸机大队

第310轰炸机大队是第4支到达地中海战区并且装备B-25的轰炸机大队,该大队由4支轰炸机中队组成,分别为第379、380、381和第428轰炸机中队。最初该大队只派出2支轰炸机中队(第379和第428轰炸机中队)途经英国,在1942年11月12日抵达卡萨布兰卡。

考虑到地中海战区英国皇家空军和自由法国空军面临的窘境,第310轰炸机大队决定在1942年12月2日开展第一次轰炸行动,当时该大队采用8机编队(4架来自于第379轰炸机中队,另外4架来自于第428轰炸机中队)轰炸了加贝斯附近的一处军火仓库。4天之后,该大队开展第二次轰炸行动,轰炸了比塞大附近的一处机场。在此次轰炸任务中,第379轰炸机中队损失一架B-25,6名机组人员阵亡。

12月14日,余下的6架B-25(其中一架B-25在执行完任务后,从苏塞返回该大队位于迈德尤奈基地的途中坠毁)暂时移防至特勒戈玛(Telergma),但是地面设施

一架隶属于第381轰炸机中队的B-25J,飞机编号为43-27637,从飞机驾驶舱下方的标志能看出这架B-25J已经执行了68次任务。

还留在贝尔托（Berteaux），第380轰炸机中队的3架B-25和第381轰炸机中队的6架B-25也来到特勒戈玛，4个轰炸机中队终于合在一起，虽然整个轰炸机大队只有区区15架B-25。

1942年12月30日，第310轰炸机大队的4个中队第一次派出B-25执行任务，这次共派出12架B-25前去轰炸铁路调度场，这次行动和前几次任务一样都取得了成功，但是损失一架B-25，另有一架迫降。

在这段时间里贝尔托还在抓紧时间施工修建新跑道，低矮的小山之间布满了小麦田。1943年1月，第310轰炸机大队开始进驻贝尔托。整个1月份，该大队共执行28次作战任务，轰炸了突尼斯的轴心国机场和西西里岛至地中海沿岸的港口，共损失3架B-25和2名机组人员，不过该大队声称击落或炸毁12架敌机，击沉2艘商船和2艘军舰。在接下来的一个月中，第310轰炸机大队付出了惨重的代价，2月份头10天里，共损失5架B-25及其机组人员，其中4架是在轰炸加贝斯机场时被高射炮击落，第5架B-25C（飞机编号41-13062）由埃里克·林登（Eric Linden）中尉驾驶，他驾驶座机从加贝斯返航时，飞机仅能勉强飞行，炸弹舱门已经不能关闭，机腹炮塔已经卡死，不能正常收放，控制舵面基本损毁，当时情况十分危急，埃里克·林登中尉技高人胆大，最终驾驶飞机在贝尔托机场迫降，救了整个机组的性命。

1943年2月21日至23日这三天里，第310轰炸机大队损失6架B-25和5组机组成员，整个2月份对该大队来说是多灾多难的一个月，共损失11架B-25和9组机组成员。到了3月份，北非的天气变得非常糟糕，整个大队在3月份头6天里，只执行了3次海面搜索任务，没有投下一枚炸弹，3月7日，6架B-25轰炸了1支护航船队，炸沉了1艘落单的大型货船、1艘小型货船和2艘军舰，6架B-25均被高射炮击伤，但都安全返回了基地。3月12日，该大队轰炸了一支由12艘渡船组成的船队，炸沉3艘，另有3艘受损严重或沉没，自身损失1架B-25及其机组成员。到了3月末，第321轰炸机大队也来到地中海战区，进驻阿尔及利亚艾因姆利拉（Ain

这架B-25C-5型轰炸机飞机编号为42-53451，绰号为"值得为之战斗"（WORTH FIGHTING FOR），于1942年到1943年加入到第380轰炸机中队。照片拍摄于意大利上空。

M'lila），这里距离第310轰炸机大队基地贝尔托只有10至12公里。

第310轰炸机大队在4月10日迎来了一次重大行动，本来是一次海面搜索任务，结果变成了"猎火鸡日"，究竟是怎么回事呢？当时第310轰炸机大队派出18架B-25，每架挂载8枚227公斤炸弹执行海面搜索任务，正在搜寻海面目标的时候，碰巧遇到一群德国运输机，这群运输机组成了一个大编队，从卡本半岛出发，编队中有25架Ju 52运输机和Me 410、Ju 87和Ju 88，此时24架P-38战斗机正在对德国运输机编队展开攻击。B-25看到这个阵势，当然不能让煮熟的鸭子飞了，B-25用机上所有的12.7毫米机枪向德国运输机射击。B-25的正副驾驶员轮流驾驶飞机，另一人则钻到投弹手舱，操纵机鼻机枪对着德国飞机射击。根据第310轰炸机大队机枪手报告，B-25共击落10架Ju 52，P-38机群击落了14架Ju 52，返航时捎带顺手击落1架Bf 109。

1943年4月，第310轰炸机大队共执行19次作战任务，炸沉3艘货船，重创2艘，击落19架敌机，自身损失5架B-25及其机组成员。到了5月，该大队执行18次作战任务，自身损失6架B-25及其机组成员，重创轴心国船队，击落和摧毁48架敌机。

1943年6月5日至6日，第310轰炸机大队从贝尔托向东移防240公里至苏格艾尔巴，这里更靠近北部轴心国目标，在整个6月，该大队执行17次作战任务，自身损失2架B-25。1943年7月，该大队执行19次作战任务，出动706架次，自身损失4架B-25，其中2架被敌方火力击落，另有2架在降落时坠毁。

随着盟军在1943年8月17日攻占西西里岛，第310轰炸机大队开始轰炸意大利本土，其中一个任务是轰炸贝内文托的铁路编组场，当时26架B-25超低空飞越地中海，穿过意大利海岸线飞往那不勒斯东北方向的贝内文托，B-25机群遇到多达50架战斗机的拦截，有Bf 109、Fw 190、Re 2001和马基C.202，尽管盟军高射炮试图驱逐敌机群，但仍有3架B-25被击落，2架被击伤。

尽管在空袭贝内文托遭到损失，但是三天之后第310轰炸机大队依然集结60架作战飞机前往轰炸罗马附近的奇维塔韦基亚铁路编组场。9月份，该大队执行22次作战任务，共损失7架B-25和6组机组成员，在9月25日的一次轰炸行动中，第310轰炸机大队的B-25第一次挂载4枚454公斤炸弹。

1943年11月，该大队第一次接收B-25G型轰炸机，立即投入到搜索多德卡尼斯群岛附近海面的行动中。在整个11月，该大队共发射58发75毫米炮弹，击沉1艘驱逐舰和2艘鱼

德军88毫米高炮对B-25构成了严重威胁，图中是一架隶属于第310轰炸机大队的B-25D被德军高炮击中，整个左侧水平尾翼均被削去，机尾机枪也被打掉。

雷艇，自身没有损失。1944年2月，该大队共执行59次作战任务，投下1650吨炸弹，发射1100发75毫米炮弹，打出102000发机枪弹，自身损失3架B-25及其机组成员。1944年5月，第310轰炸机大队开始装备B-25J型轰炸机，慢慢替换老旧的B-25C/D型轰炸机，此时B-25J机身并没有刷上涂装，依旧是铝色机身，在停机坪上机身表面覆盖好伪装网。

1945年5月2日，驻守意大利的德军在卡塞尔塔与盟军签订停火协议，6天后向盟军投降。第310轰炸机大队也到了该回家的时候了。该大队在地中海战区共执行989次作战任务，远远多于地中海战区的其他轰炸机大队，该大队于1945年9月12日在意大利波米利亚诺解散，这是她最后的基地。

比尔·普尔（Bill Poole）中尉曾是第310轰炸机大队麾下第379轰炸机中队的一名飞行员，共执行70次作战任务，他原本是滑翔机驾驶员，但是战争爆发后，他加入陆航成为一名B-25飞行员。比尔·普尔中尉对他第一次和最后一次作战任务记忆深刻：

我第一次和第二次作战任务都遭遇92门88毫米高射炮射击，毫无疑问，这太可怕了。

这些高射炮在前方对着我们开火，炮弹在飞机编队四周爆炸，其中一块弹片穿过舷窗，擦着我的头皮打进驾驶舱右侧的隔板里，这块弹片我一直保留着，我没被它打死，真是够幸运的。

被高射炮攻击有点像赌博，我的座机带着几百个弹孔返回基地，我们给高射炮形成的弹幕起名为"高射炮弹积雨云"，当你靠近它的时候，你可以看见炮弹爆炸中心呈橘黄色，你可以闻到硝烟味，可以听到炮弹爆炸，你的座机穿过去的时候，打在机身上的弹片像雨点一样密集。

我执行的第69次作战任务是我印象里最深刻的一次，那天是1945年4月9日。飞机在飞往目标途中炸弹舱门全程都处于开启状态，共有300架作战飞机参与轰炸。第二梯队的轰炸机飞行高度比我们高，从后面赶上我们并在我们头顶上方投下625枚集束杀伤炸弹，共有8枚炸弹击中我的座机。幸运的是，只有一枚炸弹对飞机造成严重伤害，这枚炸弹把飞机左翼后缘大部分给砸没了，另一枚则嵌入左侧发动机内，其余炸弹从飞机右侧穿了过去，说是穿过去，其实就是砸出了和脑袋一样大的窟窿。

对于这次误伤，我们完全没有应对措施，全体机组成员要求立即返航。在返回机场的途中，即使发动机已经处于最大输出功率，但座机一直在损失高度。由于我观察不到飞机受损位置，于是我让小伙子们全部去机身后方，看看该死的

第310轰炸机大队的B-25J机群透过薄薄的云层轰炸意大利北部波河（Po River）河谷上的德军目标，照片拍摄于1944年，每架B-25挂载4枚454公斤炸弹。

受损情况有多严重。

当座机靠近机场,我将起落架缓缓放下,机组成员看着起落架说一切都正常。我告诉副驾驶员,将襟翼放下15至20度,但是这时飞机突然开始有倾覆的趋势,我对着副驾驶员大吼,快把襟翼回归原位!

这架B-25一直处于失速边缘,我操纵飞机滑翔着靠近机场跑道,飞机开始翘起机鼻,这架B-25完全失去升力,直接拍在跑道上。B-25依靠强大的惯性一直向前冲,我尝试着操纵飞机,但是B-25根本不能保持直线前行。我将左侧发动机油门推到底,在跑道上滑行四分之一之后,我意识到,见鬼,这些都是徒劳的。但是我必须做点什么,我让副驾驶员准备收起起落架,我对他吼道,当我说收起的时候,你就收起!在我发出命令之后,起落架被收起,我想关闭发动机,但是在强大的离心力面前,我根本够不到开关。这架B-25在跑道上边滑行边翻滚,最后终于停下来了。

有一位机组成员向我报告说,我们的无线电操作员乔伊受了伤。我想他一定死了,我让其他机组成员前去查看乔伊的情况,他们给我的回复是他已经死了。我们跳出飞机,这时机场医护人员赶了过来向我询问是否有人受伤,我说可以在机身后方找到一名死者。1983年,第57轰炸机联队在马萨诸塞州举行了一次聚会,我看见乔伊居然还活着,只不过他失去了一条腿。

第70次作战任务是我的最后一次任务,我得到了一架崭新的B-25J。到了战争末期,我们执行任务时遇到的风险已经大大减弱,1945年4月19日,我来到了任务简报室,目标是布伦纳山口的罗韦雷托,我心想,上帝,最后一次任务去的都是些什么鬼地方……前去轰炸罗韦雷托时,包含我在内,每24架B-25组成一个飞行小队,其中每6架B-25一层,层间距为90米至150米,共4层。我所在的飞行小队前方1.6公里处还有另外一个飞行小队,你什么都听不见,只能看见前方的"高射炮弹积雨云"。德国人并没有对我所在的飞行小队射击,我猜测德国人将所有的炮弹统统射向了前面的飞行小队。以前执行轰炸布伦纳山口任务时,即使是冬天,我也会将驾驶舱的舷窗拉开,那时的我汗流浃背。在这次任务中,我感到紧张,我想挣脱一切,我的双脚和双手冰冷难当,我只能把一只手垫在屁股下面取暖,另一只手操纵飞机。

经历了战争,才知道和平与自由来之不易,这一点毋庸置疑。

格伦·布莱克中尉(Glenn T. Black,后晋升为上尉)是第381轰炸机中队的一名飞行员,在执行他的第56次作战任务时,他经历了一段可怕的岁月:

1943年还在美国南卡罗来纳州格林维尔受训的格伦·布莱克中尉,他此时正坐在一架B-25G机舱中。

格伦·布莱克中尉,在1944年6月21日的行动中,他在身受重伤的情况下拼命保全飞机,保住了整个机组。

1944年6月21日,我率领18架B-25成功轰炸了意大利皮蒂科(Piticcio)的铁路桥。第二天我们中队大部分机组都去执行任务,但是我和其他人在休假。即使在休假,我们也不能随意外出,只能留在中队等候命令。到了下午五点,我们得到任务简报,由我率领本中队3架B-25,加上第380轰炸机中队的3架B-25组成第3飞行小队,一同加入到第428轰炸机中队派出的12架B-25中。这次任务由后者负责,轰炸的目标也是独一无二的。就我个人来说,一个完整B-25编队却要由3个中队组成,我不喜欢这样的安排。我觉得编队应该由一个中队组成,那么作战效果会更好。

盟军从地中海准备向北进攻,登陆意大利。这样的话,必须拿下里窝那港。情报显示德军向北撤退之前打算炸毁港内设施,将两艘废弃船只拖到航道中央炸沉,企图阻塞进港航道。我们的任务就是在德军还没行动之前炸沉这两艘轮船,粉碎德军阴谋。此次任务中,我们没有得到战斗机的护航。在科西嘉岛北边,我们无意中遇到英国皇家空军的一群P-51战斗机……通常轰炸沿岸目标时,普遍做法是由陆地上空向海面方向俯冲投弹,投弹完毕后,飞机迅速拉起,向海面方向飞去,这样做的优点是飞机可以迅速脱离敌方高射炮杀伤范围。敌方高射炮手也知道这个道理,因此我这次决定打破常规,只要投弹手在耳机里大喊"投弹完毕",我就立即对准陆地方向拉起机头,希望可以戏弄一下对手。

我希望将进入轰炸航路的时间缩短至60秒,但是这次花的时间有点多……之前我们曾遇到机内对讲系统失灵的问题,这次又遇到了,当投弹手尼克在耳机里大喊"投弹完毕",其实我并没有听到。B-25在一秒钟内投下了1816公斤炸弹,由于负重减轻,B-25立即开始上升,高射炮弹在下方爆炸,配合着翻滚的气流,飞机颠簸不已……突然之间,时间好像静止,四周散发着耀眼的白光。我记得之前我的右手一直放在节流阀上,现在怎么趴在膝盖上了。再看看手臂,我能看见上臂和下臂的骨头,关节处裸露着红色的血肉,就好像煎锅里面的大号鸡腿。我扫了一眼仪表盘,发现左侧发动机已经失去动力,我让副驾驶员杰瑞留意左侧发动机情况,随后他将左侧螺旋桨顺桨。

液压度数显示为0,这意味着此时飞机不能正常放下起落架,不能放下襟翼,不能使用刹车系统……这时我已经无暇顾及其他了,我感到令人无法忍受的痛苦,身体因为剧痛而扭曲蠕动着,脑袋控制不住地左右晃动。领航员格雷迪·保罗和投弹手尼克设法固定我的头,将我抱进他们的怀里,我只记得,我痛的说不出一句话……由于格雷迪·保罗对我进行急救(硫黄粉、止血带、吗啡),他现在已经无法进行领航了。科西嘉岛上的山有2600米高,我们为了躲避山峰,在云层下方飞行,以免撞山。我们发现岛的北边有一处供战斗机起降的机场,远比我们基地的轰炸机跑道短得多,推测这处机场属于英国或者法国……我附近48公里的地方有一座属于第340轰炸机大队的野战医院，我们通过无线电告知第340轰炸机大队塔台，座机受损严重，得到他们的允许之后，我们开始进场。杰瑞和保罗尝试手动释放起落架，但是没有成功。此时飞机飞行高度太低，不满足跳伞条件，发动机功率也在缓慢下降，我不敢保证飞机能重新爬升到适宜高度。领航员舱甲板布满汽油，我从驾驶舱回头看了一眼，里面充满油气，哪怕有一个火星飞进去，我们立刻就会上西天，假如现在贸然迫降，机体与跑道摩擦产生火花可能会引起爆炸，后果不堪设想。如果飞机爬升，油气飘进右发动机，飞机也会发生爆炸。

保罗得知我准备在没有起落架的情况下迫降时，他立即将机身上方舱门抛弃。通常情况下，B-25进出舱门均在机身下方，如果从前起落架收放舱门离开飞机也是可以的，但是如果飞机进行迫降，机腹着地，那就行不通了，另外飞机在迫降时，很可能造成机身翻滚，机身结构容易变形，上方舱门会被卡死，其结果就是舱门打不开，如果此时飞机起火，那机组成员就会被困在飞机内活活烧死，所以保罗直接将舱门抛弃，避免舱门卡死是十分明智的……我将飞机拉平，准备在碎石跑道上迫降，这架B-25J在跑道上滑行，我和杰瑞看着跑道尽头的大石头距离我们越来越近，我对着杰瑞大喊，让我们把这个该死的鬼东西停下来！尼克的整个裤腿浸满了航空汽油，汽油管线已经破损，汽油时不时地喷在右侧炙热的发动机上，飞机已经开始起火……飞机停下来之后，我用左手关闭发动机开关和供油开关，保罗一脚踩在仪表盘上（还有我的左手），从前风挡上方舱口钻了出去。

其他人一个接着一个鱼贯钻出舱口，杰瑞由于要救我，最后一个离开飞机。我听见一个机组成员离开飞机后大喊："赶紧离开这里，千万别吸烟！"其实我们这几个人都是"老烟枪"，如果此时因为一根烟头把飞机引爆，那真是绝妙的讽刺。我左手拿着右手的残肢，钻出舱口顺着机鼻滑到地面上，此时救护车已经停在跑道旁，救护人员让我不要走动，他们把我抬上了担架……我受伤之后，我们中队的指挥官来医院看望我，他说由于你

格伦·布莱克中尉的座机，返航之后迫降在第340轰炸机大队基地跑道上，所有机组成员全部生还。

担任中尉时间还不长,因此不能将你晋升为上尉,他对此表示很抱歉。我说我并不在乎这个,不过你或许可以尝试一下,因为我付出的代价是配得上上尉这个军衔的。1946年,我重新加入陆航,军衔已经是上尉了。

乔治·安德伍德(George Underwood)上士在第381轰炸机中队担任机背炮塔机枪射手。他回忆道:

有一次作战任务是从北非起飞,前去轰炸那不勒斯运输中心,第310轰炸机大队共派出36架B-25,半路上遇到50架敌机的拦截。B-25机群不仅成功摧毁目标,而且击落18架敌机,但是本大队共损失3架B-25,余下的33架B-25返回基地,只不过全机身都布满弹孔和弹片。

1944年1月至7月,乔治·安德伍德上士在意大利上空共执行68次作战任务,共获得4枚飞行勋章,大队里的老兵总把他当成小孩子,对他照顾有加。在他的传记中,对此有详细的记载:

安装机背炮塔的初衷就是用来保护B-25,以免受到来自上半球敌机的攻击,炮塔连同12.7毫米机枪水平面可以360度旋转,射角从0度到90度。射手通过控制凸轮和开关,可使炮塔水平和垂直转向。射手可以轻松地瞄准目标,开火时子弹不会误伤机体,枪管也不会碰触机体。

我第一次接触B-25就是G型机,之前我在得克萨斯州格林维尔和南卡罗来纳州美特尔海滩接受了长时间的艰苦训练。第一次执行作战任务是驾驶B-25G前往伊特鲁里亚海进行海面搜索任务,我们当时很兴奋,整个机组都在操纵机枪,对着海面目标一通扫射。我们当时飞行高度很低,螺旋桨吹着海面,卷起阵阵薄雾。飞机返航时爬升至150米——这可能是此次任务中最高的飞行高度了。

有一天,我们4架B-25G组成一个飞行编队,在飞往意大利比萨途中击落一架德军多尼尔Do 24型三发水上飞机,这架飞机又大又慢又丑陋。当时该机飞得很低,妄图借着海面的薄雾逃跑,飞在前面的B-25G对着它射出一串子弹,而我射击持续时间并不长,这架飞机被击落后,在水中掀起了一个大水柱。因为这架飞机是由8个人合力击落的,因此没有人声称这次击落战果,我在炮塔上绘制了一个八分之一的德军十字标志。此次任务我们只遇到了零星高炮射击,没有遭遇敌方战斗机。

德军鱼雷艇是最麻烦的目标,尺寸和美国海军PT型鱼雷艇相似,尺寸小但速度快,这些小艇本身就是高射炮平台,上面装有20毫米、40毫米和88毫米高射炮以及高平两用机枪。我们击中了几艘小艇,但没有击沉,他们也击中了我们,但没有击落。这么算下来,不赔不赚,打成平手。

执行海面搜索任务,意味着我们要在清晨出发。凌晨3:30,我们爬上2.5吨重的6×6卡车,载着我们前往起飞线和停机坪。飞机在起飞之前要对发动机进行预热,地勤人员检查炸弹挂载情况,机枪手检查机枪带是否拴紧,弹药箱是否压满子弹。我们为加农炮准备了足够的炮弹,每颗炮弹长约0.6米,重9公斤,弹药架上可存放20发炮弹。我们通常采用高爆弹,但是由于地中海地区有德军驱逐舰出没,所以我们也会装备穿甲弹,射程控制在1800米。加农炮上装有弹簧,可吸收部分后坐力……我们有时候也驾驶B-25H,G型和H型都安装了加农炮,他们可以挂载1360公斤炸弹用来执行"跳弹"轰炸,两者最大的不同点是机背炮塔的位置，前者在堪萨斯工厂制造，而后者则在英格尔伍德工厂制造（笔者认为，两者最大的不同点其实是有无副驾驶员）……H型的机背炮塔由于在驾驶舱后方，空间较大，因此比G型更加舒适。

我第一次执行作战任务（驾驶B-25G）是在1944年1月30日，当时从科西嘉岛吉索纳恰基地起飞，飞行15至20分钟之后到达目标上空，附近一处战斗机机场派出P-39战斗机为我们护航。那天天气很好，我们沿着意大利海岸线巡逻时，发现了一艘德军鱼雷艇，我们的加农炮开炮2次，有一发炮弹击中了这艘鱼雷艇。

在另一次任务中，我们发现几艘船试图向里窝那港停靠。德国机枪手透过港口附近的房屋窗子对我们射击，当时B-25G的飞行速度大致在320至360公里/小时，我操纵炮塔对着他们快速射击，一幕幕画面就好像慢动作播放一样。我们大部分轰炸任务都是在中高空完成，机舱外温度只有10摄氏度。我们的领航机一般都是B-25C，因为C型机有投弹手，而G型是没有投弹手的，所以当领航机打开炸弹舱投下炸弹时，我们也跟着一起投弹，这种情况直到1944年我们开始换装B-25J之后，情况才有所转变。

我在耳机里最喜欢听到的就是"投弹完毕"，此时飞机会突然跃升，这也意味着，我们可以返航了，我通常会按照轰炸航路继续俯冲，快速脱离目标以及摆脱敌方高射炮射击和敌机追踪。炸弹挂载方式取决于任务性质和目标类型，如果执行海面搜索任务，我们可能会采用"跳弹轰炸"战术，通常会挂载6枚227公斤炸弹，其他挂载方式包括8枚113公斤炸弹，3枚454公斤炸弹，8枚227公斤炸弹，集束炸弹。还有一点要说明，我们投下炸弹后，根本听不见炸弹爆炸，这一点和电影里或书籍里描述的完全不同，我们如果听也只能听见高射炮弹爆炸的声音，那意味着爆炸离你非常近了！

轰炸机编队的所有机枪射手一旦看见大朵云团往往十分小心，因为敌方战斗机可能隐藏其中，伺机发起进攻……当我们进入轰炸航路准备投弹时，为了保证投弹精度，飞行

编号为43-35982的B-25J-10型轰炸机，绰号为"怜悯天使"（Angel of Mercy），隶属于第381轰炸机大队。照片拍摄于1945年意大利法诺机场（Fano Field）。"怜悯天使"在执行任务中液压系统被敌方高射炮火击中，主起落架已经不能正常放下，机组成员决定利用机腹进行迫降（前机轮已经放下）。

第310轰炸机大队的两架B-25J型轰炸机,飞机编号一目了然,照片拍摄于1944年6月。

通常采取直线飞行,保持飞行高度,默默承受来自敌方的攻击……投弹完毕后,我们立即俯冲脱离战区,高射炮留给护航战斗机收拾,解决完高射炮之后,护航战斗机会追上我们,然后返航……通常会有一两架轰炸机作为志愿者执行空投铝箔的任务,铝箔的作用主要是为了干扰敌方88毫米高射炮雷达,这些飞机通常不在轰炸机编队内,而是在编队不远处孤零零地飞着。

有两次任务进行得非常艰难,我的第16次任务发生在1944年3月14日,当时轰炸的目标是皮翁比诺港(Piombino Harbour),共派出36架B-25,每架挂载6枚227公斤炸弹,投弹高度为2900米,此次任务中,共有20架英国皇家空军"喷火"战斗机为我们护航。德军高射炮打得又准又狠。我们中队共损失2架B-25,而我们返回基地也异常艰难,我的座机共有82处弹孔,一台发动机完全失去动力,起落架也不能正常释放。飞机在迫降时,即使投弹手舱彻底破损,驾驶舱至少是安全的。飞机在跑道上迫降时,杂草、火箭弹、灰尘和泥土四处乱飞。

1944年5月,我们接收到第一架B-25J(B-25J-1,飞机编号43-27507),这架飞机在执行第一次任务时,便遭遇轴心国战斗机的袭扰,由于有英国皇家空军战斗机护航,敌机并没有对我们造成损伤。1944年6月22日,印象里我执行的第58次作战任务和第16次作战任务一样,飞机都进行了迫降。当时的轰炸目标是里窝那港,这次飞机又被高射炮击中,只能依靠一台发动机飞抵吉索纳恰,然而这台发动机也已经喷出浓烟,飞机降落时,主起落架与金属跑道剧烈摩擦,前机轮已经损坏,机鼻重重地砸在跑道上,投弹手舱烧毁,机尾则完全飞上天。经检查机身上共有100多个弹片造成的弹孔,左侧机翼则被一枚88毫米高射炮弹穿出一个大洞,万幸的是,没有机组成员受伤。

1942年至1945年,活跃于地中海战区和欧洲战区的第310轰炸机大队共执行989次作战任务,飞行57244战斗小时,里程达1000多万公里,共发射1998枚75毫米炮弹,投掷23984吨炸弹,击落敌机121架(另有23架可能击落,25架可能击伤),击毁地面敌机208架,击沉206艘敌舰,总吨位17.3万吨,这还不包括可能击沉或击伤的船只。该大队共伤亡493人,78架B-25被击落。

3. 第319轰炸机大队

第319轰炸机大队由第437、438、439、440轰炸机中队组成,与其他轰炸机大队不同的是,该大队从1943年11月至1944年1月隶属于第十五航空队第42轰炸机联队。该大队在装备B-25之后,1944年11月4日,对意大利皮亚佐拉、蒙特贝罗、贝甘茂和奥廖利塔的

时任第319轰炸机大队的约瑟夫·霍尔扎普尔上校,生于1914年9月7日,1973年11月14日去世。约瑟夫·霍尔扎普尔1938年毕业于布拉德利大学,获得理学学士学位,1958年获得荣誉法学博士学位。1940年12月,霍尔扎普尔进入美国航空学校,1941年8月毕业获得少尉军衔,1942年9月被任命为第十二航空队第319轰炸机大队指挥官,他自己在B-26轰炸机上执行了91次作战任务,1944年11月,该大队换装B-25轰炸机,两个月之后返回美国,后换装A-26攻击机,1945年5月该大队被派往冲绳岛。约瑟夫·霍尔扎普尔后晋升为美国空军四星上将,1971年9月1日退出现役。

铁路桥进行轰炸,除了贝甘茂的铁路桥没被摧毁,其余三处的铁路桥均受损严重,10天之后,约瑟夫·霍尔扎普尔(Joseph R.Holzapple)上校向全体大队成员写了一份公开信,他在信中写道:

大家能如此快速从B-26换装成B-25,并快速掌握此种机型,完成机组人员的训练工作,我对你们表示祝贺。我在其他战区还没发现其他大队有如此高效的团队合作精神和努力工作的态度。在各轰炸机大队中,我们大队是我第一次也是唯一一次看见有能力一边进行换装训练一边执行作战任务的大队,我为你们每个人感到骄傲。

11月份余下的26天里,第319轰炸机大队有17天出动飞机执行任务,共完成40次任务,已方无一损失。

1944年12月10日,隶属于第319轰炸机大队的第439轰炸机中队损失了第一架B-25,当时该中队在执行任务时,途经意大利圣米迦勒地区,根据中队其他B-25机组回忆,当时这架B-25冒着火苗栽了下去,但是只看见2顶降落伞打开。12天后,又损失2架B-25,其中

第319轰炸机大队第一次使用B-25执行作战任务是在1944年11月4日,11月8日派出30架B-25空袭意大利卡士妥(Castel)附近的一座铁路桥,这次任务是该大队在地中海战区执行的第446次任务。图中就是执行此次任务的第440轰炸机中队的两架B-25J型轰炸机。

一架隶属于第439轰炸机中队的B-25J,该机编号为43-36123,此时该机正准备在科西嘉岛塞亚吉亚机场降落。

一架在德斯温特德群岛附近坠毁,另一架则坠毁在卡普里岛附近,所幸全部机组人员均跳伞逃生。

12月31日,该大队共执行3次作战任务,2次飞往基乌萨福尔泰,1次飞往皮亚佐拉。这是该大队执行的第490至492次任务。下午4点,霍尔扎普尔上校召集所有人员开会,他当时站在一辆小卡车上宣布,今天是第319轰炸机大队在地中海战区的最后一天,1945年1月,该大队将轮换回国,之后换装A-26前往太平洋战区执行对日作战任务。1945年5月至9月,隶属于第七航空队的第319轰炸机大队此后一直驻

2架隶属于第440轰炸机中队的B-25J正在意大利上空搜寻目标,在这种山峦起伏的地形中要想发现目标,难度确实很大。

第319轰炸机大队的一位名人——美国宇航员唐纳德·肯特·"迪克"·斯雷顿（Donald Kent "Deke" Slayton）。他曾驾驶B-25在地中海战区执行了56次作战任务。

扎在冲绳岛。

虽然该大队装备B-25的日子很短暂，但是该大队在2个月的时间里，驾驶B-25攻击了意大利北部和南斯拉夫的大量目标，为盟军在地中海战区的行动贡献了自己的力量。另外多说一句，第319轰炸机大队的一位B-25驾驶员后来成为了美国宇航员，此人名叫唐纳德·斯雷顿，是美国第一批"水星计划"中7名宇航员中的一员，因心脏问题（先天心房纤维颤动）而未能执行太空任务，后成为NASA的飞行任务成员办公室主任。从1963年11月到1972年3月，唐纳德·斯雷顿参与了所有太空任务执行人选的决定，他在双子星座计划和阿波罗计划的宇航员选择中起到了决定性作用，甚至包括决定谁将第一个登上月球。1972年3月，当唐纳德·斯雷顿身体条件允许执行太空任务后，他担任了阿波罗－联盟测试计划的对接舱驾驶员，负责将美国的阿波罗飞船与苏联的联盟飞船对接。1975年7月17日，美苏两国的航天器在地球轨道对接，美国宇航员托马斯·斯塔福德和文斯·布兰德在太空与苏联宇航员阿列克谢·列昂诺夫和瓦列里·库巴索夫握手。斯雷顿在太空共停留9天1小时26分，返回地球之后，他成为了航天飞机使用及回收测试计划的负责人。

斯雷顿1982年从NASA退休。1993年6月13日，"迪克"·斯雷顿在得克萨斯州里格城（League City）因脑瘤去世，享年69岁。

4. 第321轰炸机大队

第321轰炸机大队由第445、446、447、448轰炸机中队组成，于1943年3月2日抵达法属摩洛哥的乌季达，当时隶属于第十二航空队，指挥官为罗伯特·D.纳普上校。1943年3月15日，第321轰炸机大队开始在地中海战区执行作战任务，15架B-25从阿尔及利亚艾因姆利拉起飞，前往突尼斯梅扎纳（Mezzouna）轰炸轴心国机场，第57战斗机联队派出P-38机群为B-25护航，投下的炸弹命中多架敌机，等B-25返航时，机场已是一片火海，虽然遭到德军猛烈高炮射击，但所有B-25均安全返回基地。

5天之后，该大队在地中海战区第一次遇到敌机，当时B-25在西西里海峡执行海面搜索任务时，遇到了从突尼斯起飞的30架德军战斗机。该大队声称在这次战斗中，共击落7架敌机，机尾机枪手和机身左侧机枪手声称各击落1架Bf 109和1架Me 410，机背炮塔和机鼻射手则打下剩余3架，B-25被击落一架，另一架受损严重

隶属于第447轰炸机中队的B-25机群正在飞往意大利执行轰炸任务,照片从一架B-25机身中部侧窗拍摄,照片中是一架编号为43-28082的B-25J-5型轰炸机和编号为43-3522的B-25D-30型轰炸机。在1944年冬季至1945年,第321轰炸机大队普遍在机尾刷上罗马字母标识以取代之前的阿拉伯数字标识。

最终迫降,这两架B-25机组成员均被打成重伤。

1943年5月中旬,突尼斯战役结束,轴心国势力终于被赶出北非,截至此时,第321轰炸机大队共执行51次作战任务,其中30次是在西西里海峡执行海面搜索任务,15次轰炸机场,4次轰炸马特尔的通信中心,剩余的1次则轰炸港口设施和铁路枢纽。5月28日,该大队派出29架B-25组成轰炸编队前往西西里岛轰炸波里佐(Bo Rizzo)机场,轴心国派出30到50架战斗机前去拦截,包括Bf 109、Fw 190和意大利C.202,B-25机群根本不在乎敌机有多少,因为此时轴心国飞行员缺乏战斗经验,对B-25的厉害全然不知,根据战斗报告,该大队声称击落17架敌机,报告里面还提到一句话,这场战斗简直就是"猎鸭子"。在这场空战中,德国人用尽一切办法想要拦截B-25编队,包括最新战术——空对空轰炸。德军战斗机会爬升至B-25编队上方300至900米,然后投下炸弹,炸弹会在B-25编队中间爆炸,达到杀伤轰炸机的目的。尽管德国人采用新战术,但是29架B-25均安全返回基地,波里佐机场陷入火海,机场内的不少德军战斗机被炸毁。

突尼斯附近的潘泰莱里亚岛和蓝佩杜萨岛一直在轴心国手中,这些岛屿都有港口,另外潘泰莱里亚岛上还有一处机场,严重威胁地中海战区盟军船只和飞机的安全。盟军决定要拔除这几颗"钉子",1943年6月11日和12日,一波又一波的中型(包括第321轰炸机大队的B-25)和重型轰炸机对潘泰莱里亚岛上的机枪阵地、防卫设施、港口设施和机场进行轰炸。6月13日,岛上的守军向盟军投降。

6月21日,第321轰炸机大队空袭巴蒂帕利亚,这是自二战开始之后,意大利本土首次遭到空袭,空袭任务圆满完成,大队没有损失,但是意大利的广播电台却说B-25被击落多达26架。7月10日,第321轰炸机大队参与空袭西西里岛,轰炸了帕拉索洛的轴心国军队集结地和兵营，第二天又轰炸了西西里岛西边的特拉帕尼大型机场。大队自身无损失，此役共击毁敌人19座高炮。

9天之后，盟军派出500架飞机，组成庞大机群，空袭罗马附近的军事目标，这也是第321轰炸机大队首次派出B-25空袭意大利首都罗马。当时纳普上校率领72架B-25组成庞大的编队（这是第321轰炸机大队派出的最大飞行编队了）空袭了钱皮诺机场——这个战略目标被大量敌军战斗机保护，共有24架敌机攻击了轰炸机编队，但均被轰炸机编队的自卫机枪驱离。一架B-25被高炮击落，另有一架由于被高炮击伤，在比塞大附近紧急迫降。

7月末，第321轰炸机大队开始接收B-25G型机，8月5日，有4架B-25G前往撒丁岛古斯皮尼，轰炸当地的铁路调度站，这4架B-25G飞行高度仅有90米，共发射36发炮弹，多发炮弹直接命中目标。

约翰·贾维斯（John Jarvis）中士曾在第445轰炸机中队担任无线电操作手，关于B-25G他回忆道：

B-25G开始攻击到飞离目标，一般可发射3至4发炮弹。如果攻击海面目标，比如船只，那么炮手的装填速度会大大加快。我从来没有攻击过海上目标，但是倘若攻击装甲车，我们通常会打出2发，通常1发炮弹就能将装甲车炸上天。对付坦克通常采用穿甲弹，穿甲弹从坦克上方钻入其内部，然后爆炸……我总共执行了38次任务（陆航官方则说我执行了39次任务，这显然是错的），其中有一些任务是毫无危险性的。有时候我们也要面对敌方凶猛的火力，也会损失飞机和身边的兄弟。得益于B-25优良的设计，我们才没有更严重的损失，即使打不过，我们也可以驾机快速撤离战区。由于B-25没有液压助力系统，驾驶员若想控制好飞机必须拥有强壮的身体和良好的体能。

我们的飞行员是沃恩少

隶属于第445轰炸机中队的B-25机群正在轰炸布伦纳山口，图中这架飞机编号为43-27698，绰号为"好运气"（Lucky）的B-25J正在投掷集束炸弹。该机在二战中共执行了137次作战任务，战争结束后返回美国。布伦纳山口是德军补给线的咽喉要道，此时第321轰炸机大队的B-25机尾还在采用阿拉伯数字标识。

校，他是一个出色的飞行员，当时他已经有35岁了，我们那时候心想他真是一个老男人，但是现在我也快81岁了。沃恩少校是一个安静的人，我们知道他在驾驶B-25时绝对不会干出蠢事。

截至1943年8月17日盟军拿下西西里岛，第321轰炸机大队共执行56次任务，出动架次超过2000次。理查德·克劳斯上尉是第445轰炸机中队的一名投弹手，1944年4月至1945年5月共执行70次作战任务，他曾回忆自己印象最深刻的一次作战任务（关于空袭土伦港的行动，后文会详述）：

1944年8月18日，我们大队派出B-25前往法国南部，空袭土伦港的敌方舰船，由于土伦港周围密布防空火力，所以此前都是重型轰炸机进行高空轰炸。上头派出中型轰炸机并没考虑周全，要知道港口周围布置了超过82门高炮和各型高射机枪。空袭首要目标是维希法国的"斯特拉斯堡"号战列巡洋舰、一艘拉加利桑尼亚级巡洋舰以及一艘潜艇。高炮共击伤27架B-25，所幸这些飞机全部安全返回基地。

当B-25以3000米高度接近目标上空时，我们立刻就认出港口中停靠的战列巡洋舰、巡洋舰和潜艇。德国人用一排排高炮弹幕迎接我们，而我们不得不穿越弹幕飞向目标。空袭的最终结果是潜艇被炸沉，巡洋舰倾覆，战列巡洋舰被炸成废铁，已经失去作战能力。由于此役，我们大队收到总统嘉奖令。第十二航空队称此次行动是"中型轰炸机大队执行的最具毁灭性的作战行动"。

爱德华（Edward Crinnion）中尉是第446轰炸机中队的一名飞行员，从1944年9月1日到1945年4月1日共执行67次任务，其中39次担任驾驶员，28次担任副驾驶员，曾获得优异十字飞行勋章和航空勋章，他曾回忆道：

在我第一次任务中，计划要投下4枚454公斤炸弹，但是有一枚炸弹挂在轰炸舱中，怎么也投不下去，投弹手想把这枚炸弹扔到地中海海里，但是也没有成功。当我们在科西嘉岛索伦扎拉降落时，炸弹从炸弹舱中掉出来，直接将后机身下方撕开一个大口子，幸运的是，由于炸弹保险机关可靠，炸弹并没有因震动而引爆。

在第二次任务中，一枚高射炮弹直接打穿驾驶舱甲板，从我和驾驶员之间穿过去，击穿驾驶舱上方飞了出去，这枚炮弹产生的冲击波将座舱内仪表全部打坏，包括空速表，这让我们着陆充满了困难。在返回索伦扎拉途中，另一架B-25在发觉我们座机状态不对时甘愿充当引导机，让我们跟着他一起降落，这样我们可以较好地控制着陆速度，他在跑道左侧准备着陆，我们在其跑道右侧放慢速度，当我们着陆成功后，这架B-25加大油门飞离跑道。按照现在的情况看，我要飞满70次之后才能轮换回国。上帝！现在仅仅飞了2次就发生这么多情况！

1944年12月4日，我作为副驾驶员执行了28次任务之后终于有了自己的B-25J和机组人员，之前的那架轰炸机机长是拉塞尔·格鲁夫中尉，他的夫人在美国海军服役，所以他将自己的座机命名为"海军上将的孩子"，机鼻上画着一个穿着泳装的美丽女孩。我的家乡也有一位女孩等着我，她的名字叫简，战争结束之后我和她结婚了，所以当时我将自己的座机命名为"简小姐"。

隶属于第321轰炸机大队的4个轰炸机中队在执行个别任务时，均会派出9到12架B-25各自组成3个飞行分队。轰炸高度一般为2700米，以150米递增，一直到3900米。从轰炸航路起始点开始一直到投弹，大致耗时4分钟。这4分钟简直就是在地狱里经历4分钟，编队内的飞机完全是坐以待毙，要保持直线飞行，对高炮和敌机不能采取任何规避动作。在我的第42至第44次任务中，我足够幸运，可以安全返回基地。尤其是第42次任务，当时高炮将我的座机右侧伺服调整片（用来控制方向舵）击伤，损坏的调整片在气流的吹动下开始振荡，振荡频率使得左右侧方向舵开始共振。当我飞抵盟军控制空域后，开始脱离轰炸机编队，气流拍打着方向舵，我准备进行人生中第一次迫降，这次迫降进行得很顺利。

我的第67次任务是我的最后一次任务，然后我就被禁止飞行了。那一天是1945年4月1日，刚好是复活节，我立刻给家里写了一封信：亲爱的家人，我只能用手里不多的时间给你们写信，祝你们复活节快乐，在这里我有一些好消息要告诉你们。这个复活节是我最难忘的复活节，今天是我第67次作战任务，等我回到基地才知道这是我最后一次任务，等上面命令下达之后，我就可以回家了，估计还需要4到5周的时间。现在是下午3:45，4点钟

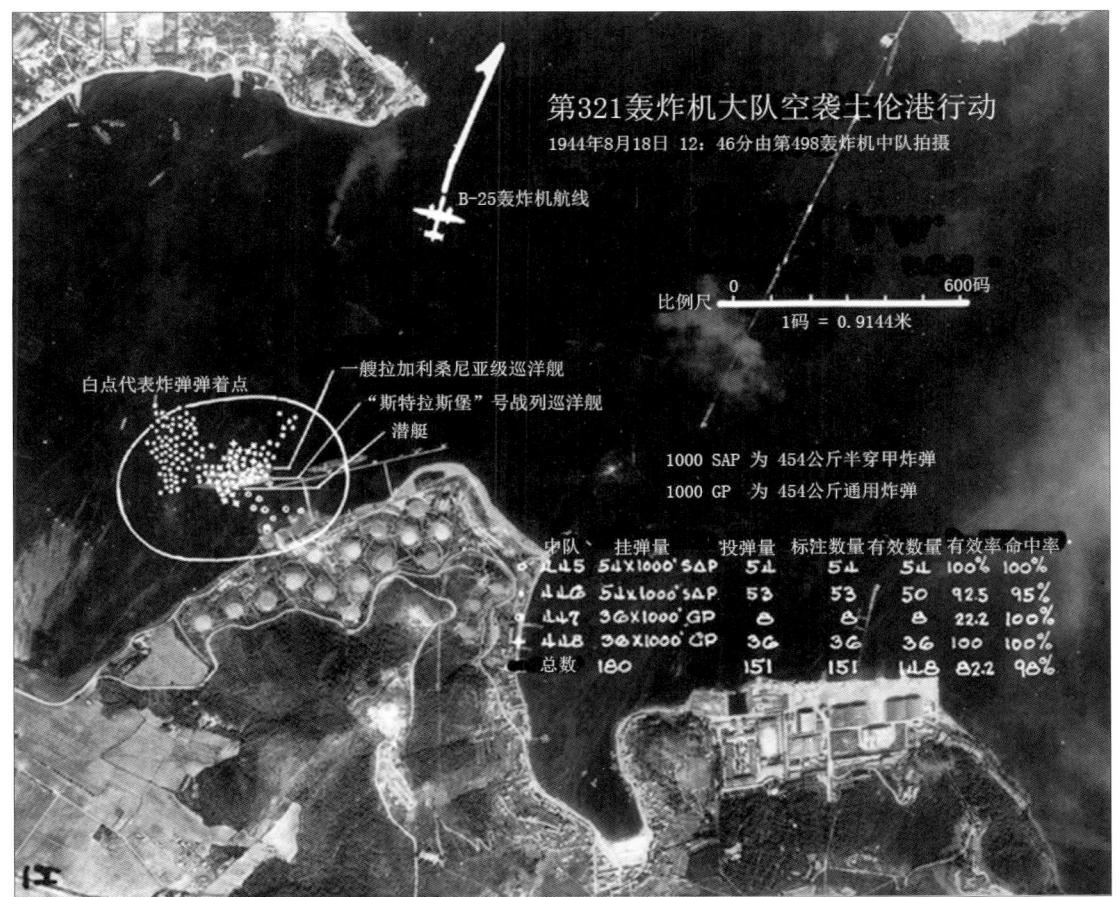

1944年8月18日，第321轰炸机大队执行了一次永载史册的作战任务，该大队派出B-25机群轰炸了法国土伦港，击沉轴心国战列巡洋舰"斯特拉斯堡"号，一艘拉加利桑尼亚级巡洋舰以及一艘潜艇。从战斗结束后的分析可以看出，此次第321轰炸机大队麾下的4个轰炸机中队投弹精度相当高，弹着点十分密集，命中率均达到95%以上。

我要去做弥撒，一会我将这封信寄出。爱你们的，埃迪。

轰炸机中队的外科医生J.E.沃伦上尉带来了上面的命令，命令我轮换回国，这份文件，有一部分是这么写的：科瑞尼中尉作为副驾驶员共执行28次任务，作为驾驶员共执行39次任务，他的表现非常出色。他的运气比其他机组成员都要好，在第42至44次任务中，他的座机均被高炮击伤，第45次任务中，机轮轮胎被弹片击穿，飞机在返回基地之后只好进行迫降。第60次任务中，位于他后方的B-25被击落，而他的座机也被打出80多个弹孔。这些令人恐惧的事情严重影响了他的作战效率。失眠、噩梦、萎靡不振、体重下降等现象已经开始凸显，即使充足的休息也无法缓解这些症状，所以我要求将科瑞尼中尉送至内部康复中心进行治疗，然后等待再分配。

但是接下来的命令却是要求我回家，返回美国。

布伦登·墨菲中士是第445轰炸机中队的一名无线电操作员兼机枪手。他在1945年3月17日至4月25日共执行了24次任务，他的女儿艾米·墨菲曾回忆道：

我的父亲当时受训成为一名无线电操作员，顾名思义就是操作无线电与基地保持联系，这不是一份轻松的差事。编队飞往目标上空通常要保持无线电静默，以免被轴心国监测到无线电信号，进而追踪到编队方位，在不使用无线电时，他又成为一名机身中部的12.7毫米机枪手，遇到紧急情

第321轰炸机大队直接将"斯特拉斯堡"号战列巡洋舰上层建筑炸成废墟，旁边那艘轻巡洋舰直接左倾，沉没的潜艇已经不见踪影。

况也可以操控机背炮塔。B-25自卫火力凶猛，在没有进入轰炸航路之前，敌机很少主动招惹B-25。B-25编队内各轰炸机贴得非常近，这样可以集中火力。

伊西多尔·伊夫申（Lsidore Lfshin）中士是第447轰炸机中队的一名飞行工程师兼任机背炮塔机枪射手，他共执行60次飞行任务，他的一次飞行任务被同机组的本·吉尔德（Ben Guild）记录下来，附上"应被铭记的任务"的标题发表在第57轰炸机联队主办的杂志《桥梁破坏者》（The Bridgebusters）上，文章里写道：

到了1944年12月，战争形势对我们愈发有利。第321轰炸机大队轰炸了波河河谷。与去年相比，这里的德军战斗机防御松懈了很多，众多目标只依靠高炮进行守卫。12月5日我执行第一次任务，这次任务准确地说并不是那种毫无危险的，但也不是危险系数较高那种，我的印象里到处都是大雾。我已经记不清之前执行的56次任务细节了，比如轰炸了哪里，击中了什么目标，战斗是否激烈，但是对于第57次任务我一辈子都忘不了。晚上我躺在床上，心里美美地想着不用连续两天执行作战任务，但是我错了，因为我是无线电操作员，这次任务阴差阳错地又轮到我了。

12月6日黎明，大队指挥部的一个小伙子跑进我的帐篷，帐篷里面只有6个人，他为了找我，把每个人都叫醒了。这位小伙子告诉我一个中士从那不勒斯回来之后因为性病不再适合飞行了，让我去顶他的缺。我赶忙穿上飞行服，正在这时我觉得有什么事情要发生，于是我将所有私人物品锁进柜子，并告诉旁边的伙伴，如果我回不来，就将这个东西寄给我妈妈。他们听到我说这话之后哈哈大笑，就好像我们之前常说的那样，这个帐篷每个兄弟都能活下去，只有其他帐篷才会失去兄弟。

我们要去轰炸的目标是重兵把守的罗韦雷托铁路编组场，这个编组场主要是为布伦纳山口的铁路服务。轰炸如此重要的目标，危险程度可想而知。我找到得了性病的那位中士，告诉他如果我阵亡了，化成鬼魂也要纠缠他一辈子。

我以前并没有和这个机组一起执行过任务。驾驶员是里梅尔（Remmel）中尉，副驾驶是斯皮尔（Speer）中尉，领航员和投弹手的名字我已经记不清了，只知道其中一人是达内尔（Darrel）中尉，工程师是伊夫申中士，机尾机枪手为巴勒特（Barratt）中士，这是一个很有经验的机组。我的座机是一架B-25J，飞机名字记不得了。包括座机在内，共有16架B-25前去轰炸铁路编组场，每架B-25挂载4枚454公斤炸弹，轰炸高度为3400米。进入轰炸航路之前，编队一切正常，但是进入轰炸航路之后，敌军高炮打得很凶猛，我们不幸被击中，左侧发动机被直接命中，整个发动机整流罩被掀翻，座机已经燃起大火！

里梅尔中尉在对讲机里面大喊"弃机！快弃机！"巴勒特中士和我从机身后方舱门跳伞，但是我不知道投弹手、机背炮塔机枪手和领航员如何脱离飞机，里梅尔中尉和斯皮尔中尉并没有跳伞，他们操纵受伤的飞机尽可能地飞行，为剩余的5名机组人员赢得了跳伞时间，他们虽然牺牲了，但是他们不应该被遗忘。降落伞打开之后，我落在意大利深山的厚雪中和其他4名幸存者躲在一个名叫莫里（Mori）的村庄里。我后来听说当时那架B-25在我们跳伞后飞了不到60米就变成了一团火球。

上文提到的第445轰炸机

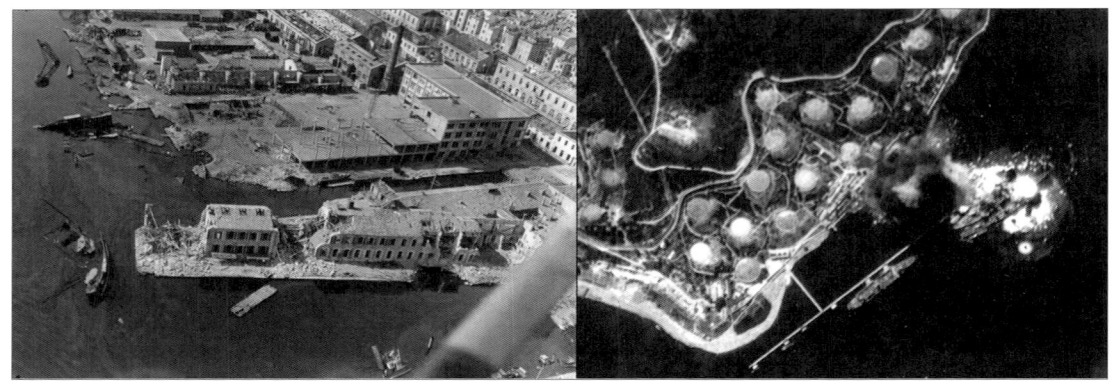

左图显示空袭过后土伦港已经成为一片废墟，右图则显示第321轰炸机大队投弹精度相当高，炸弹直接命中"斯特拉斯堡"号战列巡洋舰。

中队的约翰·贾维斯中士在欧战胜利日之后返回美国，他曾回忆道：

执行完最后一次任务之后，我们就离开科西嘉岛的基地，驾驶着破旧的、充满弹痕的B-25准备返回美国。从遥远的地中海战区返回美国本土是一件不容易的事，途经非洲、南美洲，需要降落在几个地方进行加油才能返回美国本土。对于如此长距离的飞行，我们并没有做足准备，因为我们没有领航员。我们要找到大西洋上的阿森松岛进行加油，没有领航员根本就不行，这个岛很小，面积只有88平方公里，不仅找不到领航员，我们手里的地图也没有标识阿森松岛。

我们的驾驶员依旧是那位沃恩少校，他只知道起飞之后的初始航向，起飞之后一个小时，沃恩少校询问领航员下一个航向是什么。领航员说他正在计算，沃恩少校询问无数次，但是领航员依旧没告诉他新的航向是多少。这位领航员军衔是少尉，我们很奇怪，这名少尉究竟是不是领航员，他说他只想直接飞回美国——看来他没想到中途还需要进行加油。

沃恩少校在对讲机里问我，可否尝试进行领航。我用莫尔斯码向波灵机场呼叫，得到了当时飞行航线的风速，随后用航位推测法推测飞机方位，根据波灵机场提供的信息，我给了驾驶员正确的航向，余下的就是祈祷了。我们在水天交界处看见了阿森松岛，径直冲着小岛飞了过去，在阿森松岛机场降落之后，沃恩少校差点"吃了"那名少尉，因为他，我们差点命丧大海。

机组成员都对我这次导航表示祝贺，其实只是我运气好。我们将那名少尉留在阿森松岛上，从该岛起飞之后，我们就不需要这名"二把刀"的领航员了，从这里飞往南美洲即使没有领航员也足够安全，离开南美洲之后，我们依靠无线电测向仪收听美国商业电台完成了后续飞行。

5. 第340轰炸机大队

第340轰炸机大队由4个轰炸机中队组成，分别为第486、487、488、489轰炸机中队。该大队抵达地中海战区是在1943年3月，刚开始时划归第九航空队，在1943年又划归到第十二航空队。在1943年4月至1945年4月的2年征战中，该大队主要执行阻断和战术支援任务，偶尔执行战略轰炸任务。第340轰炸机大队的轰炸目标集中在希腊、南斯拉夫、阿尔巴尼亚、奥地利、保加利亚、突尼斯、意大利和法国的机场、桥梁、公路、铁路、后勤补给点、军队集结地、机枪与炮兵阵地、工厂等，偶尔也在敌后方播撒传单。1943年6月，该大队参与空袭潘泰莱里亚和蓝佩杜萨岛，7月份轰炸了墨西拿地区的德军滩头阵地，9月份支援地面部队，在意大利萨勒诺建立滩头阵地。1944年1月至6月，该大队支援盟军地面部队占领罗马，8月份则进军法国南部，到了秋天则轰炸位于波河河谷的众多目标（包括布伦纳山口），1944年9月至1945年4月，轰炸轴心国的通信线路和其他目标。

第340轰炸机大队由于自然天气和意外事件损失的飞机数量远远超过轴心国被击落击伤的数量，有两次自然灾害甚至差点造成该大队全军覆没。第一次发生在1942年，当时该大队正在南卡罗来纳州训练，一场大风暴猛烈袭击了机场，将14架B-25吹得无影无踪。该大队只好向其他作战单位"借飞机"勉强维持日常训练，这次大风暴造成的损失只是一个序幕，当他们走上战场之后，靠"借飞机"过日子的事情不下三次。

1944年3月22日，位于意大利南部那不勒斯湾东海岸的维苏威火山开始喷发，尽管火

垂尾上印着"7U"的B-25是一架B-25J-10型轰炸机，飞机编号为43-36102，另外一架垂尾印着"7A"的B-25是一架B-25J-1型轰炸机，飞机编号为43-27704，绰号为"我的屁股蛋子"（MY NAKED ASS）。

驻埃及的第26陆航仓库大队为第487轰炸机中队改装的两架B-25，机鼻均安装了5到6挺机枪，但是机枪排布十分不协调。

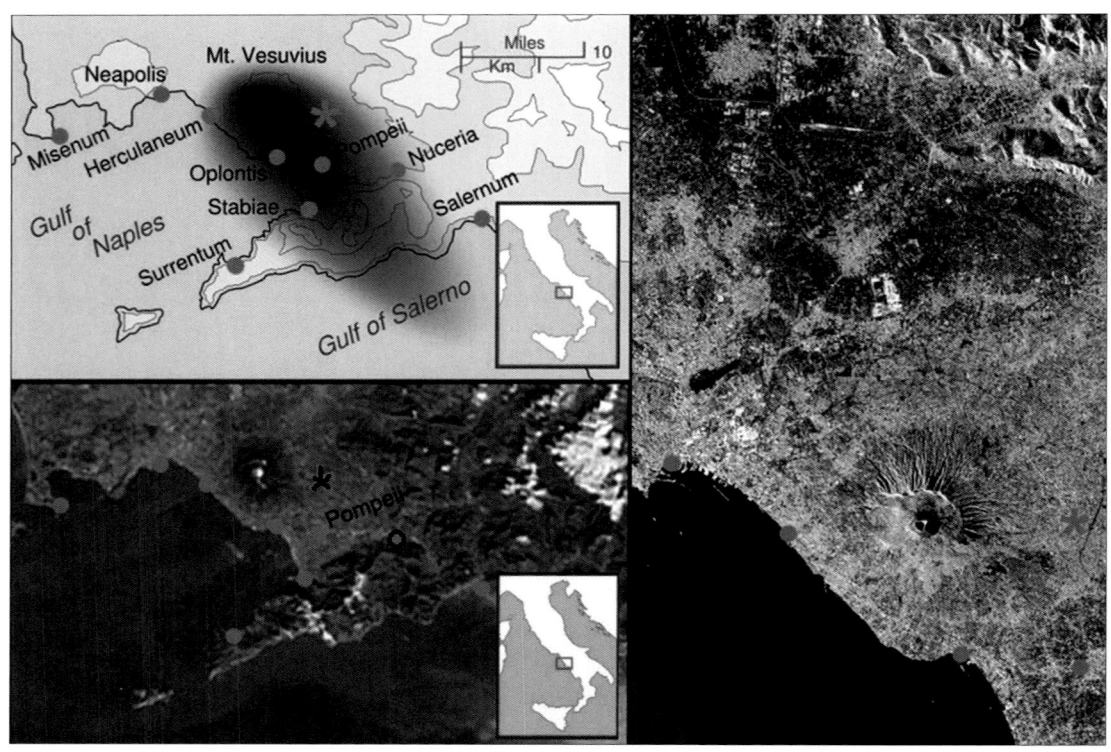

左上图显示了维苏威火山周围较为著名的城市,包括庞贝、那不勒斯、赫库兰尼姆(Ercolano),阴影地区则显示这次火山喷发影响的大致区域,庞贝城正在其中。左下图是对应的卫星地图,黑圆圈即是庞贝城的位置。右图是NASA提供的雷达图像,火山特征更加清晰,第340轰炸机大队驻扎的位置恰好在庞贝城附近的泰尔齐尼奥(Terzigno),距离维苏威火山山脚只有几公里的距离。

山喷发之前已经有种种征兆,虽然这座世界著名的活火山曾经也喷发过,但那都是很久以前的事了,谁也没有预料到怎么就那么巧,偏偏在那个时候喷发,所以驻扎在庞贝城附近的第340轰炸机大队的官兵对维苏威火山喷发前的征兆丝毫不放在心上。当火山喷发之后,大队官兵足够幸运,至少还能穿着裤衩背心毫发无损地逃出绝境,但是炙热的火山灰和岩浆将机场上的B-25全部摧毁,轴心国的女播音员("轴心国萨莉",被盟军官兵称为地中海战区的"东京玫瑰")则在广播里对外界声称:第340轰炸机大队的所有B-25已经化为灰烬。

根据不完全统计,第340轰炸机大队至少在这场灾难中损失78到88架轰炸机,远比5月13日德国空军空袭埃勒森机场(Alesan Airfied)所造成的损失大得多。公元79年,庞贝古城毁于维苏威火山大爆发。而第340轰炸机大队在庞贝机场的所有B-25飞机蒙皮、机鼻有机玻璃、飞机的控制舵面全部被炙热的火山灰烧毁,甚至不少B-25由于机身堆积了大量的火山灰而导致起落架被压断!尽管第十二航空队腾出大量人力物力试图修理和挽救这些B-25,但依旧于事无补。

第301战斗机中队的P-39战斗机飞行员约瑟夫·高莫(Joseph P.Gomer)在维苏威火山喷发时恰好离开了萨勒诺基地,他个人回忆那天他在海边荡着秋千,他能看见火山喷发时红色熔岩从山上流下来,真是美丽的自然景观，只可惜山脚下其他兄弟部队遭了殃。第486轰炸机中队的德纳·克雷格（Dana Craig）经历了维苏威火山喷发的全过程，掌握了第一手资料，根据他的回忆，在火山喷发前一天，火山口已经开始喷出阵阵烟雾，就好像暴雨来临前的乌云。到了午夜的时候，德纳·克雷格走出帐篷，听着远处火山的阵阵低音轰鸣。天空下着小雨，德纳·克雷格突然感觉有一颗小石头砸中了他，他以为是某人和他开玩笑，于是返回帐篷拿了一个手电筒出来，通过灯光的照射他才发现地面上已经积了一层黑黑的灰尘，他当时就在怀疑是不是这座活火山就要喷发了，他还在思索中，突然感觉地面开始震动，就好像旁边有一个大炸弹爆炸一样，之后每隔几分钟就会出现一次小地震，然后从火山口里会喷出大量岩石碎片和尘埃。黎明到来之后，火山口里喷出不少岩石碎块，将他们的帐篷砸塌，中队的人全部穿上厚夹克，戴上钢盔，防止自己被砸伤或被火山灰灼伤，草草地吃完早饭之后，该中队人员全部坐上卡车立即撤离到那不勒斯，只是他们没顾得上自己中队的B-25。

根据第489轰炸机中队官方文件的详细记载，第340轰炸机大队决定在3月22日从庞

左图为维苏威火山喷发后，一队B-25飞行在火山口旁边拍下的照片。右图为第340轰炸机大队的地勤人员正在为B-25更换机鼻组件，原有的有机玻璃组件已经被火山灰焚毁。

第324后勤大队的官兵们头戴钢盔，身穿厚衣裳，尝试将一架第340轰炸机大队的B-25从火山灰里挖出来，飞机表面已经落满火山灰，蒙皮都被烧穿了几个洞。右图是第321轰炸机大队的一架B-25C，机尾控制舵面已经完全烧毁，火山灰甚至将这架B-25C压塌。

维苏威火山喷发后,第340轰炸机大队的B-25基本上被"团灭"。

火山喷发后,第十二航空队也尝试修复一下受损较轻的B-25,图中这架B-25绰号为"罗西"(Rosie),隶属于第487轰炸机中队,修复完毕后正准备进行飞行测试。第19后勤大队指挥官利姆·布尔纳(Lim Burner)少校为手下出色的工作表达由衷的感谢。

贝机场疏散,因为维苏威火山的喷发强度正在变得猛烈,炽热的熔岩已经顺着火山斜坡慢慢靠近机场了,光是机场跑道火山灰的厚度就已经达到惊人的30厘米了。等到火山停止喷发后,该大队只好到处去借B-25,三天之后移防意大利南部萨勒诺的帕埃斯图姆机场。

第340轰炸机大队是首批对德军高炮阵地使用白磷弹的大队之一,以至于"萨莉"在广播里说,如果使用白磷弹的轰炸机被击落,被俘的盟军机组成员将就地枪毙,不受《日内瓦公约》的保护,"萨莉"还在广播里说,德国空军将对盟军进行报复,不久之后,德国空军就对该大队的机场进行轰炸(后文会有介绍)。这里多提一句,根据很多第57轰炸机联队的老兵回忆,"萨莉"甚至比陆航官兵更早知道他们的轰炸任务,并且通过电台给广播出来,可见德军情报工作做得有多么出色!

1944年4月,第340轰炸机大队开始在B-25上安装"诺顿"轰炸瞄准具,该轰炸瞄准具要求B-25有更长的轰炸航路,在高度为3000米的空中需要更长的轰炸航路意味着轰炸机更易被击落或击伤。5月13日,第340轰炸机大队在突尼斯的基地——埃勒森机场遭到德国空军的猛烈轰炸,轰炸持续了约75分钟,这次轰炸不仅造成大量人员伤亡而且机场内设施和飞机损失惨重,种种迹象表明,德军在这次行动之前进行了充分准备。机场的高炮阵地报告第一架敌机出现的时间是凌晨3:30,地面人员报告这架飞机是英国皇家空军的"英俊战士"战斗机——很可能是德军空军缴获的,专门用作引导机,将大批德军飞机引导至埃勒森机场。几分钟之后,几架德军飞机在机场上空投下照明弹,将机场上空照得犹如白昼,其他德军飞机准确地投下高爆炸弹和反人员炸弹,德军战斗机将机场跑道和高炮阵地扫射了好几遍。德军此次派出的机型可能是Ju 88和Fw 190,也有可能是Bf 109、Do 217、He 111。很幸运,第489轰炸机中队的指挥中心在机场北边1.2公里远,所以免遭轰炸。这次轰炸导致第340轰炸机大队几乎再次全军覆没(初步估计损失了约75架B-25),坏运气一直伴随着该大队直到离开地中海战区返回美国。

哈瑞·乔治(Harry D.George)中尉是第487轰炸机中队的一名副驾驶员,1944年6月22日,他驾驶一架B-25J-5(飞机编号43-27656,飞机绰号为"麦金利初级中学"(McKINLEY JR.HIGH)执行轰炸格瑞斯格丽纳(Gricigliana)铁路桥的任务,他的儿子哈瑞·小乔治(Harry D.George Jr.)在《一个美国飞行员在托斯卡纳的冒

埃勒森机场在遭到德国空军轰炸之后,隶属于第487轰炸机中队的两架B-25(机尾刷着"7N"和"7P")飞机残骸。

在此次德国空军的空袭中,第340轰炸机大队再次遭到"团灭",共损失约75架B-25以及大量物资和设备,另有人员出现伤亡。

险》一书中重新整理了他父亲的材料，他父亲回忆道：

格瑞斯格丽纳铁路桥位于博洛尼亚至佛罗伦萨铁路的主干道上，铁路桥两侧是陡峭的峭壁，长度较短，宽度很窄，是一个很难摧毁的目标。德军依靠这条铁路将物资向南运输，我们的任务就是将这条铁路桥炸毁，将德军后勤运输线完全切断，缓解罗马北部盟军的压力。

那天下午我们开始聚集B-25，我的座机命名为"麦金利初级中学"号，这所中学位于印第安纳州曼西市，之所以用一座中学的名字来命名是因为这所中学购买了25万美元的战争债券，这架崭新的B-25J投入战场还不到一个月，所以机身还未涂装。我们进入简报室之后，情报官当即为我们泼了一盆"冷水"，这座铁路桥由12门88毫米高炮守卫，我们大队之前尝试轰炸过三次，最后一次轰炸仅仅是在几个小时之前。这三次轰炸大队付出了很大的代价，很多B-25被高炮击中，但是铁路桥依旧蓄立在那里。对于我们这次任务，德军也知道得一清二楚——从西边飞来，飞行高度3000米。

我们爬进飞机内开始启动发动机。汤姆·凯西为驾驶员，埃德·冬布罗夫斯基为投弹手，我们将飞机滑行至跑道上，在起飞线上就位，下午6点我们从埃勒森机场起飞，待轰炸机在空中组成编队后，编队一路向东北方向飞去。整个编队共有30架B-25，分成5个飞行小队，我的座机位于本中队的第2飞行小队，第310轰炸机大队其他3个飞行小队位于我们右前方，下午7:15，我们已经开始接近目标。德军高炮射高大致在3000米，打得很凶猛，当轰炸机编队进入轰炸航路起始点之后，任何规避动作都要避免，每次任务中，这2至3分钟的时间是最可怕的，位于编队后方的我们更是危险，简直就是待宰杀的鸭子。

编队前方的飞机已经被高炮炮弹爆炸产生的黑烟笼罩，我看见领航机投下了炸弹，于是后面的飞机跟着领航机，一起投下炸弹。炸弹刚刚离开炸弹舱，我们就被高炮击中，左

"麦金利初级中学"号机翼油箱被击中，飞机冒着浓烟正在慢慢失去高度。注意此时飞机左侧垂尾已经被打掉，左侧起落架已经放下。这张照片是在1944年6月22日从另外一架B-25上拍摄的。

侧发动机完全被炸飞，机身中部被击中，输油管线和液压管线也被击中，飞机基本失去了控制，我不得不粗暴地操纵飞机试图可以控制住局势。

右侧发动机也开始慢慢失去动力，这简直就是飞行员的噩梦，螺旋桨此时也飞了出去，有一个桨叶直接插入驾驶舱右侧的机身中，距离我还不到30厘米。驾驶员汤姆·凯西坐在我的左侧，他被弹片击中，半个脑袋都被削没了，血液崩在前风挡上，整个驾驶舱充满着浓浓的血腥味。我在对讲机里命令其他机组成员赶紧跳伞，我现在能做的就是尽可能保持飞行高度，平稳飞行足够长的距离以便于他们可以及时跳伞。我把吃奶的力气都使出来了，控制住座机之后使其安全脱离轰炸机编队。我们正在快速地失去高度和速度，我看了看凯西，他受了那么重的伤，估计很难活下去了。正在这时，凯西转动他的眼睛看着我说，"上帝呀，乔治，你赶紧跳伞！"说完这句话之后凯西咽气了。我从座椅上爬起来迟疑了一两秒之后，从舱门跳了出去。

之前的跳伞训练我都是拒绝的，我有一个漂亮丰满的屁股，跳伞训练容易把屁股摔坏，我都不知道开伞索在哪里。在我的生涯中，这是我第一次也是最后一次跳伞。为了保证我远离着火的座机，我在跳伞10秒钟之后才拉开开伞索，但是什么都没有发生！真见鬼！我没被高炮打死，难道要因为降落伞打不开而摔死吗？

事情发展得太快了，我跳伞时大约在2400米高空，在等待10秒钟以及尝试拉开开伞索之后，我已经掉到了1800米高空，大约在600米高空才打开降落伞。我抬头看看那架B-25J，不仅左侧发动机已经炸没了，左侧机尾和方向舵也消失了。我以前倒是听说过曾有一架B-25在失去一台发动机、一个尾翼以及无液压系统的条件下返回基地，但那是驾驶员和副驾驶员同心协力的结果。我能在飞机失去尾翼和发动机的情况下保持飞行那么长时间，能让其他机组成员可以跳伞逃生，我感到很棒。跳伞成功之后，这架B-25J一直向南飞，但我没有看到它坠毁在何处。跳伞着陆的时候，刮到了树杈子，扭伤了右脚，但是走路问题不大。

哈瑞·乔治中尉落在德军控制区域大后方。第340轰炸机大队由于得不到他的消息，因

隶属于第487轰炸机中队的B-25J-1型轰炸机，飞机编号43-27704，机尾标识为"7A"，该机机长为杰克·拉姆（Jack Ram）少校，照片拍摄于1944年8月17日，当时杰克·拉姆少校驾驶该机从意大利里米尼机场（Rimini Airfield）起飞，飞往法国土伦港空袭轴心国战列舰，其间共有27架B-25被高炮击伤，但是全部安全返回里米尼机场。8月18日，第321轰炸机大队倾巢而出，再次轰炸土伦港，取得重大战果。

此认定他为"失踪",他本人在轴心国控制区域活动了大约3个月,一直躲在山洞中,在意大利当地人的帮助下,终于返回到盟军控制地区。

威廉·郎西(William P.Lancy)中尉是第486轰炸机中队的一名飞行员,在1944年2月17日至1944年8月15日,他共执行了51次作战任务,累计飞行123小时35分钟,他轰炸的目标基本集中在法国和意大利,服役期间共获得1枚优异飞行十字勋章和6枚航空勋章。威廉·郎西在1993年9月18日去世,他的孙子麦克·郎西(Mike Lancy)根据他爷爷的回忆整理材料如下:

威廉·郎西中尉在1944年1月17日分配到第486轰炸机中队,当时和经验丰富的飞行员(包括前文提到的美国首批"水星计划"7名宇航员之一,唐纳德·斯雷顿)一起执行了头11次飞行任务。当时军方决定将步兵团指挥官派到第340轰炸机大队,让机组成员知道什么才是地面部队需要的空中支援。一位少校(炮兵观察员)加入到麦考米克(McCormick)中尉机组中,当时麦考米克中尉已经执行完70次任务,即将轮换回国,所以郎西中尉填补麦考米克中尉的空缺加入到这个机组中。4月13日,他被分配到一架B-25J-1上(飞机编号43-4061,机尾序号为6K,绰号为"凯瑟琳,我将带你回家"),1944年5月19日,郎西执行了他的第34次任务,前去轰炸意大利阿雷佐的铁路桥,但是他的座机被高炮击中,导致无法正常释放炸弹,在这次任务中,第486轰炸机大队有3架B-25被击落。

我爷爷在中队中有一个响亮的名字——"闪电郎西",他之所以为自己取这个绰号,原因有两个,首先是因为他来自北卡罗来纳州门罗市,这里的生活节奏很慢,比较慵懒,给自己取这个绰号希望自己雷厉风行,其次是因为他希望自己能像闪电一样快,驾驶飞机能快速躲避危险。这个绰号让他成为中队里最受欢迎的头号驾驶员。

1944年8月15日,在他第51次作战任务中(轰炸法国阿维尼翁的桥梁),郎西目睹了他最好朋友的座机(驾驶员为约翰·哈斯卡,机尾序号为6T)被高炮直接命中,6名机组成员血洒长空。

作为他的孙子,我为他

隶属于第487轰炸机中队的B-25J-1型轰炸机,飞机编号为43-27633,机尾序号为"7Q"。此图中这架B-25J正在投掷4枚454公斤炸弹轰炸布伦纳山口,1944年到1945年,地中海战区的各个B-25轰炸机大队持续对布伦纳山口进行轰炸,有力地支援了盟军在欧洲的作战行动,不少B-25的基地甚至已经修建在捷克斯洛伐克南部和南斯拉夫北部,开始进驻欧洲战区(ETO)。

感到骄傲，尽管他说那只是他应该做的，他自己不是英雄，但是在我心里爷爷就是一名英雄。

德纳·克雷格中士作为一名机背炮塔机枪手也曾在第486轰炸机中队服役，他曾回忆轰炸意大利安济奥的作战行动：

没有多少人谈论我们在安济奥的作战行动，或许是因为我们在那里损失巨大，大家都不想再谈起。在安济奥飞行一圈对于我来说简直就是在地狱里走了一遭。我们飞离科西嘉岛前往安济奥天气非常好，我们快要飞抵目标时，发现目标上空被黑黑的高炮弹幕覆盖，前方的B-25在高炮的轰击下颠簸着。我心里开始想"为什么我们非要往那里飞呢"。根据起飞前收到的任务简报，我们要空袭的目标更加深入腹地，这意味着被高炮击中的概率大大增加，听以前对安济奥执行作战任务的机组给我们分享他们的经历，我当时紧张得心脏都要跳出来了。

维克多·拉米雷兹（Vcitor Ramirez）少尉曾在1944年12月至1945年3月驻扎在科西嘉岛，当时他在第488轰炸机中队服役。其中一次作战任务他记忆深刻：

1944年年初，当时我们还在南卡罗来纳州哥伦比亚市，我们被告知要装备新型B-25J型轰炸机，这款轰炸机安装了炸弹电动释放装置，由于没有手动释放装置作为备份，因此B-25J上共安装两套该装置。当时有些人提出质疑"如果两

1945年1月3日，第340轰炸机大队派出B-25轰炸机支援克拉克上将第5集团军在意大利北部地区的作战，图中B-25轰炸机编队正在飞越伊特鲁里亚海（Tyrrhenian Sea）。

1945年的欧洲天空已经是盟军的天下了，图中一架隶属于第325战斗机大队的P-51D战斗机正在为第340轰炸机大队的B-25轰炸机机群护航。

套装置均发生故障怎么办",北美航空公司的技术专家回答"这种情况出现的概率为千分之一,所以我们多安装了一套以作为备份"。好吧,如果这种情况真的发生在你身上,那你就是那个千分之一。

1945年3月30日,我的第39次任务是去轰炸意大利北部奥托附近的一座铁路桥。当时座机被高炮击中,一台发动机完全失去动力,两个炸弹释放开关也被摧毁,这时的B-25完全是全负荷状态,无法进行投弹,6名机组成员加上炸弹和其他装备,一台发动机即使最大输出功率也不足以维持飞机的飞行高度。我们只能挣扎着向盟军控制的空域飞去。我们尽量远离布伦纳山口向威尼斯飞去,在那里我们整个机组成员得以跳伞逃生,但是我们在同一天均被轴心国俘虏,随后被关入奥地利莫斯堡的一处战俘营,最后一直待到乔治·巴顿将军解放该地区为止。

6. 幕后的英雄

第12轰炸机大队的4个中队面对来势汹汹的德意志非洲军团,作战任务十分繁重。到了1943年年初,随着另外3个B-25轰炸机大队的到来,情况有所改观。第310和第321轰炸机大队分别在1942年11月和12月到达北非,最后这两个轰炸机大队全部划归到第十二航空队。另外一个轰炸机大队是第340轰炸机大队,该大队经巴西纳塔尔,途经阿森松岛,最后穿过非洲大陆于1943年5月到达埃及开罗,随后加入第九航空队。

在各战区的盟军航空队中,地中海战区盟军航空队(Mediterranean Allied Air Forces)的情况最奇特,其中虽然美国和英联邦国家占了大头,但里面还有波兰、希腊、自由法国和南斯拉夫等国。盟军最后能将德国和意大利的军队逐出北非,B-25发挥了巨大作用。盟军通过占领轴心国机场使得己方空中力量更加靠近欧洲南部。

1943年4月末,第341后勤大队和第26陆航仓库大队在埃及将第487轰炸机中队和第340轰炸机大队的16架B-25C-1/-5/-10改装成扫射型轰炸机,改装工作在5月4日完成。每架B-25C-1需要增加5

这架隶属于第12轰炸机大队的B-25遇到了大麻烦,右侧发动机已经停止了工作,只留下左侧发动机苦苦支撑着。这架B-25显然正在慢慢失去高度,距离地中海海面高度已经非常近了。这架B-25扔掉了一切负重物,甚至包括机鼻内的活动式机枪,不过最后这架B-25的命运还是终结在这里——一头扎进了海面,机组成员命运未知。

挺机枪，B-25C-5和B-25C-10由于出厂时已在机鼻安装2挺机枪，后续只需再安装4挺机枪即可，共备弹1500发。机枪的安装方式与飞机轴线平行，而第五、第七和第十航空队的扫射型轰炸机机枪安装角度则稍微向下。这16架接受改装的B-25飞机编号为：41-13169、42-32246、42-32278、42-32279、42-32290、42-32304、42-53353、42-53372、42-53388、42-53455、42-53463、42-53465、42-53480、42-53482、42-53483、42-53488。

1942年年初，西南太平洋战区的B-25由于缺少自卫武器，自身损失较大。第321轰炸机大队之前驻防在路易斯安那州德里德陆航基地，随后飞往佐治亚州华纳罗宾斯陆航后勤中心，经过后勤人员一个月的"连轴转"，第321轰炸机大队在移防北非之前，已在57架B-25C和B-25D上加装了机枪，移除笨重无用的机腹炮塔，机身后部两侧切开"大窗户"，和机尾一样各安装1挺机枪，机尾还为机枪手安装了座舱盖，与B-25H和B-25J的座舱盖十分相似。华纳罗宾斯陆航后勤中心还在驾驶员座椅、仪器控制面板、机身中部飞机甲板和机尾机枪手座椅上加装装甲板。

额外增加的机枪在战斗中发挥了重要作用，因此突尼斯比塞大的西迪艾哈迈德航空基地决定要在飞机上加装机枪，该计划在1943年8月开始实施。西迪艾哈迈德航空基地在后勤和基建设施上无法和华纳罗宾斯陆航后勤中心相比，这里的原材料、设备、工具、飞机零件都十分短缺，后勤人员不得不通过搜寻打捞飞机残骸来获得零部件和原材料，敌人留下的原材料有时也拿过来直接用。

华纳罗宾斯陆航后勤中心向西迪艾哈迈德航空基地提供了一架原型机，但是并没有提供产品规格书和图纸，后勤人员只好通过逆向工程仿制飞机各零部件，得到零部件尺寸等参数后，再绘制成图纸。由于战事紧张，飞机在改装之后没

1943年4月10日，德国空军尝试用运输机为隆美尔的非洲军团运输补给时，在西西里岛海峡遭遇盟军P-38和B-25机群，35架Ju 52运输机中有21架被击落。

有进行详细的应力分析,在地面全负荷测试的时候,机翼发生断裂,但是机身并无损伤,机组成员被碎片擦伤。

一个飞机改装工厂建在西迪艾哈迈德航空基地附近,飞机从工厂一侧被推入,挂在厂房上方钢梁的挂钩上,通过滑轮来移动。等飞机通过流水线,从厂房另一侧推出时,已经完成改装,然后再移到远处进行武器的安装、清理、涂装、检查,随后加入现役。

头6个星期共改装了25架B-25,等到工程师熟悉制造流程之后,从1943年8月10日到12月31日,该工厂为第12、第310、第321和第340轰炸机大队改装完成183架B-25C和B-25D型轰炸机。等到西迪艾哈迈德航空基地加装机枪计划完成后,共有超过300架B-25完成改装,这些轰炸机全部给了上述4个轰炸机大队。B-25加装机枪之后战斗力果然大增,头四个月就击落了35架敌机。从进攻突尼斯开始一直到德国投降,第57轰炸机联队、第310、第321、第340轰炸机大队参加了在意大利北部所有重大的作战行动。

1943年5月末到6月初,第57轰炸机联队参加了收复意大利潘泰莱里亚岛和蓝佩杜萨岛的战斗。轴心国为了防止盟军在意大利登陆,将西西里岛变成了重兵把守的要塞。B-25在进攻西西里岛的战役中,投下1140吨炸弹,占总投弹量的18%。战斗扩大至意大利时,B-25G参加了阻断科西嘉岛、撒丁岛与轴心国联系的战斗。

拉斯佩齐亚是意大利的一个军港,这里停泊着一艘意大利班轮——"塔兰托"号班轮。虽说这艘班轮没有军事用途,但是它对盟军行动依然构成威胁。盟军害怕德国人将这艘班轮拖到航道中心坐沉之后阻塞航道,继而防止盟军占领拉斯佩齐亚。第340轰炸机大队为了破坏德国人的计划,派出了18架B-25,决定在拉斯佩齐亚港直接炸沉"塔兰托"号班轮,这18架B-25被分成三个攻击波,分别攻击班轮的船头、船身中部和船尾。进攻进行得很顺利,"塔兰托"号班轮在25分钟之内即被炸沉,另外第310轰炸机大队顺便也将

第九航空队的官兵们在炎热的北非只能住这种大帐篷,条件还是很艰苦的。

停靠在拉斯佩齐亚的其他舰船炸沉，防止它们日后阻塞航道。

1944年年中，地中海战区各轰炸机大队开始接收新型B-25J型轰炸机用来代替涂装为土褐色、沙漠红、橄榄绿的老旧B-25C型和B-25D型轰炸机。在1944年11月，B-25J参加了布伦纳山口之战，布伦纳山口是奥地利和意大利边境最低和最重要的山口，是从德国南部、奥地利西部到意大利东北的必经之地，经济和战略意义十分重要。这里有一条战略意义至关重要的电气化铁路，由于铁路途经之地遍布桥梁和隧道，所以这条铁路十分脆弱。盟军派出重型和中型轰炸机专门轰炸铁路两旁的变压器。轴心国在这条铁路上运行的基本都是电气化机车，变压器的损失极大地降低了铁路运营能力。当这条铁路最后失去运输能力之后，德国就再也没有向意大利派出过援兵。

1941年末，美国依据国会通过的《租借法案》，向英国提供作战飞机，这批飞机通过海运到达非洲，随后在非洲黄金海岸进行组装。1942年3月，美国陆航为了帮助英国人维护和操作这批飞机，专门派出了技术观察员和顾问。这些技术人员此行的另一个目的就是借这次机会可以真切地观察沙漠地区空战，并向华盛顿汇报战场情况、后勤需要、成功和不足之处等。随着越来越多的飞机被派往非洲，美国各飞机制造厂自身也组建了后勤部门，同时向这些地区派出了自己的技术人员。

这些技术人员所做出的贡献是任何人无法磨灭的，他们

意大利富贾（Foggia）机场，第340轰炸机大队的B-25机群正在接受地勤人员的检修。

在非洲的那段日子里，与一线作战人员毫无分别，穿的是同样的衣服，吃的是军用口粮，虽然沙漠炎热，但是到了晚上只能用凉水洗澡，在沙子里摸爬滚打。为了防止飞机在天空出现情况，他们经常冒着巨大的风险要和机组成员一起执行作战任务，听着他们对飞机的抱怨，向老东家建议如何更好地对飞机进行改进。技术人员所做的一切，都是为了能让飞机保持最好的状态，让一线作战人员平平安安地飞回来。

北美航空公司派往世界各地的技术人员有：巴德·斯奈德、杰克·福克斯（前文在讲述西南太平洋战区时曾经提及）、保罗·布鲁尔、杰克·沃森、比尔·卡尔和拉尔夫·奥克利。

英国皇家空军驻扎在北美时，比尔·卡尔曾帮助他们以102公斤通用炸弹为基础，发展"长钉炸弹"，这种炸弹是在其头部和尾部各插入一根60公分长的铁棒，投掷时炸弹会在铁棒接触地面的一瞬间爆炸，爆炸时炸弹并没有接触地面，因此对地面人员和设施破坏力很大。

各轰炸机大队的作战人员很不喜欢机翼下的炸弹挂架，不少轰炸机驾驶员觉得在机翼下面安装炸弹挂架会降低轰炸机的飞行速度。一些中队直接把机翼下面的炸弹挂架拆除，当比尔·卡尔来到第12轰炸机大队的时候，他发现一大堆炸弹挂架直接丢弃在空地上，任凭风吹雨淋日晒，这些炸弹挂架造价不菲，并不是什么便宜货，如果继续丢弃在那里，无疑是巨大的浪费。卡尔把这些挂架简单地清理了一下，随后安装在几架B-25上。他说服了几名驾驶员驾驶这些B-25，并且详细记录了飞机的各个参数，包括翼载、发动机功率设定、起飞滑跑距离、爬升率和巡航性能。他将这些参数制成图表张贴在各中队的通告栏上，通过与其他没安装挂架的B-25性能数据相比较，用事实和数据说话，使大家相信即使B-25安装了翼下炸弹挂架，也不会影响飞机的作战性能。从此之后，第12轰炸机大队再出去执行作战任务时，每架B-25都安装了翼下挂架并挂载了炸弹。

北美航空公司另一名技术代表杰克·沃森和第310轰炸机大队的一名军官将B-25的最大炸弹挂载量提高至1816公斤，可挂载8枚227公斤炸弹或4枚454公斤炸弹，载弹量已经接近于B-17重型轰炸机。

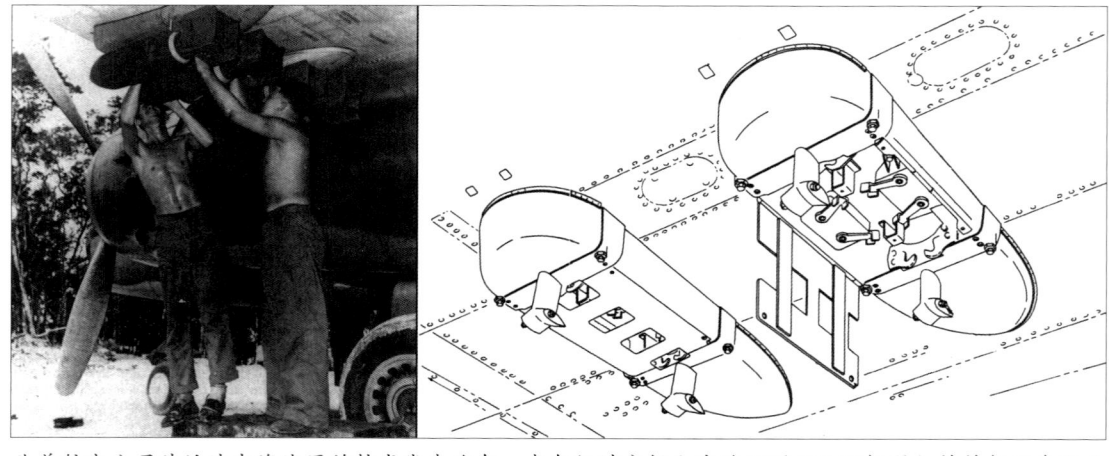

北美航空公司外派地中海战区的技术代表比尔·卡尔经过分析和实验证明了B-25机翼加挂挂架不会影响飞行性能，并且可以提高B-25挂弹量。

在完成66次作战任务之后,隶属于第310轰炸机大队绰号为"香格里拉"的B-25C马上就要轮换回国了,机长贝蒂(J.H.Beatty)少校及其机组成员脸上露出喜悦的笑容迎接这一时刻的到来。

第七章　别国服役史及其他

1. 别国服役史及现存机体介绍

第二次世界大战结束后，美国剩余的"二手"作战物资成了军火市场上的香饽饽，尤其是拉丁美洲各个小国急于扩充自己的军事实力，都将目光转向了美国，这无疑给了B-25"第二春"的机会。与1939年相比，世界格局在二战后发生了巨大变化，美国为了获得周边国家及其盟友的支持，将一些常规兵器卖给这些国家无疑是两全其美的事——既能帮助这些小国加强自己的军事实力，又可以获得他们的支持和拥护。在这种大背景下，美国向这些国家提供贷款并且"半买半送"地将"二手"物资倾囊相赠。

A-26"入侵者"攻击机和B-25"米切尔"中型轰炸机在战争中取得了极其优异的战绩，因此在二战后虽然各大国急行军步入喷气时代，但是这种活塞式作战飞机依旧获得了各小国的青睐，甚至有的国家通过购买民用飞机这一途径来获得民用版B-25。现在阿根廷圣地亚哥-德尔埃斯特罗机场依旧陈列着一架军用版B-25J-30，飞机编号为44-31173，另外厄瓜多尔苏克雷元帅国际机场也陈列着一架TB-25J，飞机编号为44-86866。

除了美国使用B-25外，其他国家也不同程度地装备和使用过B-25，这些国家包括：澳大利亚、玻利维亚、巴西、尼日利亚、加拿大、智利、中国、哥伦比亚、古巴、多米尼加、法国、印度尼西亚、荷兰、墨西哥、秘鲁、西班牙、英国、苏联、乌拉圭、委内瑞拉。从来没有任何一款轰炸机能像B-25一样，分布如此之广，使用客户如此之多，从另一方面也反映出B-25的适用性也是极强的。

澳大利亚：澳大利亚皇家空军第2轰炸机中队是澳大利亚唯一装备B-25轰炸机的作战单位，该中队于1944年6月27日投入作战，1945年11月14日在印度尼西亚巴厘巴板停止作战，后返回莱沃顿（Laverton），后于1946年5月解散。1950年3月，该中队之前装备的大部分B-25被解体。达尔文航空博物馆现在陈列着一架B-25D-10型轰炸机，飞机编号为41-30222。这架B-25已经在1945年坠毁，后经技术人员的努力终于在1974年修复一新。在堪培拉的澳大利亚战争纪念馆中也陈列着一架B-25J-30型轰炸机，飞机编号为44-86791，后永久封存。

比亚法拉（1967年宣布从尼日利亚独立，1970年被尼日利亚击败后重新合并）：比亚法拉这个政权存在的时间并不长，弱小的军事实力居然还有两架B-25，一架是B-25J-25（飞机编号44-29919），另

澳大利亚皇家空军伊根中尉驾驶的B-25J-25，飞机编号为44-30896，澳大利亚皇家空军编号为A47-44，照片拍摄于1945年7月，此时这架B-25飞行在布里斯班上空。

澳大利亚皇家空军第2中队装备的B-25轰炸机，最右边那架KO-G机身已经安装了机枪吊舱，类似于第五航空队装备的扫射型轰炸机。照片拍摄于1945年7月，地点在澳大利亚北部休斯机场（Hughes Strip）。

一架是B-25J-30（飞机编号44-31491），这两架B-25是在1967年10月尼日利亚内战时飞到比亚法拉。经过判断，这两架B-25分别是TB-25N（"919"）和TB-25J（"491"）。1967年11月2日夜间，比亚法拉派出这架TB-25N和一架A-26从哈科特港（Port Harcourt）起飞，轰炸了卡拉巴尔（Calabar）基地，但是在返航时TB-25N发生事故，机腹着地迫降，而那架TB-25J由于发动机时常发生故障，不得不一直"趴窝"，后来尼日利亚军队在1968年进攻哈科特港时直接将这架TB-25J摧毁在地面上。

玻利维亚：玻利维亚在1972年到1973年与委内瑞拉进行关于F-86F战斗机交易的时

巴西空军装备的B-25J,飞机编号可能为44-30783,巴西空军编号为5135。这架B-25刚刚经历迫降,飞机螺旋桨桨叶已经弯曲了。

候,附带着获得了4架B-25J型轰炸机,其中3架机尾编号从541到543。主要服役于运输机部队,542号现陈列于科恰班巴(Cochabamba)。

巴西:巴西是拉丁美洲在二战中唯一一个通过租借法案获得B-25轰炸机的国家。巴西于1942年8月22日对轴心国宣战,美国并没有在巴西部署B-25作战部队,巴西获得的B-25轰炸机基本都是通过《租借法案》获得的,共计57架,其中包括7架B-25B、29架B-25C、11架B-25J-15、10架B-25J-20。1944年这些B-25在福塔雷萨(Foraleza)组成了4个中型轰炸机大队,其中有2个轰炸机大队混装B-25、PV-1和A-28。

1946年,巴西又获得了96架B-25J,这些B-25J一直使用到1974年,后退居二线。巴西国内规定凡是参加军事

巴西里约热内卢宇航博物馆内静态展览的B-25J-25型轰炸机,飞机编号44-30069。

行动的飞机退役后需要予以保存。现在共有3架B-25在巴西展览，分别是，编号为44-30069的B-25J-25型轰炸机（巴西方面编号5127），现在里约热内卢宇航博物馆展出；编号为44-30245（巴西方面编号5133）的B-25J现陈列在圣保罗空军军官学校；编号为44-29500的CB-25J陈列在贝贝多鲁（Bebedouro）爱德华多·安德烈斯·马塔拉佐战争博物馆。

加拿大：美国在二战中通过《租借法案》提供给英国B-25轰炸机，其中一部分B-25B（英国编号为MK Ⅰ型）被转送给加拿大，主要担任训练任务。除了这部分之外，另有一部分B-25共分成两批交付给加拿大——29架MK Ⅱ型（飞机编号为KL133到KL161）和21架MK Ⅲ型（KP308到KP328）。在整个战争时期，美国通过英国交付给加拿大的B-25总数大约在70架，所有机型均为B-25D型轰炸机。

加拿大早期从英国皇家空军获得的9架B-25（7架B-25B和2架B-25J），计划交由大不列颠哥伦比亚的阿伯茨福德（Abbottsford）第5操作测试单位进行为期一个月的测试工作。只不过后来英国皇家空军并没有将B-25J交给加拿大，余下7架B-25B交由驻扎在巴哈马群岛（Bahamas）的第111操作测试单位。第7架B-25B编号为FK178，后于1943年1月12日坠毁。

1943年1月14日，加拿大皇家空军在渥太华洛克里夫（Rockcliffe）成立第13中队，该中队装备了B-25 MK Ⅱ型轰炸机。从1944年5月15日开始，第13中队得到英国航空部门的命令，使用4架F-10测绘机（41-29886、41-29924、41-30195、41-29877，加拿大皇家空军编号为891－894）进行测绘任务，1946年1月15日，第13中队改编为第413中队。

加拿大在战争时期地位十分重要，至少在盟军飞机转场飞行时意义不言而喻。美国向英国或北非部署或交付飞机时，转场飞行必须经过加拿大，机场具体地点则在魁北克省多瓦尔，加拿大以此为契机培养了不少飞行员。加拿大在二战中装备的大部分都是B-25D（MK Ⅱ型）轰炸机，只是在战争快结束时，才少量装备B-25J（MK Ⅲ型）轰炸机。经历战火的B-25D/J型轰炸机早已破旧不堪，因此在1951年加拿大又从美国进口2架B-25D、4架F-10、83架B-25J，但是有些资料显示这批飞机最后只有75架到位。

加拿大空军的定位有点类似于美国国民警卫队，后期

加拿大皇家空军装备的B-25，左图为B-25D-20，飞机编号41-30760。右图为B-25D-30，飞机编号为43-3303。这两架飞机拍摄于1958年，地点在加拿大萨斯喀彻温省（Saskatchewan）萨斯卡通（Saskatoon）。

B-25中队更是扩大到4个（除了413中队之外，另组建了第406、412、418中队）。20世纪50年代，加拿大飞行员若想驾驶B-25，必须先在T-6型教练机上飞行20个小时，然后驾驶比奇UC-45飞机再飞行20个小时，只有经历了这两种机型才能最终掌握B-25。

第406中队绰号为"萨斯卡通"（位于加拿大萨斯喀彻温省中部的城市），从1948年6月到1958年6月整整一年的时间里，该中队一直在使用B-25 MK Ⅲ型轰炸机。第412中队绰号为"猎鹰"，从1956年9月到1960年11月，一直在使用B-25 MK Ⅲ型轰炸机。第413中队绰号为"长牙象"，从1947年4月到1948年10月，一直使用4架F-10测绘机中的3架，此后至少补充一架B-25 MK Ⅱ型轰炸机（飞机编号KL145）。第418中队绰号为"埃德蒙顿"（加拿大西南部城市），1947年1月接收到第一架B-25 MK Ⅱ型轰炸机，后补充B-25 MK Ⅲ型轰炸机，所有B-25一直使用到1958年。1951年，美国漫画家阿尔·卡普（Al Capp）授权第418中队可以在其中队的飞机机鼻上画上"莱尔·阿布纳"这一漫画人物，至于第412中队则转变成一支名副其实的轻/中型轰炸机中队，隶属于加拿大与美国成立北美防空联合司令部。

加拿大国土面积很大，海岸线也非常长，因此B-25虽然飞行和使用时间非常长，但是加拿大人对于自己手中的B-25很是爱惜，所有的B-25均得到妥善的维护和保养，即使是老旧的B-25 MK Ⅱ型轰炸机也不例外。有几架B-25在执行任务时着陆发生事故或者有其他问题不得不注销，只要是飞机状态和外形还过得去，均被运往飞行学校继续发光发热，这些飞行学校包括第一高级飞行学校，第二航空观测学校，第二航空导航学校，第三操作测试单位，第五操作测试单位。1961年8月25日，加拿大所有B-25全部退役。

加拿大直到现在依然在博物馆中保存有众多战机以供

加拿大皇家空军的遗产，一架编号为45-8883的B-25J型轰炸机，现在这架飞机位于安大略湖汉密尔顿市，机体状态相当不错，一直处于可飞行状态。

航空爱好者参观，其中也包括几架B-25：有一架B-25J-30，飞机编号为44-86699（加拿大皇家空军编号为5244）现存于渥太华国家航空博物馆内，另有一架B-25J-30飞机编号为44-86726（加拿大皇家空军编号为5257）现存于亚伯达省阿尔塔芒特历史中心（Altamont Historical Centre）。

智利：智利曾经装备过12架B-25J（其中11架的飞机编号为44-30252、30272－30274、30392、30401、30412、30413、30416、30445和30465）。这些飞机于1947年10月13日交付智利，隶属于位于坤脱罗（Quinterno）的智利空军第8轰炸机大队，对于这12架B-25该大队一直使用到1954年，后被A-26攻击机取代。

中国：中国政府在二战中通过租借法案共获得1378架美制作战飞机，其中有131架B-25C/D/H/J型轰炸机。中美联合飞行队的第1和第2轰炸机大队以B-25为核心训练中国方面的飞行员。

哥伦比亚：哥伦比亚在1948年5月5日接收到3架B-25J-25，飞机编号为44-30358、30397和30408，到了1954年6月30日，哥伦比亚依旧还有两架B-25，只不过哥伦比亚人维护飞机的水平实在不怎么样，机体状态很糟糕。据说余下的这两架B-25一直使用到1957年。

古巴：古巴和美国在签订《军事互助条约》之后，终于获得了第一架"现代化"的飞机，当时古巴东北部的多米尼加共和国装备有23架飞机，这些飞机基本上都是用来给拉斐尔·特鲁希略政权运输政府要员的，后来有部分飞机加入到富尔亨西奥·巴蒂斯塔领导下的古巴政权。1947年8月，古巴获得1架B-25H-5和1架B-25C-15，飞机编号分别为43-4536和42-32385，古巴赋予其编号为300和301，不久之后再获得1架B-25H和3架B-25J-25，这3架B-25J-25的飞机编号为44-30326、44-30095和44-30348，古巴赋予其编号为302到305，古巴利用这些

中国装备的B-25J-30型轰炸机，飞机编号为44-31387，这架飞机的机背炮塔已经被拆除。

B-25组成了一支轰炸机大队。

这些B-25运转得都非常好,不过1948年10月一场飓风袭击了古巴,将一架C-46运输机直接吹到一架B-25C身上,这架B-25C损伤严重,已经失去修复的意义。1952年到1954年,古巴又补充了部分不同型号的B-25,这些B-25后于1955年到1956年被A-26取代。

多米尼加:多米尼加在拉斐尔·特鲁希略执政时期(20世纪40年代末到50年代初)共获得4架B-25,分别为B-25C-1(编号41-13251)、B-25G-10(编号42-65168)、B-25H-1(编号43-4106)和1架B-25J-10(编号43-36075),另有一架B-25J可能是用废旧零部件攒成的,飞机编号为43-34999(编号是伪造的),多米尼加将这5架B-25分别编号为2501到2505。这几架B-25全部是由多米尼加特工部门私自购买的,大约在1949年7月开始交付,到了1967年只有一架可以勉强使用。

法国:法国在二战中国土完全沦陷,到了1945年被盟军解放后为了打造自己的空军不得不使用美制飞机或轴心国剩余飞机。法国在二战中使用美制飞机还是有不少经验的,1945年,法国人用英国皇家空军的B-25组成了第342中队(在此之前为GB.I/20 "洛林"中队),该中队专职于运输工作。1945年6月10日,该中队完成了一项要员运送任务,将苏联名将朱可夫元帅平安送出法兰克福。6月18日上午10:30,第342中队18架B-25整齐飞过巴黎上空,飞机的轰鸣声震撼着每一位参加欧战胜利日游行的法国人。同年11月,第342中队离开吉齐瑞仁(Gilze Rijen),12月2日,该大队装备的大部分B-25归还给英国皇家空军,余下的几架B-25一直使用到1947年中期。

战后法国使用的B-25均隶属于GLTA I/60大队(航空联络与运输大队,Air Liaison and Transport Group),该大队共装备了2架B-25,分别为B-25D-10(飞机编号41-30330)和B-25 MK Ⅲ(KJ692)。B-25D-10后来改装成一架军用运输机,从1945年开始成为法国陆军菲利普·勒克莱尔将军专机,这架B-25在阿尔及利亚奥兰市和突尼斯大约往返飞行10次之后于1947年

自由法国第342中队装备的B-25D-10,照片拍摄于法国洛林(Lorraine)。

11月26日坠毁，菲利普·勒克莱尔将军不幸丧生，KJ692号B-25则载着马夏尔·昂利·瓦兰（Martial Henri Valin）上将及其随行官员环游了整个世界，先后访问了法属摩洛哥、埃及、德国、英国，后来在一次降落时，由于起落架液压油泄漏，导致飞机发生事故，再加上那时候法国工人罢工，飞机无法修复，法国政府索性将KJ692号B-25卖给了美国的一个买家。

荷兰：荷兰应该是B-25第一个海外用户，即使二战结束后，荷属东印度群岛还是没有获得和平，因为此时荷属东印度群岛打算独立，荷兰人只好驾驶B-25像对付日本人那样对付这些民族主义者。战后荷兰方面在婆罗洲巴厘巴板组建了第18中队，当时该中队承担的主要任务是向战俘营空投食物和其他补给品，不停地往返于巴厘巴板、马腰兰（Kemajoran）、玛琅（Malang）、泗水（Soerabaja）和三堡垄港市（Semarang）。在这段时期内，该中队损失了一架B-25。1946年1月15日，该大队移防至爪哇岛。

1947年5月，荷兰皇家空军开始采用红、白、蓝新标识来代替战前的橙色圆心的圆形标识。B-25C/D/J型轰炸机涂装也恢复成原有的金属铝银白色。有些B-25甚至开始拆除机上的武器装备，比如机背炮塔，但是B-25J机鼻装备的8挺前向机枪得以保留，因为它在低空扫射时是对付游击队的利器。

荷兰政府与印尼游击队之间爆发的战争在荷兰国内是非常不受人待见的，由于荷兰装备的大部分武器装备都是美国提供的，所以美国人经常以停止军售为要挟企图迫使荷兰方面与印尼停火，最终荷兰同意8月11日和15日在爪哇岛和苏门答腊岛停火，1949年12月27日，印度尼西亚获得独立，第18中队也于1950年6月21日解

荷兰皇家空军FR201中队，照片拍摄于诺曼底登陆当天，荷兰将士正在机场上休息，准备等候出击的命令，这架飞机一直在荷兰空军服役到1947年7月。

散。第320中队虽然隶属于荷兰海军,但是却在1945年8月10日从德国飞往英国,最终于1946年4月1日返回荷兰特文塞(Twenthe),该中队在战争时期共装备有64架B-25 MK Ⅱ型轰炸机,虽然隶属于荷兰军队,但是飞机却采用的是英国皇家空军的序列号。

荷兰现在有两架B-25用于展览,并且处于可以飞行的状态,一架B-25D-20(飞机编号41-30792)原来隶属于第320中队(荷兰编号为FR193),该机现在陈列在欧路恩镇(Overloon)的一座博物馆内,另一架B-25J-30(飞机编号44-31258)在1971年由印度尼西亚捐赠,现陈列在苏斯特贝赫(Soesterberg)的军事航空博物馆内。

印度尼西亚:1949年12月,印尼摆脱荷兰殖民者获得独立。独立之后印尼从荷兰手中大约接收了41架B-25C/D/J型轰炸机,立即开始组建自己空军力量。这41架B-25连同P-51D和PBY组成了第1中队,该中队装备的B-25飞机状态都还不错,另外也培养了一批美制飞机的拥护者,后来印尼要向国外订购喷气式轰炸机时,这些驾驶过美制螺旋桨战机的人全部要求购买美制喷气式轰炸机。

那时印尼总人口大约为一千万,国土内大约有超过1000座小岛,因此该中队的飞行巡逻任务是非常繁重的。由于时局不稳,该中队在1950年前往安汶(Ambon)平息那里的局势。到了1951年春天,第1中队装备有18架B-25J型轰炸机和6架B-25C型轰炸机,后者也可以改装成运输机。50年代中期,B-25逐渐退出现役,取而代之的是A-26攻击机,但是仍有部分B-25和A-26一同在第1中队服役。1958年3月21日,第1中队轰炸了位于苏门答腊岛巴东(Padang)和武吉丁宜(Bukitiinggi)的广播站。

到了1956年,第1中队的B-25规模缩减到14架,驻地位于印尼首都雅加达(Jakarta)近郊的哈里姆(Halim Perdanakusuma)基地,后来移防至爪哇岛东南部马当省(Madang)附近,直到1977年7月29日解散。位于爪哇岛中部日惹航空基地(Adisucipto)的印尼空军博物馆内陈列着一架B-25J-15,飞机编号为44-29032(荷兰军方编号N5-239)。雅加达军事博物馆内陈列着一架TB-25M,该机编号44-30399(荷兰军方编号N5-258)。

墨西哥:拉丁美洲另一个向轴心国宣战的国家是墨西哥,并且派出战斗机中队加入同盟国一方。按照《租借法案》,墨西哥在二战中是可以获得3架B-25J型轰炸机的,但是直到1945年12月,这3架B-25J才姗姗来迟。飞机虽然交付给了墨西哥,但是所有权还是属于美国政府,也就是说,其实这3架B-25J真正的所有者还是美国军方,直到1947年这3架B-25J才真正属于墨西哥。

这3架B-25J-30的飞机编号为44-86712、717和718,墨西哥为其赋予的编号为BMM-3501、3502、3503,而BMM代表的意思是"米切尔中型轰炸机"(Bombardero Mediano Mitchell或者Medium Bomber Mitchell),1950年3月31日,墨西哥计划用道格拉斯A-26攻击机来替代B-25,但是这一计划并没有得到实施,因为直到1960年依然有B-25轰炸机在墨西哥军队中服役。在墨西哥城一座公园中陈列着墨西哥惟一一架B-25J-20,飞机编号为44-29128。

秘鲁:秘鲁在1947年7月21日共获得8架B-25J-25型轰炸机,飞机编号为44-29912、30296、30360、30361、30384、30398、30403和30418,这8架B-25被划归到第2航空大队第21中队,机尾刷着"B"加上三位数字,如

472、473、474、475。到了1954年7月，秘鲁还拥有6架B-25，其中5架具有战斗力。1957年秘鲁空军进行重组，拥有4个轰炸机大队，其中B-25、A-26和"堪培拉"轰炸机共同组成了第21轰炸机大队。

西班牙：西班牙在二战中只获得了一架B-25D，但是是通过拘留的方式获得的。这架B-25D隶属于美国陆航，1944年1月降落在法属摩洛哥唐卡拉（Medilla）之后被拘留，后在萨拉曼卡（Salamanca）从事运输任务。这架B-25D一直服役到50年代初，后被报废处理，但是也有资料显示这架B-25D后来出现在古巴革命中，并且机体完好，一直处于可飞行的状态。

1987年11月，一架B-25J-20型轰炸机（飞机编号44-29121/N86427）降落在西班牙，这架飞机此行的目的是为了拍摄一部叫《古巴》的电影。电影在马拉加（Malaga）开拍，影片中这架B-25通体涂成黄色，扮演与卡斯特罗游击队作战的富尔亨西奥·巴蒂斯塔政府军。拍摄本来进行得非常顺利，但是这架B-25却出现了意外，当时飞机在低空进行180度转弯时，右侧翼尖碰触到沙滩，右侧副翼也出现破损，但是飞行员技术高超，驾驶B-25在马拉加机场安全着陆。这架B-25后来一直停留在马拉加，后来刷上了西班牙空军涂装，机尾刷上"74-17"标识，这一数字和1944年扣留的那架B-25D一模一样，现陈列在马德里市一座航空博物馆中。

英国：英国在二战中通过《租借法案》获得大量美制作战飞机，不过该法案规定，战争结束后，剩余的飞机要么归还美国要么销毁处理。到了1945年战争结束后，各主要战胜国拥有大量二手作战飞机，英国于1946年到1947年销毁了皇家空军大部分B-25，另外也有部分B-25归还美国，还有部分隶属于第320中队的B-25被送给了荷兰。一架编号为FR 209的B-25 MK II型轰炸机战后曾隶属于飞机和军械实验研究中心（Aeroplane and Armament Experimental Establishment，A&AEE）、帝国中央飞行学校，最终于1951年10月13日退役，它是英国皇家空军中服役最久的B-25。编号为KJ599的B-25 MK III型轰炸机曾隶属于第2侦察飞行大队第226中队，专门用于无线

参与电影《古巴》拍摄的B-25J-20型轰炸机，飞机武装已经全部拆除，机身后方印着西班牙军队序列号N86427。

电通信方面的研究，后于1947年10月22日退役。1947年9月11日，一架编号为HD373的B-25 MK Ⅲ交给位于范保罗的英国皇家航空研究中心（Royal Aeronautical Establishment），同年10月7日，编号为KJ590的一架B-25 MK Ⅲ型轰炸机被改装成火控系统教练机，并交给位于诺索尔特的第13操作测试单位。

英国现在共陈列着2架B-25，一架位于亨顿（Hendon）英国皇家空军博物馆，机型为B-25J-20，飞机编号为44-29366，另一架陈列在达克斯福德（Duxford）的帝国战争博物馆，机型为B-25J-30，飞机编号为44-31171，不过英国人却将这架B-25J-30"打扮"成美国海军陆战队使用的PBJ-1J

英国皇家空军第98中队的B-25 MK Ⅱ（B-25C）型轰炸机，英国皇家空军基本都保留B-25机腹炮塔，以最大自卫火力对抗德国战斗机。这张照片中英国皇家空军正在轰炸法国北部德军目标。

英国皇家空军第320中队正准备为B-25挂载炸弹，轰炸比利时的麦沃斯布克（Melsbroek）。

英国皇家空军第180中队的B-25,该机在英国皇家空军内编号为FV916。1943年8月末至9月初,英国皇家空军尝试使用航空兵欺骗纳粹德国,使其以为盟军反攻在即,这次行动在历史上称之为斯塔基行动（Operation Starkey）,此时这架FV916号飞机正在重新挂载炸弹和加油,该机从1943年7月至1944年4月一直在第180中队服役,拍摄这张照片时,该机已经连续出动多达7次。

英国皇家空军第320中队装备的B-25 MKⅡ型轰炸机,当照片中的这架B-25在荷兰埃因霍温（Eindhoven）降落时,已经被德国空军Fw 190战斗机机群盯上了。

型轰炸机。

乌拉圭：乌拉圭在1950年6月获得了10架B-25J-25型轰炸机（44-30269、30273、30593、30604、30641、30723、30729、30735、30743和30878）和1架B-25I-30型轰炸机,乌拉圭方面的编号为G3-150到G3-160。1954年6月30日,又获得了3架B-25J（G3-161到163）和1架B-25H（G3-164）。1957年9月,这15架B-25减少到8架,同年12月31日,这一数字再次上升到12架,到了1958年6月30日,乌拉圭还有10架B-25可供使用。现如今乌拉圭国家航空博物馆内还陈列着一架B-25J

乌拉圭装备的B-25J,飞机编号为44-30269。这张照片拍摄于1962年,地点在乌拉圭首都蒙得维的亚(Montevideo),这架B-25后方隐藏了3架B-25,可以通过机轮隐约看出。

(G3-158)。

委内瑞拉:委内瑞拉在1948年到1952年从加拿大皇家空军那里获得了至少24架B-25J,其中14架在1947年8月到1949年4月之间来到委内瑞拉,其中包括:B-25J-25,飞机编号为44-30302、30411、30433、30467、30614、30619、30626、30627、30631、30638、30678和30730,另一架B-25J-30,飞机编号为44-31194。这些B-25大约装备了3个飞行中队。到了1952年,委内瑞拉也只剩余10架B-25可供使用,之后又从美国和荷兰购入了约9架B-25。1957年12月,委内瑞拉得到美国方面的援助,共获得9架B-25J和1架B-25H,同年委内瑞拉9架B-25飞抵迈阿密史密斯飞机公司进行大修。

委内瑞拉给B-25起编号时,基本采用"数字-字母-数字",比如:5A40,6A40,5B40和15B40(B-25J-25,飞机编号为44-30812),这里的

乌拉圭装备的CB-25J,照片拍摄于美国佛罗里达州奥帕劳卡(Opa Locka)。

A和B分别代表第40轰炸机大队的两个轰炸机中队，只不过数字应该是随机生成的，这样敌方就不能根据数字编号来推测委内瑞拉究竟有多少架作战飞机了。1957年交付的10架B-25，委内瑞拉赋予0953、1480、3712、3741、3898、4115、4146、4173、5851、5880这10个编号，数字依旧是杂乱无章，毫无规律可循。

到了20世纪70年代初，第40轰炸机大队与第39轰炸机大队合并之后组成第13轰炸机大队，主要装备是"堪培拉"式轰炸机。现在委内瑞拉共陈列着2架B-25，一架编号为44-30369（5B40）的B-25J-25陈列在马拉凯（Maracay），另一架编号为43-28096（4B40）的B-25J-5陈列在委内瑞拉西北部城市巴基西梅托（Barquisimeto）的一处基地内。

在使用B-25的众多用户中，荷兰、苏联、英国装备B-25的规模算是比较大的，前文已经详述荷兰和英国的情况，这里重点讲述苏联使用B-25的情况。

苏联：苏联红军接收的首批4架B-25是从伊拉克巴士拉飞来的，飞行员均来自苏联红军空军总部和科学研究所，其中的几个人甚至还在北美航空公司学习过一段时间，学习的主要内容就是如何驾驶B-25。这些人包括飞行员罗曼诺夫中校、领航员莫查诺夫中校、飞行工程师泽宾上尉。他们从美国返回苏联后，教授其他苏联机组成员如何驾驶和操作B-25。首批接收B-25的苏联空军单位是位于西伯利亚的第37轰炸航空兵团，后来该团改编为近卫红旗第13"罗斯拉夫利"团。他们帮助该团的机组成员熟悉B-25的机体、发动机、武器系统，警告他们凡是红色的把手、按钮都是紧急控制装置，千万不要轻易使用，并要求仔细阅读飞机手册，要像熟悉自己一样去熟悉飞机。这群飞行员做完飞行演示后，就离开了第37轰炸航空兵团，留下B-25让该团飞行员慢慢摸索，随即着手准备投入战斗。

苏联飞行员发现飞机手册上的摘要、说明和图表以及飞

排列在阿拉斯加准备飞往苏联的B-25及其他型号作战飞机。阿拉斯加纬度较高，气候十分恶劣，图中可以看出整个机场已经被白雪覆盖，机场上的人已经穿上厚重的衣服。

这张照片拍摄于1942年9月初,地点在阿拉斯加州费尔班克斯,也有资料显示苏联接收的第一批B-25轰炸机是从阿拉斯加飞到苏联的,根据美国方面的记录,从这里转场飞往苏联的B-25多达732架。

机上的各种仪表等全部是用英文写的,一般苏联人看不懂。美国人当初将B-25作为军援交给苏联人时,想到了这种可能性,因此这份飞机手册做了特殊处理,文字旁边都画上了卡通画,所有的表格、图纸均用彩色字体印刷,即使没有英文基础,稍加理解就能看懂这份飞机手册,另外也画出了飞行员和地勤人员误操作会造成的各种后果,这无疑起到了警示效果。

虽然漫画诙谐有趣,但苏联人也只能了解个大概。为了将B-25研究明白,苏联人将隶属于中央空气流体实验室(TsAGI)的首席工程师列宾派到部队帮忙。航空团的地面维修人员将一架B-25C完全拆解,以便熟悉各系统和装配拆

北美航空公司的一名工作人员开着拖车正在牵引一架崭新的B-25J型轰炸机,这架B-25J后期准备交付给苏联。

解流程。针对B-25C，苏联方面列出了一张时间表，要在一个月的时间里完成对材料、系统原理、分解图、飞行指令和地勤维护等资料的翻译工作。另外中央空气流体实验室和苏联空军也派出专家尝试通过改进B-25C来满足自身需求，消化吸收之后研制新机体。苏联面对德国的进攻，局势危如累卵，这种方法速度最快，效率最高。

飞机的事情解决了，航空团需要的地面辅助设备还未到位，需要起吊装置、支架、发动机热车装置等设备，此外飞机交给航空团之前要重新装配。另一个问题是美国陆航为每架B-25共配置了6名机组成员，而在苏联轰炸机的机组成员一般为5人——领航员和投弹手通常为一人，苏联人只要将领航员舱内的各种仪器安装在投弹手舱内，由于"诺顿"轰炸瞄准具被美国列为绝密，因此苏联人只能安装本国产的NKPB-7轰炸瞄准具。

原装B-25C的油箱是没有惰性气体保护的，苏联人针对B-25C的油箱命令第156人民航空军需工厂研制了一种装置，可将发动机排出的废气重新加注到油箱中，同一时间苏联人还制作了833升的副油箱，可以挂载在炸弹舱和机翼下。

苏联人搞的是计划经济，对于各种工业品都有严格的生产计划。为了保证B-25C的改装计划能顺利进行下去，苏共中央委员会航空部主席西马诺夫少将通过电话将命令下达给还留在莫斯科的工厂，让设计局的设计师和工厂工人继续开展B-25C的改装工作。

尽管B-25在苏联人眼里技术先进，但是面对苏联冬季严寒，由于温度过低，B-25在苏联国土上表现出各种不适用，苏联飞行员经常遇到各种各样的问题：电气故障，武器系统被冻住，液压管线被冻裂，起落架、副翼、炸弹舱门放下和收起时也会失效，润滑油冷却器破裂，发动机由于火花塞冻裂根本打不着火，燃油液化器失效，等等。

苏联人遇到的另一个麻烦就是B-25C的油箱材料，北美航空公司在制造油箱时使用的材料是橡胶，而且是几层橡胶压在一起做的油箱，不同的橡胶物理特性不同，外层橡胶的主要作用是起到保护和防弹的目的，如果弹片将最外面一层击穿，燃料便会遇到中间一层的生橡胶发生物理变化，生橡胶便会堵住破洞，防止燃油泄漏。苏联冬季气温极低，外层橡胶被冻得生脆，发生断裂之后，燃油与中间的生橡胶发生大面积接触之后，生橡胶会溶解，燃油变得十分粘稠，很容易将输油管和燃油过滤器堵塞。苏联方面若想替换这种橡胶制的燃料箱十分麻烦，尤其是没有备用燃料箱替换的时候，研制起来更是耗时耗力，更何况这种燃料箱并不适合苏联严寒。由于美国货十分"娇嫩"，苏联地勤人员经常在冬天冒着严寒修理B-25C，经常冻得脸部通红，手指红肿。

尽管存在各种各样的困难，地面辅助设备也不足，但是交付给轰炸航空兵团的B-25依旧及时投入战斗，首次使用B-25执行作战任务的是第37轰炸航空兵团。B-25在执行作战任务的同时，改进工作也在同步进行，机组成员和地面人员不管白天黑夜，天气如何恶劣都在摩拳擦掌，提高自身技战术水平。直到战争结束之前，苏联人依旧在持续改装B-25，他们不仅可以在战斗中掌握和熟悉B-25，而且可以接收更先进的B-25改进型，比如B-25C/D/G/J。

1944年年底之前，苏联方面唯一能接收B-25的作战单位就是第37轰炸航空兵团，1942年到1943年最艰苦的时期，该作战单位根据《租借法案》还能接收到有限的备用配件、胶皮管、轮胎、发动机以及其

二战后期准备交给苏联方面的B-25J,这架飞机采用了苏联航空兵的涂装以及红五星机徽。

他物资,困难前文已经提及,B-25在严寒条件下机轮轮胎和蝶式煞车器全部失灵,苏联人最需要的还是副油箱、发动机配件、地面辅助设备、火花塞以及火花塞高压线。

由于有了中央委员会西马诺夫的支持,第37轰炸航空兵团可以一直将需求反映给航空工业人民委员会的工厂,并且能得到及时快速的响应。几个设计局的代表直接进驻该团,该团将士拿出零配件告诉他们需要什么,如果没有实物零件就在纸上画出草图和框架。经过一段时间的尝试,苏联人可以自己制造出油箱、橡胶轮胎、吊车、发动机和飞机的零部件,经过测试,苏联人自己生产的东西有的居然比美国人生产的可靠性更高。

苏联方面意识到原来官僚主义仅存在于本国,美国这样的资本主义国家好像并不存在。苏联人仔细阅读飞机文件发现,美国陆航司令阿诺德上将曾授权某位布朗少校(应该是一位首席工程师)进驻到B-25制造商北美航空公司的工厂中,将部队关于B-25的需求和改进意见及时反馈给北美航空公司,以方便后期改装,满足一线部队需求,这样做可以完全越过美国军方的重要行政机构,直接将一线部队的需求反映给制造商。这种办事方法和苏联办事完全是两个路子。

随着苏联人在战斗中使用B-25时间越来越长,他们发现了B-25在飞机和零部件设计上的不足之处。苏联工程师和机械工在找到弥补方法之后,首先在小圈子里讨论,大家同意之后,定期将方案上报给苏联空军主管接收美国军援的列温多维奇上将。两到三个月之后,苏联人再次接收到B-25之后发现,之前提交的缺陷和抱怨已经全部解决,这多亏了苏联在美国的工作人员以及那位布朗少校。美国人处理问题的方法非常高效,基本摆脱了"官方印章"和数不清的"领导签字",即使对待来自国外的需求,办起事来也是雷厉风行,要知道战争进程可不会等"官老爷们"一级一级地批示。1942年底,第37轰炸航空兵团划归到第1轰炸机部队,指挥官为V. A.苏杰茨少将,该作战单位技术维护由A.P.舍佩廖夫中校负责。与之前相比,工作环境并没有什么改善。该单位技术专家对国外设备并不熟悉,自身也没有维修车间,并不能为一线作战部队提供技术支持或维修服务。如果B-25出现问题,只能求助于人民委员会的西马诺夫主席。

在1942年底,美国援助给苏联的B-25都是通过转场飞行进行的。飞机从美国本土

苏联红军装备的B-25J型轰炸机，飞机编号43-1162，这张照片原本是一张彩色照片，飞机采用棕绿色迷彩涂装，红五星非常醒目。

起飞往南，经非洲北部、叙利亚、伊朗飞抵伊拉克巴士拉的一处机场，在这里美国飞行员将B-25交给苏联人。这一路航程太过遥远，经过的国家过多，可能会引起不必要的麻烦。在美国常驻的苏联代表提出要求，希望将转场飞行航线尽量北移。后来美国方面将B-25起飞地点定在阿拉斯加州的费尔班斯克机场，在苏联英雄I.P.马祖鲁克的带领下，将B-25飞至克拉斯诺雅茨克机场，然后苏军飞行员再将B-25转场至基地，这条航线虽然飞行距离较短，但是要穿越恶劣天气，尤其在冬季的时候，对苏联地勤人员维护方面的要求较高，曾经出现过B-25丢失应急设备的事情，比如救生艇、睡袋、口粮等。从这里可以明显看出，苏联方面对于B-25的后勤维修其实做得还是比较差的，从战争开始一直到结束，地勤人员在维修战斗中受损的飞机时一直处于缺乏零部件的状态，这种状态基本上从未改观。

苏联人不仅用B-25执行轰炸任务，而且不管白天黑夜，他们经常用B-25侦察前线。由于B-25并不是一款俯冲轰炸机，因此苏联人在低空驾驶B-25做俯冲投弹时，其轰炸效果并不好，自身也损失不少。现在已经无法统计出美国

现在俄罗斯唯一一架B-25D型机位于莫斯科航空博物馆馆内，飞机编号为43-3355，这架"黄色50"通体采用草绿色涂装，机尾的红色五星已经褪色。

1970年，派拉蒙公司在拍摄《第二十二条军规》时使用的B-25，拍摄这部电影是在1970年，距离二战结束已经25年了，当时世界各地还能飞行的B-25还是不少的，时至今日，能飞行的B-25已经不足50架。

依照《租借法案》究竟提供了多少架B-25给苏联，也不清楚战争结束之后，苏联方面幸存下来的B-25命运究竟如何。根据1954年航空标准协调委员会（ASCC）关于苏联飞机的代码字符来看，战后苏联所有的B-25均被封存，但也有情报显示战后不少B-25依旧装备在苏联二线部队，其中一些甚至移交给了其他华约国家，只不过"铁幕"降下来之后，一旦缺乏零配件，这些B-25恐怕很难再飞起来了。时至今日，莫斯科航空博物馆还保留着一架B-25供游客参观和展览。

现在大约还有100架B-25散落在世界各地，绝大部分都位于美国，由于数量众多，这里就不再一一列举了，只列出美国现存部分B-25机体照片。现存于世的绝大部分机体最终归宿均是被世界各地博物馆收藏或供游客参观展览，不过依旧有大约45架B-25还处于可以飞行的状态。1961年，

美国得克萨斯州沃斯堡市的复古飞行博物馆（Vintage Flying Museum）收藏的一架B-25J型轰炸机，现在依旧可以翱翔蓝天。

一架编号为43-4106的B-25H型轰炸机（绰号为"芭比Ⅲ"）正在科罗拉多州百年机场（Centennial Airport）跑道上滑行，这架飞机在战争结束之后被本迪克斯公司购买，后用于各种测试，下文会有介绍。

美国作家约瑟夫·海勒（Joseph Heller）出版了一部严肃的、讽刺性极强的小说——《第二十二条军规》。1970年，派拉蒙公司将这本小说改编成同名电影搬上荧幕，派拉蒙公司为了拍摄这部电影，聘请了一家公司专门负责收集还处于飞行状态的B-25，该公司主席弗兰克·托尔曼（Frank G. Tallman）不仅找到了战后剩余的B-25，而且找到了能驾驶B-25的飞行员和相应的地勤人员。得益于《第二十二条军规》这部电影，战后第一次有如此之多的B-25聚集在一起。

2. 老骥伏枥

美国在二战结束后不长的时间里，国民警卫队航空队主力普遍都是照相侦察单位。1947年，美国陆军航空队和海军航空队终于从美国陆海军完整地剥离出来，形成了一个独立的军种，这就是美国空军，所以国民警卫队航空队在1947年改为空军国民警卫队，组成了美国空军的一部分。

国民警卫队各单位由各州政府指挥，受所在州专管国民警卫队事务的副州长直接领导，其主要任务是根据国防部

美国国民警卫队装备的TB-25K型轰炸机，不少飞行员要在TB-25K上练习如何操纵火控系统。

美国空军曾经装备的TB-25N，飞机编号为44-31181，照片拍摄于2007年10月11日。

和各州州长的命令，维护国家和当地政府的安全利益，维持社会稳定和参加抢险救灾；战时，美国联邦政府有权调动国民警卫队部队服现役。

二战结束后，有大量B-25J进入空军国民警卫队，其中有些是由B-25J改装而成的教练型。不少空军国民警卫队飞行员在驾驶F-89和F-94战斗机发射火箭弹之前，就曾在TB-25K上受训，掌握如何操纵火控系统，还有一些TB-25N进入到空军国民警卫队，从事天气侦察和人员运输工作。进入到空军国民警卫队的B-25普遍安装了充气式除冰器和本迪克斯公司制造的汽化器，发动机进气口也采用高速型，但是不知为何，发动机机舱和整流罩都被刷成了黑色。

麻省理工学院放射实验室和贝尔电话公司曾联合为美国军方研制了一款高分辨率轰炸雷达——AN/APQ-7 "鹰"式雷达，这款雷达赶上了二战的"末班车"，安装在第315轰炸机联队的B-29重型轰炸机上，并在对日战略轰炸中取得了成功。图中这架B-25J型轰炸机安装了这款雷达用于前期测试，飞机编号为44-30646。这架B-25在机身下方安装的5.5米长的小型机翼就是这款轰炸雷达系统，质量约为350公斤。

为了向新学员直接灌输空军作战的思想，1952年9月，由一支B-25J机群在得克萨斯州里斯空军基地组成了第3500飞行员训练联队，该联队包含4个中队，由华莱士·麦克丹尼尔上校担任项目主任和组织者。

新学员来到该训练联队3天之内，会让他们乘坐TB-25J，观摩教员如何精确地操纵飞机。在这所空军初级飞行学校里，此举的主要目的是培养学员的飞行热情和进取心。飞行训练安全是放在第一位的，当地所有的交通都被禁止，如果当天有训练科目的话，塔台都会提前发出通知，告知飞行路线，也不会要求参加对抗演练的菜鸟飞行员做什么危险动作，所有的飞行动作都在机体可承受范围之内。

美国参战之后的几个月里，经常需要飞机进行远距离的转场飞行。1942年，军方开展了一系列项目用于研究如何使飞机航程增加到9656公里，这些飞机包括B-17E、B-24D、B-25B和B-26C。最初的选择是在机翼上安装拖曳油箱，考虑到还要安装以下设备，会使机翼和起落架负载过高，最终放弃，这些设备包括：机翼内和机身内安装油箱，机身上方或下方安装流线型油箱，机翼下方安装流线型油箱，机身安装双翼型油箱。

上述增加油箱的改型，每一架的载油量、全负荷情况下的航程、巡航速度和起飞距离都经过了计算。幸运的是，美国军方否决了B-25加装双翼型油箱的设计方案，这套独一无二的设计方案也反映出美国军方在1942年的窘境。

1951年，本迪克斯航空公司购买了一架B-25H，飞机编号43-4106，这架飞机注册编号为N5548N。本迪克斯航空公司购买飞机的时候曾经签署协议，这架飞机只能由本迪克斯公司使用，只能用于测试和试验工作。1951年8月17日，由于43-4106号B-25要进行新型制动片的滑行测试以及防滑装置、下沉率传感器和自动进场系统方面的测试，本迪克斯公司向军方申请NX编号。NX编号一直使用到1952年8月19日，其间测试了新型前机轮和侧风着陆系统。

1955年11月，43-4106号机安装了F-101"巫毒"战斗机的前起落架进行高速滑行和刹车试验。这套前起落架的机轮和起落架舱门采用独立的液压系统，在液压系统的驱动下，前起落架可以收放至正确的位置。1960年，该机作为测试平台搭载ESAR机载地图绘制装置进行飞行测试，后来该装置被命名为AN/FPS-46。ESAR（Electronically Steerable Array Radar）具有探测距离远，分辨率高的优点，广泛应用于空间探测和通信方面。本迪克斯航空公司根据多普勒雷达系统，后续又研制成功本迪克斯航空多普勒导航系统，这套系统也是安装在N5548N上进行测试的，其原理是利用多普勒效应测定多普勒频移，从而计算出飞机当时的速度和位置来进行导航。1967年，本迪克斯航空

机型	携带额外油箱时飞机总重（公斤）	起飞时速（公里/小时）	滑行距离（米）	升至15米需要的距离（米）
B-17E	34427	193	1143	1432
B-24D	33792	193	1118	2225
B-26C	24539	241	1640	2103
B-25B	21319	217	1353	1737

本迪克斯公司购买的B-25H,飞机编号为43-4106,注册编号为N5548N。照片中这架B-25H安装的是F-101"巫毒"战斗机的前起落架,尺寸和B-25原装前起落架相比明显偏小。

本迪克斯公司在N5548N上安装的两种下沉率传感器,左图传感器安装在主起落架中间,右图传感器紧贴着主起落架安装,安装传感器之后的主起落架是不能收回到机体中的。照片拍摄于马里兰州陶森市,时间在1955年。

本迪克斯公司研制的主起落架,这种起落架在飞机急降过程中可以减弱侧风对飞机姿态的影响,照片中可以看出,这种起落架可以左右转动一定角度,这种着陆系统后来应用在C-5"银河"重型运输机上。

第477混合大队部分官兵合影,这个大队比较特殊,清一色由黑人组成,背后是一架B-25J型轰炸机。

公司将N5548N出售。

美国在二战中有一支完全由黑人组成的轰炸机大队,这支轰炸机大队就是第477轰炸机大队,该大队于1943年5月13日组建,隶属于第三航空队,刚开始训练时,装备的是B-26轰炸机,之后又改建成第477混合大队,该大队由1个战斗机中队和4个轰炸机中队组成,隶属于第一航空队。即使战争结束后,该大队依旧使用B-25和P-47进行日常训练。1947年,第477混合大队解散。

3. 致命事故

1945年7月28日,这一天是星期六,上午8:25,威廉·富兰克林·小史密斯(William Franklin Smith Jr)少校驾驶一架B-25轰炸机从贝德福德陆航机场起飞,准备前往纽瓦克机场执行人员运输任务。小史密斯那时只有27岁,不久之前还在第457轰炸机大队服役。小史密斯询问纽瓦克机场附近的天气情况,维克托·巴登(Victor Barden)此时掌握的信息是纽瓦克机场上空已经被浓雾笼罩,并且浓雾高度还在慢慢降低,所以巴登建议小史密斯下降飞行高度至270米。史密斯已经被大雾弄得晕头转向,B-25在飞过克莱斯勒大楼时应该向左侧转向,但是小史密斯却驾驶B-25向右侧转向。塔台无线电听到这架B-25的最后一次对话是:"我现在看不见帝国大厦的顶部",随后无线电中断,再也没有发出过声音。

上午9:52,这架B-25一头扎进帝国大厦西侧78层到80层内部,将帝国大厦撞出一个5.5米乘以6.1米的大洞,这里刚好

事故发生之后,帝国大厦第78层到第80层笼罩在一片火海之中,B-25机体内的燃油带着火焰从大厦外墙、楼梯、电梯井向下流动和蔓延,整个大厦上层被浓烟笼罩。

是美国天主教福利理事会所在之地,该理事会的办公人员正在工位上办公,在巨大的飞机碎片冲击下,9人当即毙命。一台发动机击穿了包括南侧大楼墙壁在内的7层墙壁,直接飞到下一个街区,从274米高度落下,砸在附近的建筑物上之后开始起火燃烧,烧毁了这幢建筑物顶楼的美术工作室。另一台发动机和部分起落架直接钻入电梯井,大火持续燃烧了40多分钟之后才被控制住。

在这次事故中包括小史密斯在内,共有14人身亡,其他人分别为:机组成员克里斯多夫·道米多维奇(Christopher Domitrovich)、阿尔伯特·佩纳(Albert Perna),另外死亡的11人均是大楼内工作的人员。共有24人受伤,其中6人伤势严重。救援人员发现的第一具尸体经过辨认是保罗·迪林(Paul Dearing),爆炸的巨大

大火被扑灭之后,消防人员正在检查撞机现场和搜寻遇难者遗体,现场一片狼藉。

力量将他从79楼撞飞到72楼扶手处。这场事故中的幸存者凯瑟琳·康纳（Catherine Connor）描述事故现场时是这么说的：

飞机撞上帝国大厦之后发生爆炸，大厦摇动了大约5到6秒，我踉跄着试图保持自身平衡，四分之三的办公室被火海吞没。我看见一个男人站在火海中，这个男人是我的同事——乔·方丹（Joe Fountain），他的整个身子都被火海吞没了，我对着他大喊"快点出来，乔，快点出来！"虽然乔逃离火海，但是几天之后，他还是死了。

共有11名同事死在事故中，他们的遗体有的还坐在办公桌前，有的试图逃离火海。小史密斯的遗体直到两天之后才被搜索人员发现，事故发生时小史密斯的遗体冲进电梯井，坠落到电梯底部，电梯操作员贝蒂·卢·奥利佛（Betty Lou Oliver）受伤，救援人员决定将她送入电梯，让电梯下降至底层再继续营救，但是救援人员不知道此时电梯缆绳已经受不住电梯的重量了。电梯一路冲到帝国大厦底部，按照常理，奥利佛从75层的高度坠落，虽然身在电梯里，那也是必死无疑，但是奥利佛幸存了下来，同时她还保持了一项世界纪录，她是电梯坠落高度最高的幸存者。

尽管帝国大厦发生如此严重的事故，但是其他楼层周一依旧开放。这次事故在1946年促成一项条例，这项条例就是联邦侵权索赔条例，条例规定了联邦政府关于公共设施致害的赔偿责任。通过现场图片我们可以看出，一架无挂载炸弹的二战中型轰炸机能对帝国大厦造成如此剧烈的破坏，那么在2001年9月11日发生的恐怖袭击中，满载油料的巨型民航客机撞击纽约世贸中心时，现

左图为从帝国大厦上方观察撞机造成的破洞，大厦下方已经挤满了救援人员和车辆。右图是事故之后，建筑工人正在修复破洞，重新粉饰大厦外墙。

4. 尘归尘，土归土

浙江省宁波市象山、石浦是两座并不起眼的海滨小镇，在石浦镇上一户普通人家曾住着一位名叫赵小宝的慈祥老婆婆（由于患有脑溢血，现在已经去世）。

1942年4月18日的那个晚上，天阴沉沉的，石浦镇上突然传来"轰"的一声巨响，赵小宝和她的丈夫麻良水以为日本飞机又来轰炸了，赶紧和乡亲们跑到山上躲避，大家在山上等了半天没动静，于是陆续下山返回家中。赵小宝经过自己家猪圈的时候，发现旁边的乱草堆中有动静，凑过去仔细一看发现里面藏着人，赵小宝吓得叫了一声，连忙躲到丈夫身后。丈夫麻良水以为是偷猪贼，飞奔进屋提了一盏马灯和一把鱼叉出来，用鱼叉挑起乱草，发现草堆里面藏着4个金发碧眼的外国人。这4位外国人站了起来，其中一个人用手对着天空比划半天，麻良水用鱼叉在他们面前晃悠，过了一会儿，麻良水告诉赵小宝，刚才的一声巨响是他们驾驶的飞机发出的，飞机（杜立特空袭日本的第15号机）坠毁在不远处檀头山岛大王宫村附近海面。麻良水把他们让进屋里，其中一位美国人拿出了一张英文世界地图，用手指指出了美国的位置，然后画出日本国

1942年4月18日，杜立特率领16架B-25空袭日本，照片中16架B-25B排列在"大黄蜂"号航母甲板上，开赴前往日本附近海域。

旗，握紧拳头猛砸，再画出中国国旗，开心地笑起来。此时赵小宝明白了，这些人就是帮助中国人打日本鬼子的"洋人"。

赵小宝进了里屋拿出了几件父亲和丈夫的衣服，递给了一名美国人，此人名叫爱德华·赛勒，第15号B-25机枪手，他虽然不知道赵小宝说什么，但是从她布满微笑的脸上知道赵小宝是友好的，因此他们接过衣服，每人分了两件，把身上的湿衣服换下来。为了招待这几个特殊的客人，赵小宝拿出了结婚当天没吃完的几碟小菜，又从邻居那里借了4个鸡蛋，凑合着做了一顿饭，刚把饭菜端上桌子，这4个人狼吞虎咽地吃起来，60多年后，来华访问的爱德华·赛勒说，那顿饭是他一生中吃得最香的一顿饭。

为了能让这几名客人睡上好觉，夫妻两个人将婚床让给4名美国飞行员休息，夫妻两人睡在屋外为他们放哨。第二天天还没亮，赵小宝夫妻在4名飞行员的带领下，找到了失散的另一名飞行员。傍晚时分，赵小宝从村里借来一条船，掩护飞行员转移，为了掩人耳目，这几名飞行员换上了渔民的衣服，用草木灰混着水涂在脸上，漆黑的夜色中，只能听见吱呀的划桨声，几名飞行员双手合十放在胸前默默祈祷。船到了石浦南田韭菜湾靠岸后，遇上了三门县（现属于浙江台州市）自卫队的队员，5名飞行员被安全送至三门县城海游镇，后又转送临海（现属于浙江台州市）。

"太危险了，如果当时被日本人发现，整个岛上的人都会没命的，现在想起当时的情形我还有点心颤。"赵小宝回忆说。象山当时属于日占区，岛上有日本鬼子的巡逻艇，日本鬼子经常在檀头山岛烧杀抢掠，无恶不作。赵小宝家的几位亲戚就是到石浦卖鱼时被日本鬼子发现，最后被日本鬼子用汽油浇在篷帆上，活活烧死的。赵小宝老人停了一会儿接着说，"分别时，5名飞行员紧紧握住了我们的手不肯松开。"

根据老人的回忆，当时营救飞行员的不只赵小宝夫妇，当时还有一架飞机迫降在象山南田岛大沙村的沙滩上，渔民发现了5名美军飞行员后，不仅为受伤的飞行员治伤，还花钱租了一条船，将他们平安送走，还有一架飞机坠毁在爵溪东南的牛门礁海面上，机上5名飞行员中2名遇难，剩下的3人爬到岸上。他们也得到了当地渔民的帮助，不过他们就没那么幸运了。虽然得到了当地渔民叶阿桂和邻居葛有法的救助，但最后这3人还是被日军抓走，1人在茅洋被杀害，2人被押往上海，后来1人死于狱中，另1人活到了战争结束。有10名中国人在这次营救行动中被日军杀害。

根据赵小宝老人的儿子麻才兴回忆，他们小时候曾在抽屉中翻出了一些美国硬币和美制军用指南针，这些东西是美国飞行员与赵小宝夫妻分别时送给他们的纪念物，后毁于大炼钢铁，当时被人扔进了小高炉。1981年，麻良水去世了，赵小宝也变成了奶奶，麻才兴等6个兄弟姐妹也慢慢长大成人，赵小宝以为没人再会提起这件事，她唯一关心的就是，那几位美国客人究竟有没有安全回家。

1990年，原美国西北航空公司副总裁穆恩组织了一支考察团来到浙江、安徽、江西等地寻找当年营救美国飞行员的中国老人，考察团最终找到了赵小宝老人，并赠送给她一块刻有44名被救美军飞行员签名的感谢牌。麻才兴说："母亲做梦都没想到，过了那么多年，那些美国飞行员还会来寻她"，赵小宝老人得知后，激动得几天都没睡着觉。

1992年，当年营救美军

起飞！一架B-25B从"大黄蜂"号航母上起飞之后直奔东京，当时16架B-25B起飞之后没有组成飞行编队，而是直奔目标。

中国军民在营救美国飞行员时发挥了重要作用，照片中从左至右分别为：投弹手罗伯特·布尔茹瓦（Robert C. Bourgeois）中士（只拍到半张脸）、副驾驶员理查德·克诺布洛赫（Richard A. Knobloch）上尉、驾驶员埃德加·麦克尔罗伊（Edgar E.McElroy）上尉、领航员克莱顿·坎贝尔（Clayton J.Campbell）上尉，另有一名机枪手亚当·威廉姆斯（Adam R. Williams）中士没有拍进照片中。上述五人全部来自于第13号机。

飞行员的陈慎言、朱学山、曾健培、刘芳桥和赵小宝等5人受美国方面的邀请，参加了在美国举办的纪念杜立特轰炸东京五十周年的庆祝活动。3月17日，赵小宝和另外4位老人踏上了美国的国土。时隔半个世纪，赵小宝已经从当年的新娘变成了步履蹒跚的老婆婆，但当年被她和丈夫救助过的飞行员爱德华·赛勒却一眼就认出了她，两人紧紧拥抱在一起。赵小宝一行还受到了美国人民的种种礼遇和热情接待，时任美国总统的老布什致信向他们表示问候，美国国防部长切尼在办公室接见了赵小宝。赵小宝被美国明尼苏达州和夏彻斯特市授予"荣誉公民"称号，并得到"人类服务杰出奖"。

作为此行唯一的一名"女英雄"，赵小宝老人受到美国媒体的格外关注，美国新闻媒介称她为"世界公民"。

2002年，赵小宝又一次被邀请参加在华盛顿举办的"历史的记忆"大型图片展和纪念活动。美国当地时间10月18日下午，当年杜立特尔轰炸机中队的三名飞行员与当年参加营救活动的刘同声和赵小宝两位老人，在威尔逊展览现场重聚。赵小宝老人后来回忆说："当时，我把浙江特产真丝头巾送到了他们手上，我说，我没有什么文化，说不出什么大道理，但我希望中国人民和美国人民世世代代友好下去。"

2010年4月18日，17架B-25从美国空军博物馆后面的跑道腾空而起，为纪念1942年4月18日杜立特率领16架B-25空袭东京六十八周年进行编队飞行，参加当年行动的4位尚在人间的老兵也参加了这次活动，这4位老兵有：理查德·科勒（Richard E. Cole）、戴维·撒切尔（David J. Thatcher）、罗伯特·希特（Robert L. Hite）、托马斯·格里芬（Thomas Griffin）。参加这次活动的还有美国空军部长迈克尔·唐利（Michael Donley），美国空军装备司令部秘书长唐纳德·霍夫曼（Donald Hoffman）和前美国空军上将（美国空军博物馆馆长）查尔斯·梅特卡夫（Charles Metcalf）。

戴维·撒切尔在行动当天担任的是7号机机械师和机枪手，2016年6月22日去世，享年94岁，葬礼当天美国第28轰炸机联队一架B-1B战略轰炸机从天空飞过，向其表示最高的敬意。罗伯特·希特在行动当天担任的是16号机副驾驶员，2015年3月29日在家中去世，享年95岁。托马斯·格里芬在行动当天担任的是9号机领航员，1943年7月3日其座机在北非上空被德军击落，此后一直待在德军战俘营，直到战争结束，2013年2月去世。现在尚

罗伯特·希特和其他7名参与行动的机组成员被日军俘虏之后通过飞机押送至日本本土。照片中双眼被蒙住的飞行员就是罗伯特·希特，此时他被日本军人带离飞机，踏上了日本本土，之后被日本拘禁将近40个月，直到1945年日本投降之后才重获自由。

在人间的只有理查德·科勒了,他在行动当天担任1号机副驾驶员,2015年9月7日迎来了自己的100岁生日。

"老兵不死,只是凋零。"

已经101岁高龄的理查德·科勒(左一),老爷子96岁的时候还驾驶B-25到处兜风呢!左二为戴维·撒切尔,右一为托马斯·格里芬。照片拍摄于2011年。

第三部分

附　　录

一、美国陆军航空队（USAAF）装备 B-25 轰炸机各单位一览表

第五航空队	第十航空队	第九航空队
第 3 轰炸机大队：	第 12 轰炸机大队（1942 年 2 月从第十二航空队调入）。	第 12 轰炸机大队：
第 8 轰炸机中队；		第 81 轰炸机中队；
第 13 轰炸机中队；		第 82 轰炸机中队；
第 89 轰炸机中队；	第 341 轰炸机大队：	第 83 轰炸机中队；
第 90 轰炸机中队；	第 11 轰炸机中队；	第 434 轰炸机中队。
	第 22 轰炸机中队；	
第 22 轰炸机大队：	第 490 轰炸机中队；	第 340 轰炸机大队：
第 2 轰炸机中队；	第 491 轰炸机中队。	第 486 轰炸机中队；
第 33 轰炸机中队；		第 487 轰炸机中队；
第 408 轰炸机中队	第十一航空队	第 488 轰炸机中队；
	第 28 轰炸机大队：	第 489 轰炸机中队。
第 38 轰炸机大队：	第 73 轰炸机中队；	
第 69 轰炸机中队；	第 77 轰炸机中队；	第十二航空队
第 71 轰炸机中队；	第 406 轰炸机中队。	第 12 轰炸机大队（1943 年 8 月从第九航空队调入）。
第 405 轰炸机中队；		
第 822 轰炸机中队；	第十三航空队	
第 823 轰炸机中队	第 42 轰炸机大队：	第 310 轰炸机大队：
	第 69 轰炸机中队；	第 379 轰炸机中队；
第 345 轰炸机大队：	第 70 轰炸机中队；	第 380 轰炸机中队；
第 498 轰炸机中队；	第 100 轰炸机中队；	第 381 轰炸机中队；
第 499 轰炸机中队；	第 390 轰炸机中队。	第 428 轰炸机中队。
第 500 轰炸机中队；		
第 501 轰炸机中队；	第十四航空队	第 319 轰炸机大队：
	第 1 轰炸机大队：	第 437 轰炸机中队；
第 71 战术侦查大队：第 17 战术侦查中队	第 1 轰炸机中队；	第 438 轰炸机中队；
	第 2 轰炸机中队；	第 439 轰炸机中队；
	第 3 轰炸机中队；	第 440 轰炸机中队。
第七航空队	第 4 轰炸机中队。	
第 41 轰炸机大队：		第 321 轰炸机大队：
第 46 轰炸机中队；	第 341 轰炸机大队（1944 年 11 月从第十航空队调入，缺第 490 轰炸机中队）。	第 445 轰炸机中队；
第 47 轰炸机中队；		第 446 轰炸机中队；
第 48 轰炸机中队；		第 447 轰炸机中队；
第 396 轰炸机中队；		第 448 轰炸机中队。
第 820 轰炸机中队。		
		第 340 轰炸机大队（1943 年 8 月从第九航空队调入）。

二、B-25 各作战单位参战日期

1941 年	1943 年	1944 年
6 月：第 17 轰炸机大队	1 月 18 日：第 18 中队（RAAF）。	2 月 12 日：第 1 空中突击大队（第十航空队）。
1942 年	1 月 22 日：第 98 中队（RAF）。	2 月 24 日：第 1 轰炸机中队（CACW）。
4 月 12 日：第 3 轰炸机大队。	3 月 15 日：第 321 轰炸机大队。	3 月 14 日：VMB-413 中队。
4 月 18 日：第 17 轰炸机大队/第 89 侦察中队（杜立特轰炸东京）。	4 月 19 日：第 340 轰炸机大队。	4 月 16 日：第 12 轰炸机大队。
	6 月 14 日：第 42 轰炸机大队。	5 月 14 日：VMB-423 中队。
5 月 5 日：第 5 中队（RAF）。	6 月 21 日：第 345 轰炸机大队。	6 月 27 日：第 2 中队（RAAF）。
6 月 3 日：第 341 轰炸机大队。	8 月 17 日：第 320 中队（RAF，后划入荷兰皇家空军）。	8 月 13 日：VMB-443 中队。
8 月 31 日：第 12 轰炸机大队。		8 月：VMB-433 中队。
9 月 15 日：第 38 轰炸机大队。	8 月 17 日：第 226 中队（RAF）。	11 月 4 日：第 319 轰炸机大队。
11 月 16 日：第 42 轰炸机大队（只包含第 70 轰炸机中队）。	11 月 4 日：第 2 轰炸机中队（CACW）。	11 月 13 日：VMB-612 中队。
	11 月 5 日：第 305 中队（RAF）。	11 月 17 日：VMB-611 中队。
12 月 2 日：第 310 轰炸机大队。	11 月 27 日：第 71 战术侦察大队。	**1945 年**
12 月 8 日：第 180 中队（RAF）。	12 月 29 日：第 41 轰炸机大队。	1 月 22 日：VMB-613 中队。4 月 8 日：第 342 中队（RAF，后划入法国空军）。

三、B-25 机型、生产编号以及数量一览表

机型	陆航飞机编号	生产商飞机编号	生产数量
B-25	40-2165/40-2188	62-2834/62-2857	24
B-25A	40-2189/40-2228	62-2858/62-2897	40
B-25B	40-2229/40-2348	62-2898/62-3017	120
B-25C	41-12434/41-13038	82-5069/82-5673	605
B-25C-1	41-13039/41-13296	82-5674/82-5931	258
B-25C-5	42-53332/42-53493	90-11819/90-11980	162
B-25C-10	42-32233/42-32382	94-12641/94-12790	150
B-25C-15	42-32383/42-32532	93-12491/93-12640	150
B-25C-20	42-64502/42-64701	96-16381/96-16580	200
B-25C-25	42-64702/42-64801	96-16581/96-16680	100
B-25D	41-29648/41-29847	87-7813/87-8012	200
B-25D-1	41-29848/41-29947	87-8013/87-8112	100
B-25D-5	41-29948/41-30172	87-8113/87-8337	225

续表

机型	陆航飞机编号	生产商飞机编号	生产数量
B-25D-10	41-30173/41-30352	87-8338/87-8517	180
B-25D-15	41-30353/41-30847	87-8518/87-9012	495
B-25D-20	42-87113/42-87137	100-20606/100-20630	25
B-25D-25	42-87138/42-87452	100-20631/100-20945	315
B-25D-30	42-87453/42-87612	100-20946/100-21105	160
	43-3280/43-3619	100-23606/100-23945	340
B-25D-35	43-3620/43-3869	100-23946/100-24195	250
B-25G-1	42-32384/42-32388	93-12491/93-12495	5
B-25G-5	42-64802/42-64901	96-16681/96-16780	100
	42-64902/42-65101	96-20806/96-21005	200
B-25G-10	42-65102/42-65201	96-21006/96-21105	100
B-25H-1	43-4105/43-4404	98-21106/98-21405	300
B-25H-5	43-4405/43-4704	98-21406/98-21705	300
B-25H-10	43-4705/43-5104	98-21706/98-22105	400
B-25J-1	43-3870/43-4104	108-24196/108-22430	235
	43-27473/43-27792	108-34486/108-34805	320
B-25J-5	43-27793/43-28112	108-34806/108-35125	320
B-25J-10	43-28113/43-28222	108-35126/108-35235	110
	43-35946/43-36245	108-35236/108-35535	300
B-25J-15	44-28711/44-29110	108-31986/108-32385	400
B-25J-20	44-29111/44-29910	108-32386/108-33185	800
B-25J-25	44-29911/44-30910	108-33186/108-34185	1000
B-25J-30	44-30911/44-31510	108-36986/108-37585	600
	44-86692/44-86891	108-47446/108-47645	200
B-25J-35	44-86892/44-86897	108-47646/108-47651	6
	45-8801/45-8818	108-47652/108-487669	18
	45-8820/45-8823	108-47671/108-47674	4
	45-8825/45-8828	108-47676/108-47679	4
	45-8832	108-47683	1
	45-8819	108-47670	1
	45-8824	108-47675	1
	45-8829/45-8831	108-47680/108-47682	3
	45-8833/45-8899	108-47684/108-47750	67

四、B-25 与其他若干机型造价一览表

机型	造价①	机型	造价	机型	造价
B-25	14.8	B-26A	21.2	A-20B	13.8
B-25A/B	14.8	B-26B	24.0	A-20C	11.9
B-25C	15.4	B-26C	30.6	A-20G	11.2
B-25D	17.2	B-26F	22.1	A-20H	9.8
B-25G	14.0	B-26G	20.0	A-20K	10.5
B-25H	13.9	B-17E	30.0	A-20J	11.9
B-25J	15.0	B-17F	26.1	B-24D	32.5
A-26B	23.5	B-17G	23.0	B-24E	36.0
A-26C	23.5			B-24H	35.1
A-26D	18.1			B-24J	25.0

五、B-25 各机型首飞时间以及试飞员一览表

机型	陆航飞机编号	生产商飞机编号	首飞日期	试飞员
B-25	40-2165	62-2834	1940年8月19日	万斯·布里斯
B-25A	40-2189	62-2858	1941年2月25日	埃德·维珍
B-25C	41-12434	82-5069	1941年9月11日	埃德·维珍
B-25D	41-29648	87-7813	1942年1月3日	保罗·巴尔福
XB-25G	41-13296	82-5931	1942年10月22日	埃德·维珍
XB-25E	42-32281	94-12838	1944年4月2日	乔·巴顿
XB-25H	42-32372	93-12651	1943年5月15日	埃德·维珍
NA-98X	43-4406	98-21407	1944年3月31日	乔·巴顿
B-25H	43-4105	98-21106	1943年7月31日	鲍勃·齐尔顿
B-25J	43-3870	108-24196	1943年5月3日	乔·巴顿

---

① 注：造价单位为万（美元）。

六、北美航空公司各工厂生产 B-25 数量及年份一览表

机型	NAA 工厂	1941 年	1942 年	1943 年	1944 年	1945 年	总数（架）
B-25	英格尔伍德工厂	24					24
B-25A	英格尔伍德工厂	40					40
B-25B	英格尔伍德工厂	107	13				120
B-25C	英格尔伍德工厂	1	1107	517			1625
B-25D	堪萨斯工厂		435	1699	156		2290
B-25G	英格尔伍德工厂			400			400
B-25H	英格尔伍德工厂			335	665		1000
B-25J	堪萨斯工厂			2	2856	1460	4318
合计		172	1555	2953	3677	1460	9817

七、关于 B-25 各采购合同一览表

NAA 编号	机型	合同编号	接收国	数量	合同日期
NA-62	B-25，A，B	W535-ac-13258	美国	184	1939 年 9 月 5 日
NA-82	B-25C	W535-ac-16070	美国	863	1940 年 10 月 1 日
NA-90	B-25C	W535-ac-7131L/NA	荷兰	162	1941 年 6 月 30 日
NA-93	B-25C	W535-DA-897	中国	150	1942 年 1 月 14 日
NA-94	B-25C	W535-DA-896	英国	150	1942 年 1 月 14 日
NA-96	B-25C	W535-ac-27390	美国	300	1942 年 3 月 28 日
NA-96	B-25G	W535-ac-27390	美国	400	1942 年 3 月 28 日
NA-98	B-25H	W535-ac-30478	美国	1000	1942 年 6 月 20 日
NA-87/100	B-25D	W535-ac-19341	美国	2290	1942 年 2 月 24 日
NA-108	B-25J	W535-ac-19341	美国	4318	1943 年 4 月 14 日

八、B-25 与其他中型轰炸机机体参数及性能一览表

	A-20G-10	A-26B-15	B-25C-10	B-25J-15	B-26B-2	B-26G-5
翼展（米）	18.69	21.34	20.60	20.60	19.81	21.64
机长（米）	14.63	15.24	16.13	15.50	17.75	17.09
机高（米）	5.36	5.64	4.80	4.80	6.04	6.20
机翼面积（平方米）	43.11	50.17	610	56.67	55.93	61.13
空机重量（公斤）	7250	10147	9208	8845	10151	10750
负载重量（公斤）	7706	12519	11849	11849	12338	14334
最大起飞重量（公斤）	12338	15876	15422	15876	15422	17327
翼面荷重（公斤/平方米）	7.52	10.56	8.85	8.85	9.34	9.94
动力负载（公斤/马力）	11.68	15.21	16.97	16.97	14.99	17.42
最大平飞速度（公里/时@米）	536@3780	571@4572	457@4572	438@3962	510@4420	441@3048
巡航速度（公里/时@米）	438@3048	457@4572	381@3048	370@3048	418@3048	362@3048
着陆速度（公里/时）	153	161	169	156		193
爬升率（米/分）	3048/8	3048/8.1	4572/16.5	4572/19.0	4572/12.0	4572/24.5
实用升限（米）	7864	6736	6462	7376	7163	6096
正常航程（公里）	1754	2253	2414	2173	1851	2092
最大航程（公里）	3380	5150	4425	4345	4506	3380

九、B-25 各型号三视图及侧视图

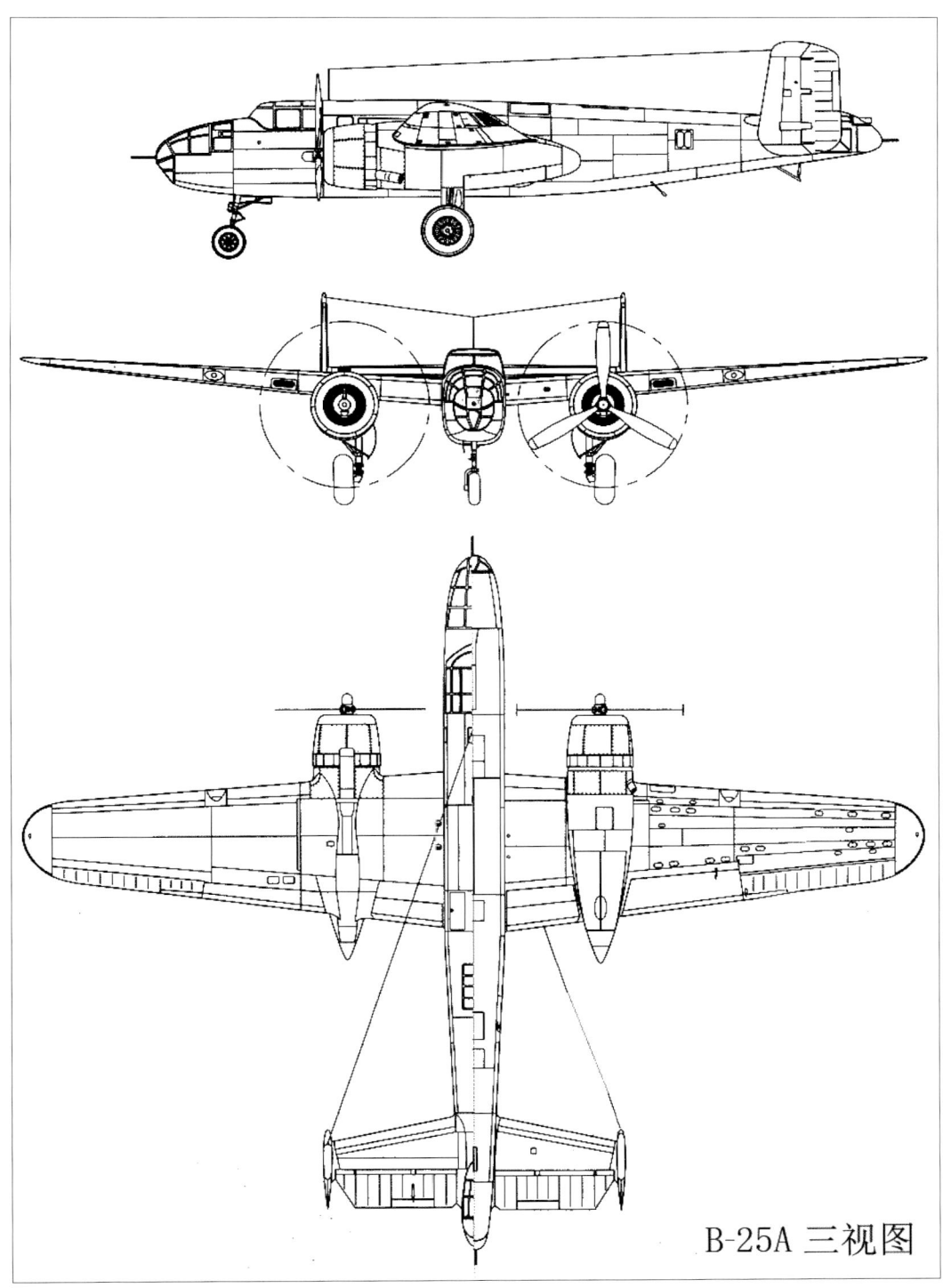

B-25A 三视图

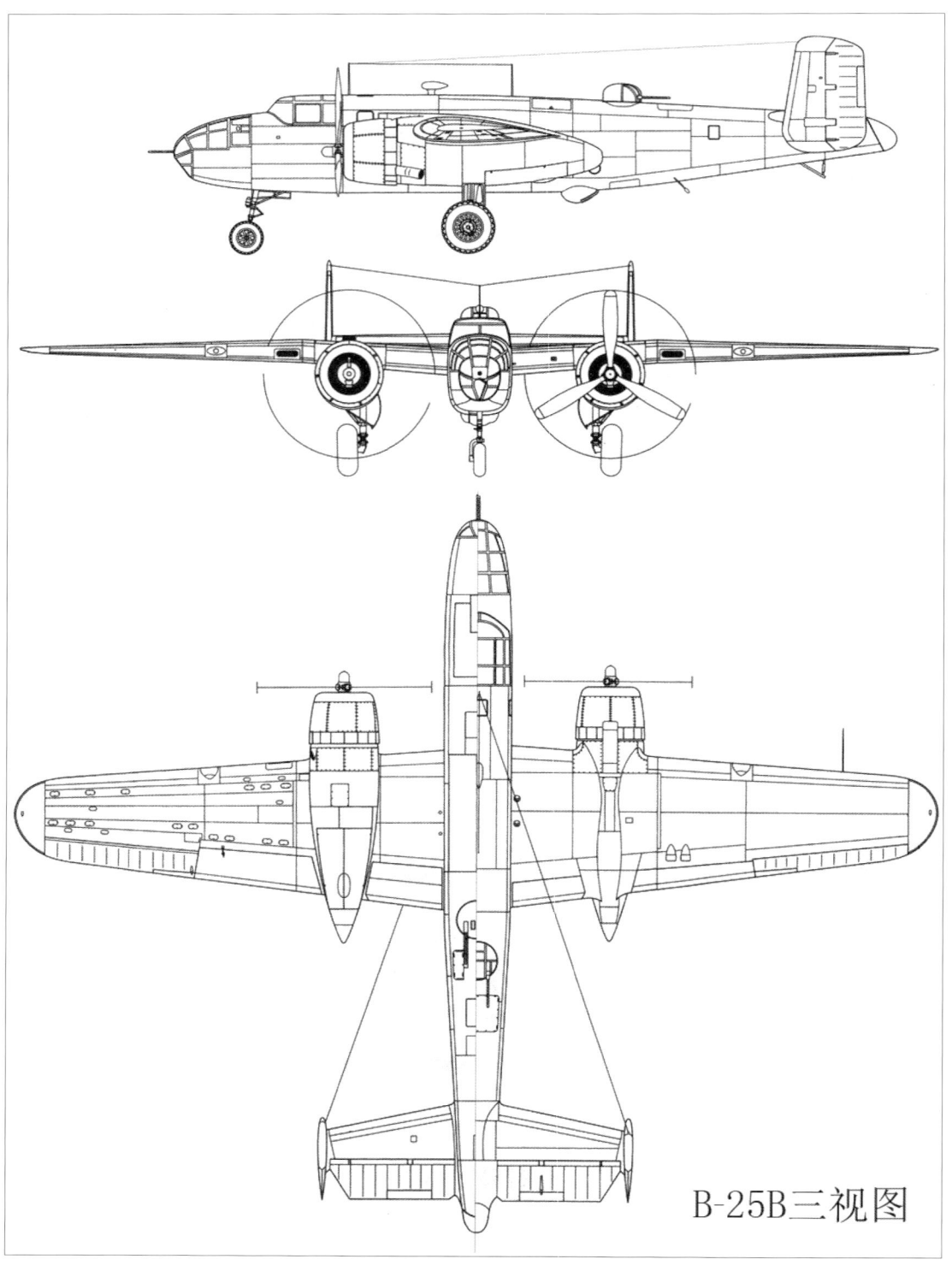

B-25B三视图

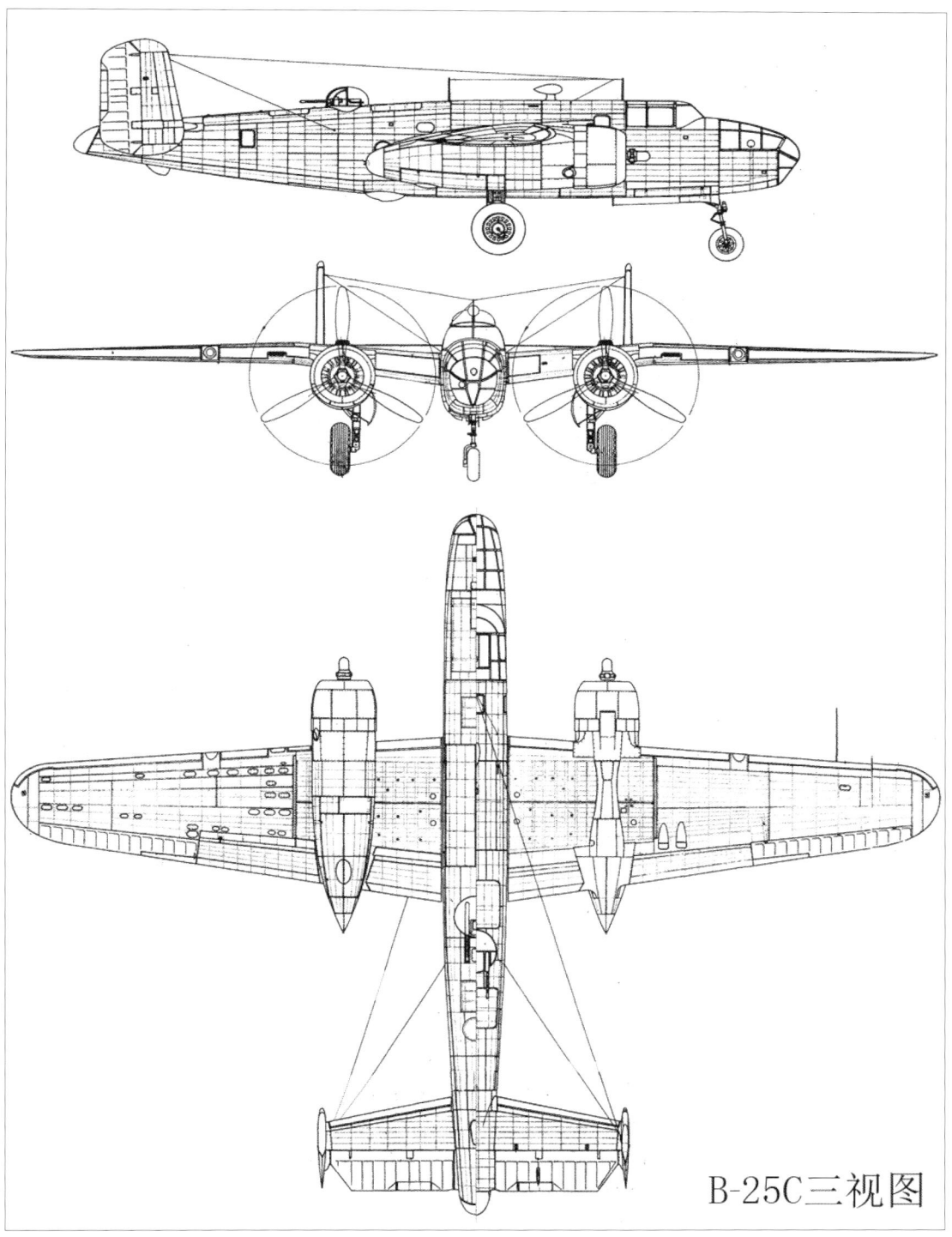

B-25C三视图

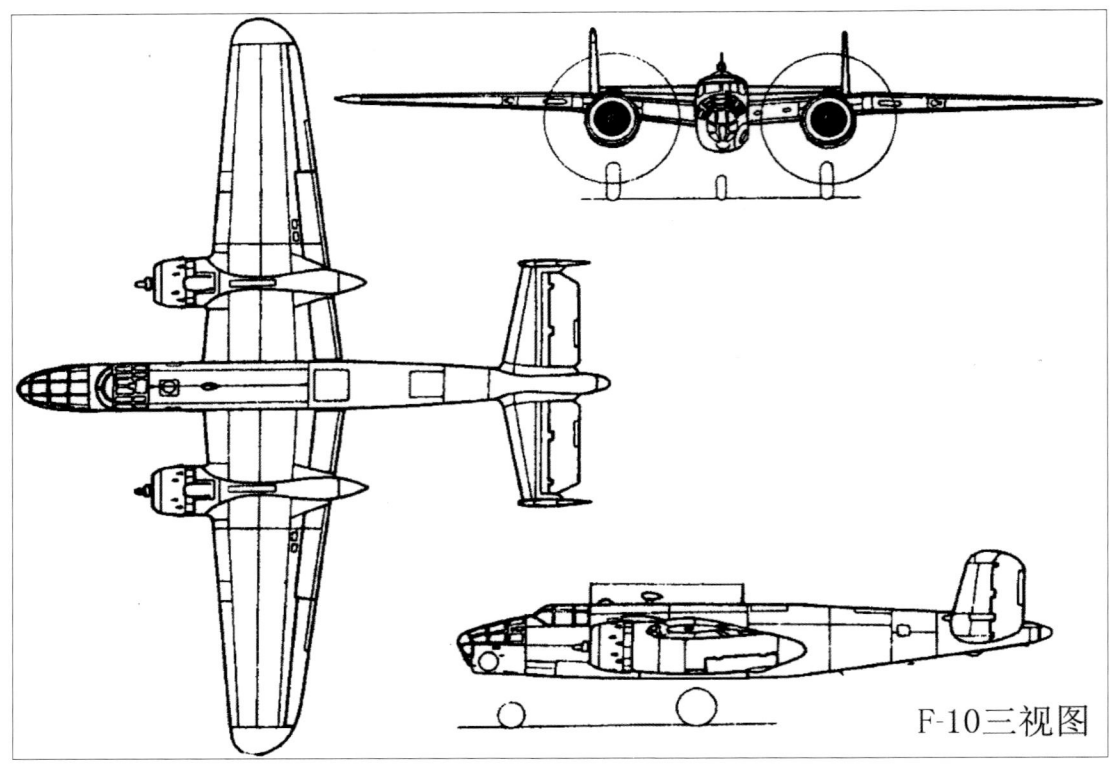

F-10三视图

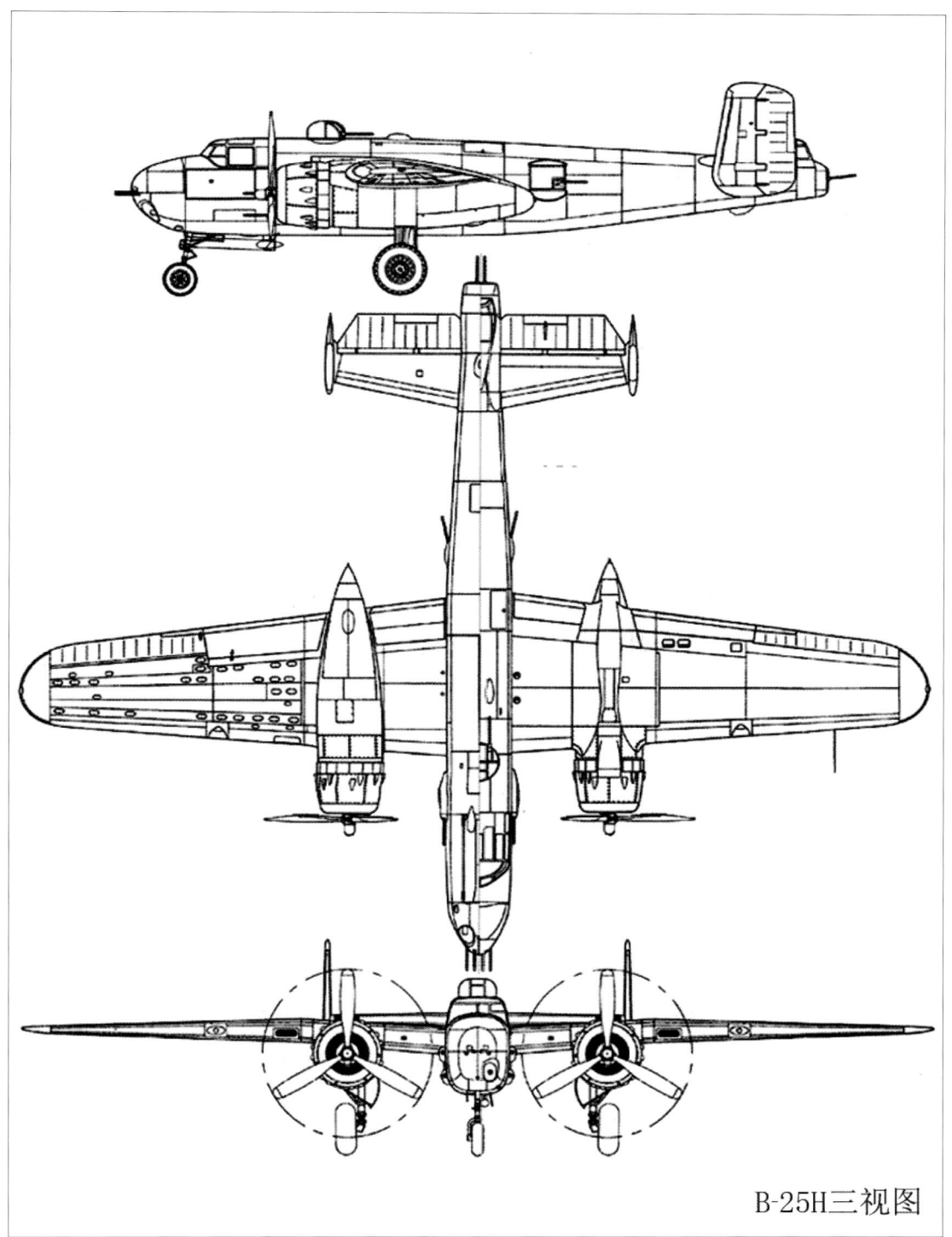

B-25H三视图

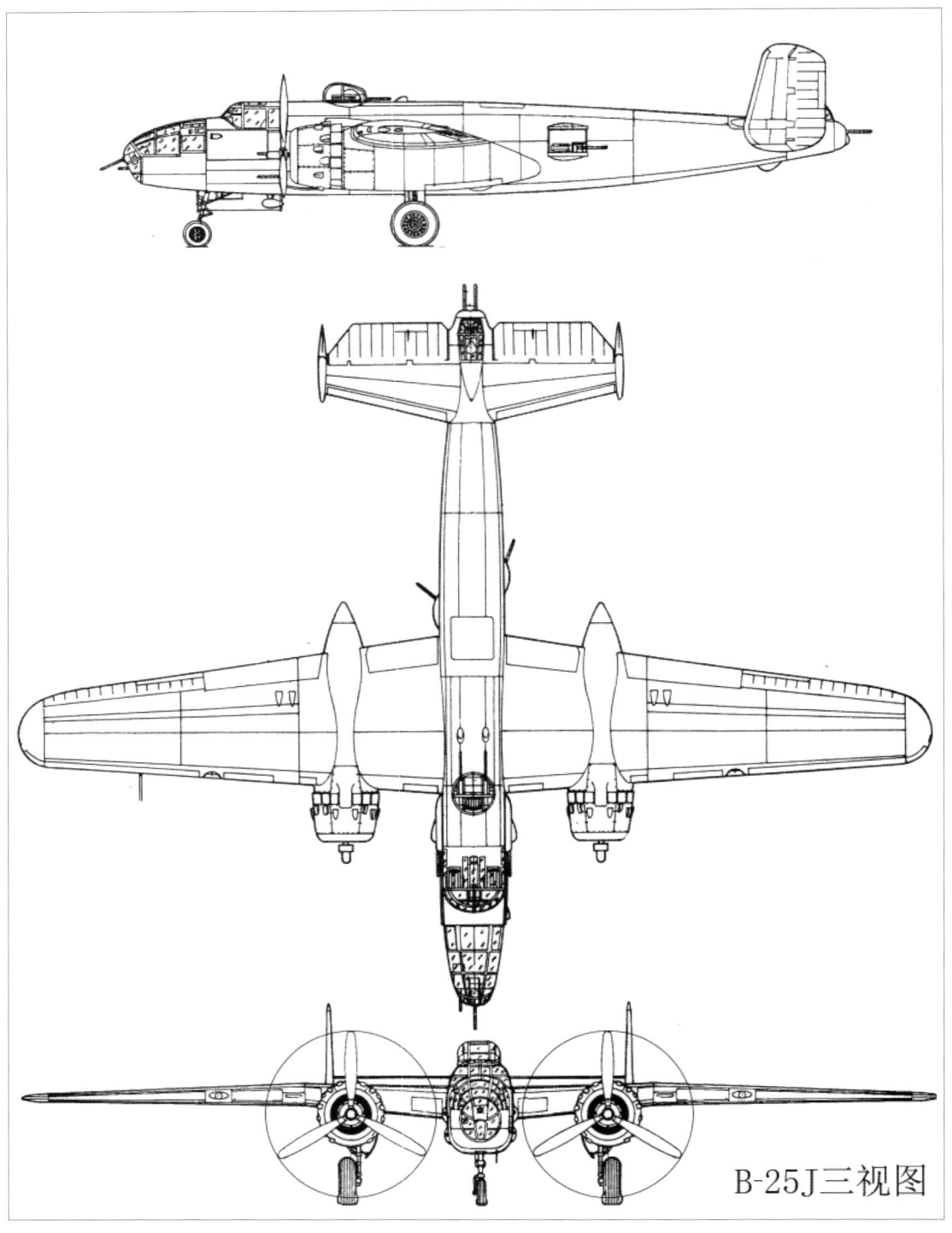

B-25J三视图

第三部分 附 录 | **341**

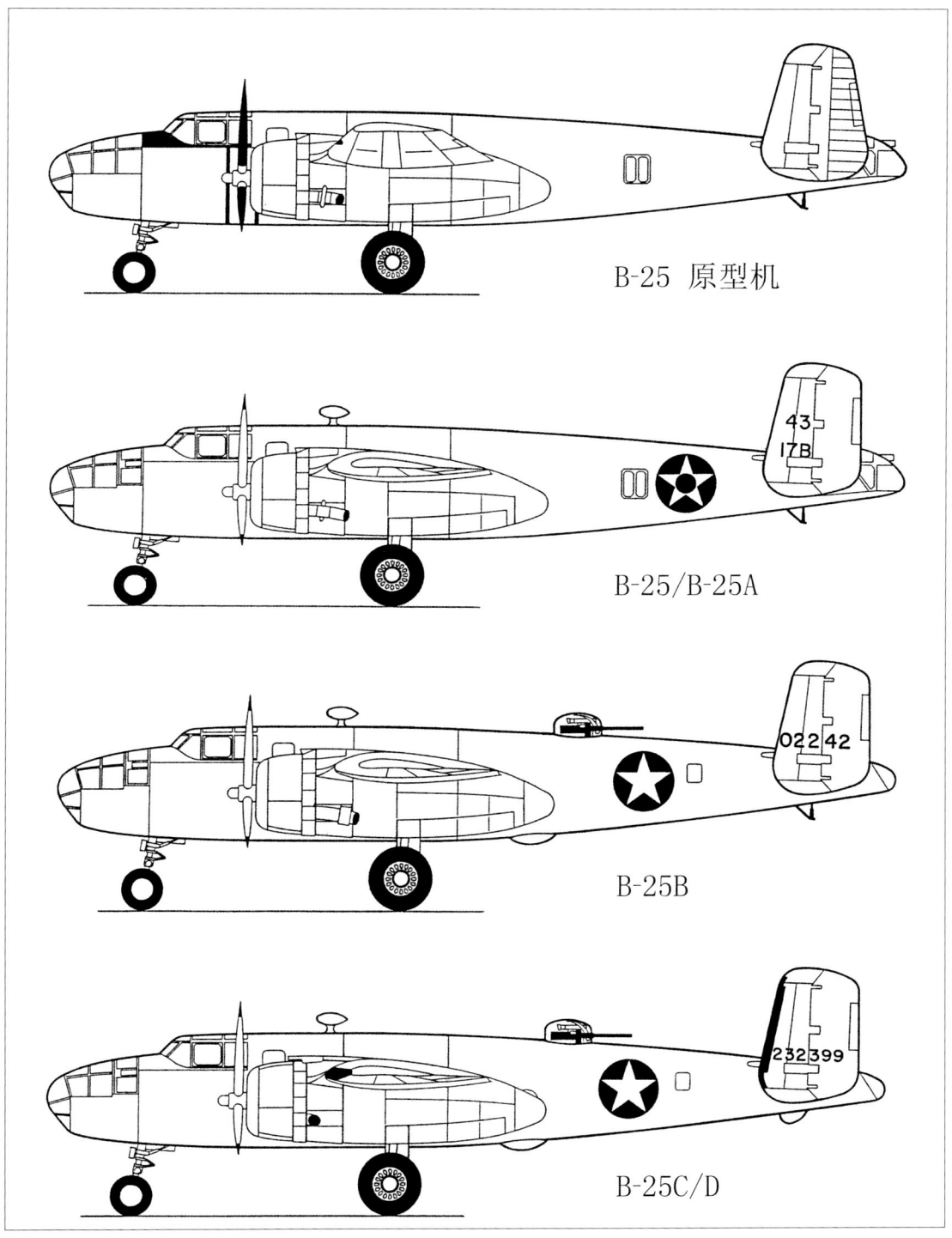

B-25 原型机

B-25/B-25A

B-25B

B-25C/D

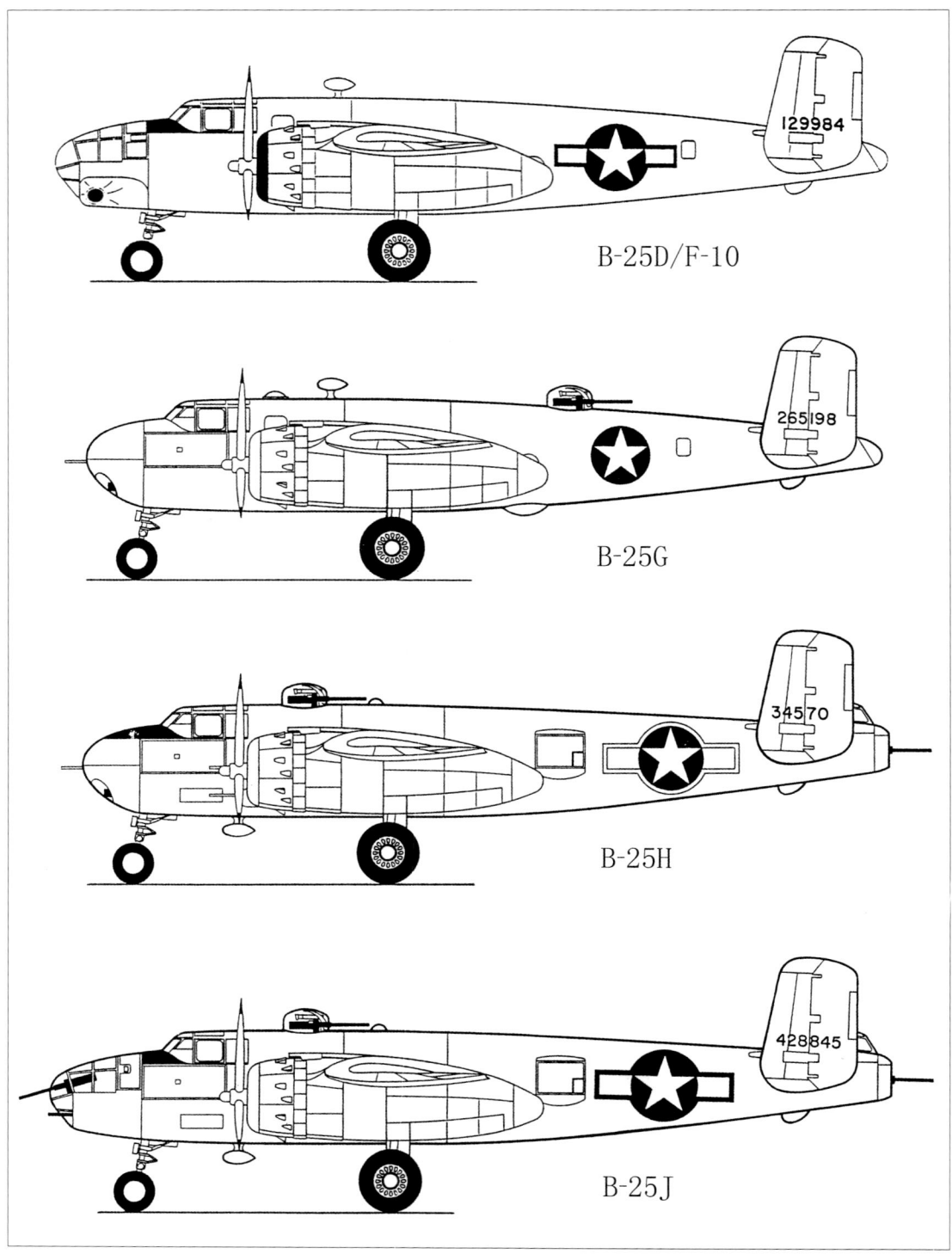

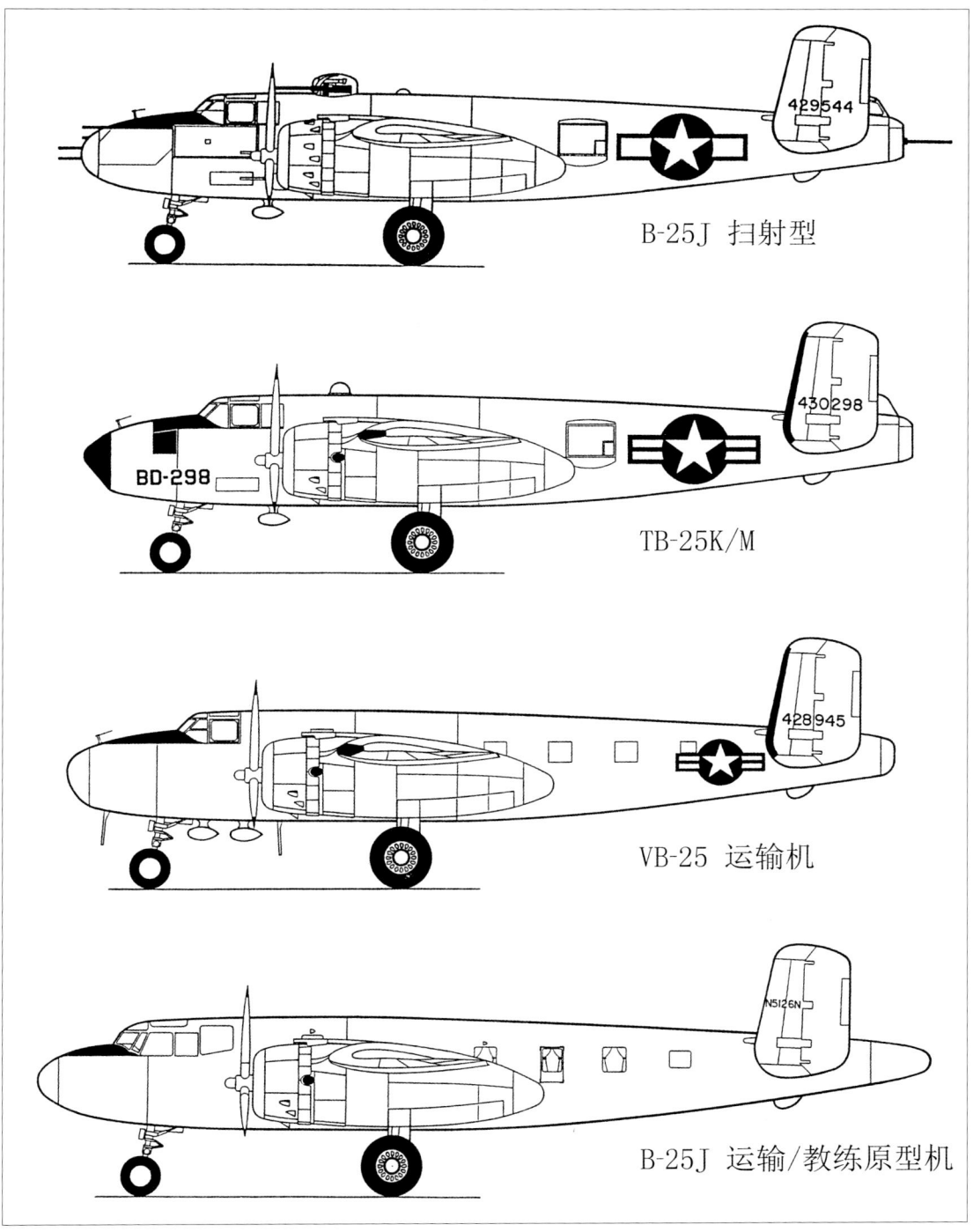

十、B-25H 结构图

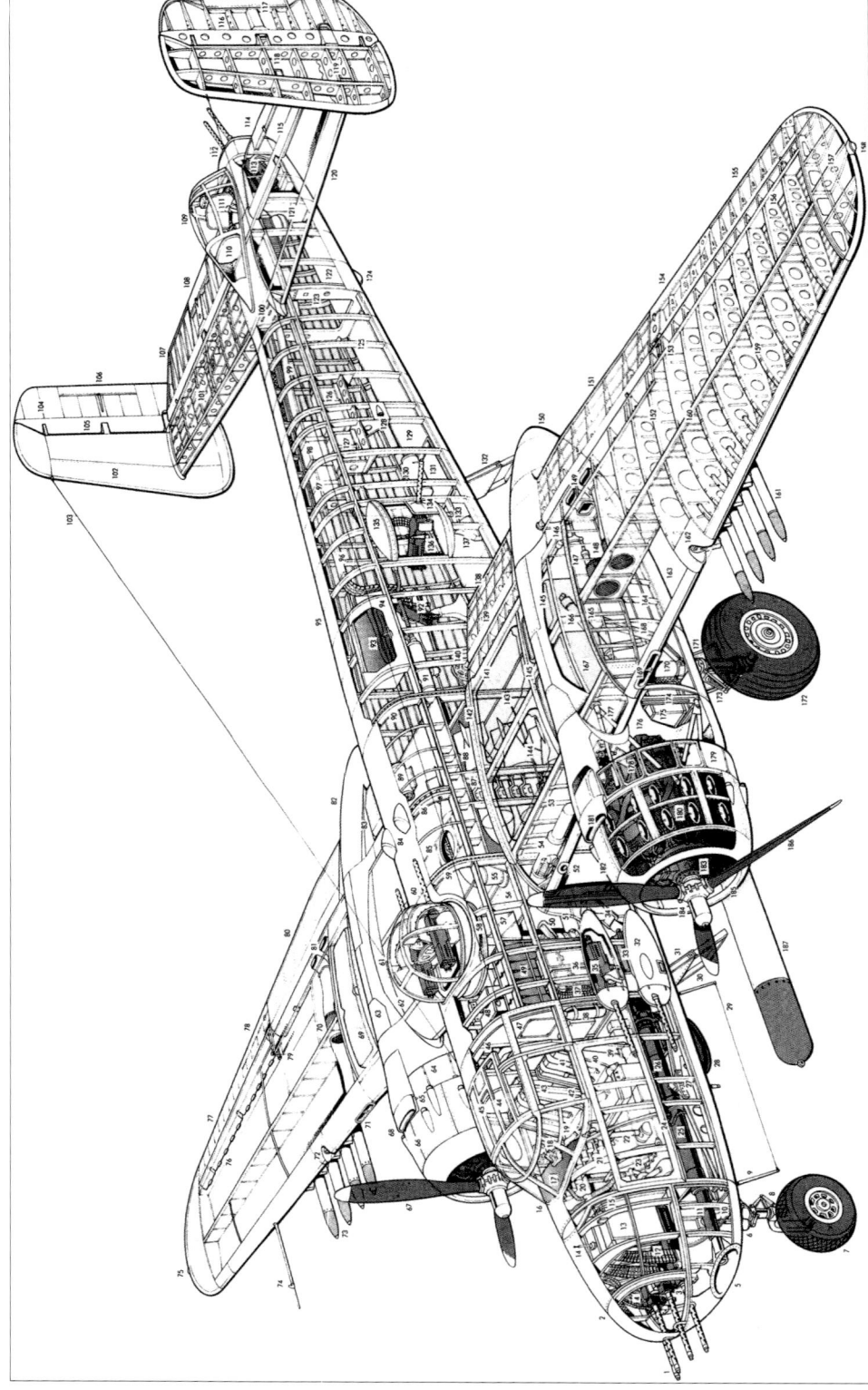

1. 机鼻枪管 2. 机鼻上舱盖 3. 4挺12.7毫米机枪 4. 供弹链 5. 加衣炮口 6. 前机轮摇摆阻尼器 7. 机轮 8. 转矩交叉连接器 9. 天线杆 10. 前起落架支柱 11. 加衣炮药箱 12. 供弹链 13. 机枪瞄准具 14. 固定式准星 15. 装甲隔板 16. 前风挡 17. 前仪表盘遮光板 18. 投弹/枪炮瞄准器具 19. 前窗 20. 防雾器管道 21. 方向舵脚蹬 22. 控制杆 23. 进口通道舷梯 24. 驾驶舱蒙皮 25. T13E1型75毫米加农炮 26. 缓冲器 27. 加衣壳收集器 28. 环形天线及整流罩 29. 高频天线 30. 供弹链 31. 机身前进出舱口 32. 机枪吊舱整流罩 33. 炮塔装填处 34. 炮弹装填器 35. 12.7毫米机枪 36. 机枪弹药箱 37. 供弹链 38. 灭火器 39. 火炮装填手靠背 40. 驾驶员座椅 41. 安全带 42. 侧滑动舷窗 43. 领航员/无线电操作员座椅 44. 防弹头盔 45. 驾驶舱紧急逃生窗口 46. 飞行工程师/机背炮塔射手位置 47. 驾驶舱隔板 48. 无线电装置 49. 炮弹架(21发) 50. 机背炮塔踏板 51. 机外进口 52. 机外侧12.7毫米机枪 53. 机翼前梁 54. 机舱加热装置 55. 液压油箱 56. 机翼大梁 57. 机背炮塔弹药箱 58. 炮塔安装环 59. 机身中央连接框 60. 2挺12.7毫米机枪 61. 机背炮塔 62. 右侧"汉密尔顿"标准三叶螺旋桨 内翼油箱 63. 发动机吊舱上层整流罩 64. 发动机排气管 65. 机翼燃油箱 66. 可拆卸发动机整流罩 67. 127毫米HVAR火箭弹 68. 汽化器空气进口 69. 机翼燃油箱 70. 润滑油冷却器 71. 润滑油冷却器空气出口 72. 右侧着陆灯 73. 127毫米HVAR火箭弹 74. 风速指示器 75. 航行灯 76. 副翼平衡锤 77. 副翼蒙皮 78. 副翼调整片 79. 副翼联动装置 80. 副翼挂架 81. 炸弹挂架 82. 发动机吊舱整流罩尾部 83. 内侧襟翼 84. 子弹偏转板,防止击中机尾舱 85. 炸弹舱爬行通道 86. 炸弹舱通道 87. 炸弹挂架 88. 炸弹挂架 89. 机翼燃油箱 90. 机翼中部机枪 91. 机身后方加热装置 92. 右侧机身12.7毫米机枪 93. 救生艇 94. 救生艇释放口 95. 机身蒙皮 96. 供弹链 97. 机枪弹药箱 98. 右侧机枪供弹链 99. 水平尾翼中央部件 100. 水平尾翼调整片 101. 水平尾翼翼梁 102. 右侧垂尾 103. 高频天线 104. 方向舵蒙皮 105. 方向舵 106. 方向舵调整片 107. 升降舵 108. 升降舵调整片 109. 机尾机枪座舱 110. 装甲板 111. 机尾 112. 装甲板 113. 垂尾水平尾翼结合点 114. 升降舵调整片 115. 升降舵 116. 方向舵 117. 方向舵 118. 方向舵舱 119. 机身尾翼连接框架 120. 水平尾翼 121. 机尾机枪手座椅 122. 机身行走通道 123. 后机身 与水平尾翼连接框架 124. 尾鳍 125. 梯子 126. 机窗下方蒙皮 127. 可拆卸密封装置 128. 进气口 129. 机尾12.7毫米机枪 130. 急救充气 气囊 131. 后机身进出舱门 132. 机尾 133. 舷窗 134. 机尾舷窗 135. 机尾弹药箱 136. 12.7毫米机枪 137. 弹壳收集装置 138. 内侧襟翼 139. 襟翼连接装置 140. 救生包 141. 机身/机翼连接点 142. 内侧机翼 143. 机尾舱尾部 144. 机身内部油箱 145. 外侧油箱 146. 副翼襟翼 147. 副翼液压连接杆 148. 润滑油冷却器 149. 润滑油冷却器出气口 150. 发动机吊舱整流罩 151. 外侧襟翼 152. 发动机液压连接杆 153. 副翼挂板 154. 副翼液压千斤顶 155. 副翼结构 156. 副翼翼梁 157. 翼尖 158. 航行灯 159. 机翼前缘 160. 主翼梁 161. 127毫米口径HVAR火箭弹 162. 左侧内侧副翼 163. 主起落架舱门 164. 主起落架 165. 机翼外侧副翼 166. 起落架液压千斤顶 167. 发动机吊舱连接框架 168. 机轮安装框架 169. 润滑油冷却器进口 170. 主起落架支柱 171. 主支柱护板 172. 机轮 173. 起落架连接装置 174. 127毫米R-2600-13型发动机 175. 电池组 176. 汽化器进气口 177. 发动机内部支架 178. 发动机安装环 179. 发动机罩风门片 180. 来 特 "密尔顿" 标准三叶螺旋桨 181. 汽化器空气口 182. 发动机 183. 变速箱 184. 桨叶桨距变换装置 185. 发动机整流罩 186. "汉 密尔顿"标准三叶螺旋桨 187. MK-13型鱼雷

主要参考书目

（1）N.L.Avery, B-25 Mitchell: The Magnificent Medium, Phalanx Publishing Co., 1992.

（2）Jerry Scutts, B-25 Mitchell at War, Ian Allan Ltd., 1983.

（3）Jerry Scutts, North American B-25 Mitchell, The Crowood Press, 2001.

（4）Steve Pace, B-25 MITCHELL UNITS OF THE MTO, Osprey Publishing Limited, 2002.

（5）Jerry Scutts, PBJ MITCHELL UNITS OF THE PACIFIC WAR, Osprey Publishing Limited, 2003.

（6）Frederick A.Johnsen, NORTH AMERICAN B-25 MITCHELL, WARBIRD TECH, 1997.

（7）Ernest R.McDowell, B-25 MITCHELL in Action, SQUADRON/SIGNAL PUBLICATIONS INC., 1978.

（8）廖新华：《抗战中的B-25轰炸机》，载《兵器》2007年第6期。